智能计算方法及其应用

Intelligent Computing Method and its Application

徐克虎　孔德鹏　黄大山　徐　越　编著

国防工业出版社

·北京·

内 容 简 介

智能计算方法目前已在逻辑推理、分类决策、全局优化等众多领域得到了广泛应用。本着讲清概念与原理、触及前沿发展、注重学以致用的原则，本书分模糊计算、神经计算、进化计算和群智能计算 4 个单元，系统地介绍了目前常用智能计算方法的概念、原理、模型及其典型应用实例。

本书可作为控制科学与工程、计算机科学、信息科学等专业的研究生及高年级本科生的教材，以及从事智能计算、智能决策等相关研究的高校教师、科研人员和工程技术人员的参考用书。

图书在版编目（CIP）数据

智能计算方法及其应用/徐克虎等编著. —北京:国防工业出版社，2019.7

ISBN 978-7-118-11920-6

Ⅰ.①智… Ⅱ.①徐… Ⅲ.①智能计算机－计算方法

Ⅳ.①TP387

中国版本图书馆 CIP 数据核字（2019）第 125624 号

※

*国防工业出版社*出版发行

（北京市海淀区紫竹院南路 23 号　邮政编码 100048）

三河市德鑫印刷有限公司印刷

新华书店经售

*

开本 710×1000　1/16　印张 20½　字数 374 千字

2019 年 7 月第 1 版第 1 次印刷　印数 1—2000 册　定价 129.00 元

（本书如有印装错误，我社负责调换）

国防书店：（010）88540777　　发行邮购：（010）88540776

发行传真：（010）88540755　　发行业务：（010）88540717

前　言

　　智能计算方法是一类认识、抽象并模拟多种生物行为的科学计算方法，是信息科学、生命科学、认知科学等多学科交叉的产物。它主要基于人们对生物体智能机理和某些自然规律的认识，借鉴仿生学和拟人的思想，采用新型数值计算的方法去模拟和实现人类智能、生物智能、其他社会和自然演化规律。智能计算方法具有自学习、自组织、自适应的特征和简单、通用、鲁棒性强、适于并行处理的优点，可以较好地解决多维空间、非线性、全局寻优、组合优化等复杂问题。

　　智能计算方法，作为人工智能的一个分支或重要算法工具，对目前生产生活中出现的高维空间、非线性、全局寻优、组合优化等复杂计算问题给出了有效解决途径。与传统计算方法的迭代逼近原理不同，智能计算方法通过概率搜索、模糊推理、泛化逼近等方式获得待求解问题的满意解，具有极强的工程意义和广泛的适用性。通过对生物觅食、繁衍等行为的模拟，利用生物进化的原理获得算法的结果，算法的适应性好、应用性强。目前，对于模糊数据处理、非线性系统建模、组合优化的 NP-hard 问题等，智能计算方法展现了其极强的适应能力，一般情况下均能够获得满意解。对于解决传统方法难以建模的复杂系统问题，其优势更为明显。例如：通过模糊计算和模糊推理可以解决不确定信息的融合、推理等问题；利用神经网络可以模拟非线性系统，解决非线性系统建模困难的问题等。智能计算方法现已广泛运用于电子、金融、计算机、自动化、管理、军事等诸多方面。

　　本书内容是编著者在广泛吸收前人研究成果的基础上，结合自己在教学、科研过程中对智能计算方法进行研究与应用的心得体会而形成的。在此谨向呈现这些文献资料的专家、学者表示诚挚的感谢。本书曾以讲义的形式，在原装甲兵工程学院控制工程系控制科学与工程专业硕士研究生的"智能计算"课程教学中进行了多轮次使用，教学效果良好。

　　本书共分 4 篇 17 章，系统地介绍了常用智能计算方法，给出了算法的基本原理、算法流程、实现程序等。本书涉及的主要算法有：模糊推理、模糊聚类、BP 神经网络、RBF 神经网络、卷积神经网络、遗传算法、人工免疫算法、差分进化算法、粒子群算法、蚁群算法和人工蜂群算法等，涵盖了目前科学研究和实际应用涉及最广的智能算法。

本书的主要特点如下：

（1）基础性与创新性结合。本书既详细阐述智能计算方法形成的生物机理与基本的概念，使初学者能够轻松入门，又有重点地阐述基本算法模型存在的不足与改进方法，使读者能够得到创新性的启迪。

（2）理论性与实践性并重。本书既详细阐述智能计算方法的基本原理、算法模型与实现思路、算法步骤，使读者能对算法理论有系统性认识，又注重对典型实例的应用解析，使读者能够得到学以致用的启迪。

本书可作为研究生和高年级本科生的教材使用，也可作为从事人工智能、智能控制、运筹学和管理科学等研究的高校教师、科研人员和工程技术人员的参考用书。

本书的第 1～7 章和第 9 章由徐克虎编著，第 10～13 章由黄大山、徐越编著，第 8 章和第 14～17 章由孔德鹏编著，全书实例中的 MATLAB 程序由孔德鹏编写和测试，全书由徐克虎负责统稿和审校。本书在编著过程中，得到了作者所在单位领导和同事的大力支持与帮助，国防工业出版社编辑为全书的编辑出版付出了辛勤劳动，在此一并表示衷心的感谢！

由于编著者水平有限，疏漏、错误之处在所难免，敬请各位专家和广大读者批评指正。

编著者

2019 年 1 月于北京

目　录

第 4 篇 群智能计算

绪　论

0.1　智能计算方法

　　智能计算方法是在模糊数学、人工神经网络、进化算法三者发展相对成熟的基础上，形成的一类有别于传统计算方法的计算技术的统称。但究竟什么是智能计算方法，至今未见统一且简单明了的定义。一般地，人们把具备信息感知、与环境交互、在线学习、记忆、逻辑推理、寻优进化等具有类似于灵长类动物大脑思维要素、思维方式、思维特点的算法，称为智能化计算方法，简称智能计算（Intelligence Computation，IC）。也有人认为，智能计算是以模型（数学模型、计算模型）为基础，以并行、分布、仿生等计算方法为特征，含数据、算法和实现的信息系统。尽管现有的有关智能计算方法的描述不尽相同，但在这些定义的描述中都反映出了一个共同的特点：智能计算的本质就是通过模拟生物和自然智能来求解复杂问题的方法和技术。

　　目前，智能计算方法不仅仅包含模糊计算、神经计算、进化计算 3 类算法，人们通常也把群智能优化等诸多新兴的模拟群居性生物相互协作行为的算法称作智能计算方法，由此形成了一个内容丰富的智能计算方法体系。

　　智能计算，是当代信息科学、生命科学、认知科学等多门新兴学科与数学、物理学等古老学科相互交叉演进的产物。智能计算方法涉及神经网络、进化算法、模糊逻辑与推理、群智能计算等诸多算法领域。智能计算的发展途径及其相关研究方法，在一定程度上反映了当代科学技术多学科交叉与集成的发展方向和发展趋势。

0.2　智能计算方法产生与发展

　　从人类发明计数方法时起，计算方法就应运而生了。从早期的掰手指计数发展至今，已经产生了不计其数的计算方法，如早期的序数形成过程、数字之间的四则运算等；近代的数组之间函数关系表示、函数微积分运算、数域与空间的拓展、随机与模糊现象的描述等；现代的利用计算机求解的数值计算方法、数值分析等；当前新兴的云计算、大数据方法等，都是在某些特定时期人们用于分析问题、解决问题的计算方法。近年来，受生物思考方式、运动行为等的启发而发展起来的人工神经网络、群智能优化等计算方法，更是把计算方法推到了一个前所未有的新高度——智能计算方法。

相对于传统计算方法，智能计算方法是一种诞生不久、正在不断完善、快速成长、充满应用活力的新兴算法。

长期以来，人们解决许多实际问题的一般思路是：分析问题→建立模型→设计模型解算方法→编写与运行计算机程序→得到问题的解。按照上述解决问题的方法思路，即使是同一类问题，不同的具体描述形式也会得到不同的表达模型，相应地，也就会有不同的模型解算方法及不同的程序设计与实现过程，这种"一对一"的实际问题解决方法，往往具有高度的复杂性，问题解决者需具备很强的专业背景知识才能得以胜任。另外，对于一些很难用一个具体模型来表述的实际问题，诸如自主行驶车辆的实时路径选择与速度调整、人脸与语音识别等许多涉及联想与经验的复杂问题，如果仍然按照这种思路去解决，则会遇到几乎不可逾越的障碍。然而，人们通过对生物或者其集群行为的建模发现，有时仅仅是简单的行为描述与模仿，便可以解决用传统"精确模型"看似不可能解决的复杂问题，并且一种模型可以解决一类或者多类具有不同工程或社会应用背景的相似问题，大大提高了问题解算方法的通用性，这就是"智能计算"的神奇之处。

智能计算方法，有时也称为"智能优化算法""智能算法"或"计算智能"等。它是人们为了解决计算机智能化、复杂非线性问题求解等现实问题，在了解、认识和总结生物智能（Biological Intelligence，BI）的基础上发展起来的，是人工智能（Artificial Intelligence，AI）的一个重要分支。当然，也有人认为，智能计算方法高于人工智能并包含人工智能。

下面，从4个主要分支的角度出发，来一览智能计算方法的产生与发展历程。

0.2.1 模糊计算的产生与发展

模糊计算是以模糊数学的一系列理论为基础发展起来的一类计算方法。美国加州大学 L. A. Zadeh 博士于 1965 年在 *Information and Control* 期刊上发表了一篇开创性论文《模糊集合论》（*Fuzzy Sets*），标志着模糊数学的诞生。论文中所提出的隶属函数，可以描述和表达现象差异的中间过渡——事物模糊性，突破了经典集合论中"非此即彼"的绝对关系。1975 年，L. A. Zadeh 教授发表的长篇连载论著《模糊集合、语言变量及模糊逻辑》中提出了语言变量的概念，并探索了它的含义，为模糊规则和模糊推理奠定了理论基础。

模糊计算为人们提供了一种处理不确定性和不精确性问题的新方法，是描述人脑思维处理模糊信息的有力工具，为研制具有智能化的模糊计算机奠定了理论基础。1986 年，日本山川烈博士首次试制成功模糊推理机，它的推理速度是 1000 万次/s。我国于 1976 年开始了对模糊数学的研究，1988 年，我国汪培庄教授指导的几位博士生也研制成功一台模糊推理机——分立元件样机，它的推理速度达 1500 万次/s。

目前，模糊计算的理论体系还处于进一步完善的过程中，如近年来发展起来的直觉模糊集、区间值模糊集、Vague 集等理论，均是对模糊集理论的扩充和发展，模糊理论与神经网络、进化算法等的结合，更是催生了模糊信息处理技术的出现。从早期的模糊控制到目前的智能系统，模糊计算的深入研究和现实应用正体现出应有的活力和光明前景。

0.2.2 神经计算的产生与发展

最早的智能计算方法，可谓是人工神经网络，而人工神经网络的研究又源于脑神经元学说。

19 世纪初，意大利解剖学家 C. Golgi 与西班牙科学家 S. R. Cajal 通过系统地观察和大量实验，确认了脑神经是由许多互相分开的、边界明确的细胞——神经元组成。1943 年，心理学家 W. McCulloch 和数理逻辑学家 W. Pitts 建立的具有逻辑演算功能的人工神经元数理模型（MP 模型），为人工神经网络结构研究奠定了坚实的基础。1949 年，心理学家 D. O. Hebb 提出了突触联系强度可变的假设，1961 年，又提出了 Hebb 学习规则，认为学习的过程最终发生在神经元之间的突触部位，突触的联系强度随着突触前后神经元的活动而变化，这又为神经网络的学习算法研究提供了强有力的理论支撑。

20 世纪 60 年代，人工神经网络得到了进一步发展，更加完善、更加有效的神经网络模型被提出，其中包括感知器和自适应线性元件等。M. Minsky 等仔细分析了以感知器为代表的神经网络系统的功能及局限后，于 1969 年出版了 *Perceptron* 一书，指出感知器不能解决高阶谓词问题。他们的论点极大地影响和削减了学者对神经网络的研究热情，加之当时串行计算机和人工智能所取得的一些成就，掩盖了发展新型计算机和人工智能新途径的必要性和迫切性，使得此阶段学者对人工神经网络的研究处于低潮。但在此期间，仍有一些学者持续致力于人工神经网络研究，并在深入研究神经网络数学理论的基础上，提出了适应谐振理论（ART 网）、自组织映射、认知机网络等，这些研究成果为神经网络体系的后续发展奠定了基础。

1982 年，美国加州工学院物理学家 J. J. Hopfield 提出了 Hopfield 神经网格模型，引入了"计算能量"概念，给出了网络稳定性判断的数学推导。1984年，他又提出了连续时间 Hopfield 神经网络模型，为神经计算机的研究做了开拓性的工作，开创了神经网络用于联想记忆和优化计算的新途径，有力地推动了神经网络的研究。1985 年，又有学者提出了玻耳兹曼模型，在学习中采用统计热力学模拟退火技术，保证整个系统趋于全局稳定点。1986 年，由 Rumelhart 和 McCelland 为首的科学小组提出了一种误差逆向传播的多层前馈网络，即 BP（Error Back Propagation Network）神经网络，它是最为成功且是目前应用最为广泛的神经网络模型之一。该网络的学习过程由信号（输入模式）的正向传播与误差（期望输出与实际输出之差）的反向传播两个过程组成。BP 网络能学习和存储大量的输入 – 输出模式映射关系，而无需事前揭示描述这种映射关系的数学方程。它的学习规则是使用梯度最速下降法，通过反向传播来不断调整网络的权值和阈值，使网络的误差平方和最小。同年，有学者通过对认知微观结构的研究，提出了神经网络并行分布处理理论。美国国会通过决议将 1990 年 1 月 5 日开始的 10 年定为"脑的十年"，国际研究组织号召它的成员国将"脑的十年"变为全球行为。至此，人工神经网络的研究才又受到各个发达国家的重视。从 1991 年至今，人工神经网络的研究进入再认识阶段和实际应用期。我国对神经网络的研究开始于 1988 年前后，在基础与应用领域都开展了相应的研究工作。1989 年在广州召开了全国第一届神经网络——信号处理会议，1991 年在南京召开了全国第二届神经网络——信号处理会议和中国第一届神经网络学术大会，1992 年在北京召开了国际神经网络学会和 IEEE 神经网络委员会的联合学术会议，2005 年在重庆召开神经网络国际会议。至此，我国的神经网络研究在国际上也已占有了一席之地。

目前，国内外学者共构建了多达百种的人工神经网络，其应用已遍及几乎各科学研究领域。特别是以卷积神经网络为代表的具有深度学习功能的深层神经网络，在当前基于大数据的智能化时代，更是取得了举世瞩目的巨大成就，更把人们对人工神经网络的深入研究和应用热情推进到了前所未有的新高度。

0.2.3　进化计算的产生与发展

进化计算的基本思想是模拟和利用生物进化原则求解实际问题。达尔文的进化论认为，生物在繁殖过程中产生变异，从而形成新物种，不同物种在有限的资源环境中会产生生存竞争，适者生存，不适者淘汰。自然界生物就是按照这种规则进化的。根据这一理论，1948 年，英国数学家 A. Turing 率先提出了进化搜索的思想。20 世纪 50 年代后期，一些生物学家在研究如何利用计算机模拟生物遗传过程时，产生了遗传算法（Genetic Algorithms，GA）的基本思想，并由美国密执安大学的 J. H Holland 教授于 1962 年首先系统地提出。1965

年，德国数学家 I. Rechenberg 和 H. P. Schwefel 提出了只有单个个体参与进化，且仅有一种进化操作的进化策略（Evolution Strategies，ES）算法。同年，美国学者 L. J. Fogel 提出了一种具有多个个体参与进化，仅有一种进化操作——变异的进化规划（Evolutionary Programming，EP）。1975 年，J. H Holland 教授在专著《自然和人工系统的适应性》（*Adaptation in Natural and Artificial Systems*）中，全面介绍了具有多个个体参与进化，且具有选择、交叉、变异 3 种操作的遗传算法。1989 年，美国斯坦福大学的 J. R. Koza 提出了遗传规划（Genetic Programming，GP），也被称作遗传程序设计的新方法。至此，形成了进化计算方法中 4 个基本研究方向。

到了 20 世纪 90 年代，进化计算作为一个学科被人们所接受。至此，进化计算方法的理论与应用研究，特别是与其他智能算法相结合的拓展性研究及其应用研究，得到了越来越多机构和学者的重视，各种改进方法不断出现，应用领域不断扩大。目前，已经成为炙手可热的人工智能领域中的重要研究方向之一。

0.2.4 群智能计算的产生与发展

群智能计算是通过抽象模仿生物群体活动行为演化出来的一类计算方法。群智能计算方法的原理特点及运行方式与进化算法类似，可依据一定的搜索寻优策略来求解实际问题。经过近 30 年的发展，产生了多种理论完善、效果显著的群智能计算方法，如粒子群算法、蚁群算法、人工蜂群算法、鱼群算法、细菌觅食算法等。其中，最具代表性的是蚁群算法和粒子群算法。

通过对蚂蚁群体觅食习性——通信和协调机制——的研究，1991 年，意大利学者 M. Dorigo 和 V. Maniezzo 等提出了蚁群优化（Ant Colony Optimization，ACO）算法。其主要特点是可以通过正反馈、分布式协作来寻找最优路径。基于对鸟群社会行为的模仿，1995 年，美国的心理学家 J. Kenney 和电气工程师 R. C. Eberhart 提出了粒子群优化（Particle Swarm Optimization，PSO）算法。受到蜂群采蜜行为的启发，2005 年，V. Tereshko 和 A. Loengarov 提出蜂群觅食行为模型。2005 年，土耳其埃尔吉耶斯大学的 Karaboga 小组成功地将蜜蜂采蜜模型应用于函数的数值优化，并给出了比较系统的人工蜂群（Artificial Bee Colony，ABC）算法。

目前，群智能计算还是一个非常新颖、非常前沿、最具活力的智能计算方法研究方向，各种新的理念、新的思想层出不穷，新的群智能算法还在不断被提出，如蛙跳算法、猫群算法、狼群算法等。群智能算法中的一部分已经被用来解决实际问题，并且也能够取得较好的效果，但其中另一部分算法还有待进一步探讨完善，更需要通过大量的实际问题来检验其应用价值和前景。

0.3　智能计算方法分类

从某种意义上说，智能计算方法是一类方法论，它主要是通过对智能行为在复杂和变化的环境中得以实现自适应、自学习、推论等机制的研究，得到的某种具有解决一类问题的普适性方法。从算法思想产生和生物学机理的角度，智能计算方法大致可以分为四大类，即模糊计算、神经计算、进化计算和群智能计算。模糊计算主要包括模糊集合、模糊逻辑、模糊推理等内容，有模糊聚类、模糊决策等模糊计算方法；神经计算主要包括人工神经网络的结构、学习算法等内容，BP 网络、径向基网络、卷积网络等神经计算方法；进化计算主要包括参与进化的个体与进化方法等内容，有遗传算法、差分进化、人工免疫等进化计算方法；群智能计算主要包括模型与算法等内容，有粒子群算法、鸟群算法、人工蜂群算法等群智能计算方法。

模糊计算以模糊数学为基础理论，在模糊集合、模糊关系、模糊逻辑等基础上，构建模糊系统，发展出模糊推理、模糊控制和模糊聚类等模糊计算方法。模糊计算发展了半个多世纪，其理论根基已经十分完善，并且在许多领域都有实际的运用。

人工神经网络模拟生物神经元的工作原理，目前，人工神经网络模型已达百余种。由于广泛的应用背景，神经网络的分类方法也多种多样：按神经网络的连接结构可分为层次型神经网络与互联型神经网络；按信号流向可分为反馈神经网络与前向神经网络；按神经网络的学习方式可分为有导师学习神经网络与无导师学习神经网络；按神经网络对信号的响应可分为连续神经网络与离散神经网络；按神经网络规模可分为一般神经网络与深度神经网络等。

进化算法基于生物学进化的"物竞天择，适者生存"理论，以物种进化优化的思路，基于目标函数值进行概率搜索、迭代优化，从而解决一些传统方法难以解决的复杂优化问题。按照参与进化的个体数量、进化操作算子的不同，进化算法可分为遗传算法、进化规划、进化策略、遗传规划、差分进化等。

群体智能优化算法受生物群体行为的启发，模拟生物群体觅食、繁殖等群体行为过程，从而解决相应优化问题的一类优化算法。按照所模拟的社会性生物群体不同，群体智能优化算法分为粒子群算法、蚁群算法、人工蜂群算法、人工鱼群算法、猫群算法、混合蛙跳算法、布谷鸟算法等。

本书共分 4 篇内容，分别介绍几种常见智能计算方法的基本概念、基本原理、基本算法（模型）与改进算法，编程实现的流程、步骤，以及具体运用方法。

（1）第一篇为模拟人类模糊思维方式的模糊计算，主要介绍模糊计算数学基础、模糊推理、模糊控制器、模糊聚类等相关内容；

（2）第二篇为模拟人脑生理结构和思维机理的神经计算，主要讲述神经网络理论基础、BP神经网络、RBF神经网络、深度神经网络等相关内容；

（3）第三篇为模拟生物种群长期演化过程的进化计算，主要介绍进化计算理论基础、遗传算法、人工免疫算法、差分进化算法等相关内容；

（4）第四篇为模拟生物群体协作行为的群智能算法，主要介绍群智能计算理论基础、粒子群算法、蚁群算法、人工蜂群算法等相关内容。

尽管上述内容中有些方法被称为"智能计算"技术有些牵强，但它们都具有仿效生物演化、处理信息的模式以获得不确定信息的处理能力，一定程度上体现了逻辑推理、推演等功能。

习题 0

1. 如何理解智能计算？智能计算方法可以分为哪几大类？

2. 不同的智能计算方法具有什么共同特点？它与传统的计算方法有什么区别？

3. 智能计算方法与当前社会的智能化发展有什么样的关系？

第1篇　模糊计算

模糊集合是用来表达模糊性概念的集合，更确切地说，是指具有特定事物（概念或属性）的元素且界限或边界不分明的集合。它是美国加州大学控制论学者 L. A. Zadeh 于 1965 年创立的，它更能满足人们对现实世界中许多具有不确定性事物进行分类处理的需求。由于概念的模糊性，模糊集合就不能像经典的康托尔集合（Contor's Sets）那样，仅用元素的"属于或不属于"的方式来表示，还必须明示元素隶属于集合或某一概念的程度。为此，"隶属函数"（Membership Function）应运而生。隶属函数就是将集合中的元素按照模糊性概念的特征映射到 [0, 1] 上的函数，即用 0~1 之间的数值来表示一个元素属于某一模糊性概念的程度，这个数值称为该元素对集合的隶属度（Membership Grade）。隶属函数和隶属度等基本概念是模糊数学和模糊计算的基础。

模糊数学中的许多内容都可以称为模糊计算，但在这里，特指人们应用模糊数学知识处理模糊信息时所形成的特定方法和理论，它包括模糊推理（Fuzzy Inference）、模糊系统（Fuzzy System）、模糊控制（Fuzzy Control）、模糊聚类（Fuzzy Clustering）等。模糊计算可以实现对定性描述的量或者模糊的连续量（区间量）进行计算与推理，可以模拟人脑的思维能力运用模糊概念进行模糊推理，可以解决具有内在不确定性的非精确、非线性的复杂系统问题。

模糊推理是模糊计算的奠基性算法，它是建立在模糊逻辑基础上的一种近似推理，可以依据一定的规则对所获得的模糊信息进行有效地判断和决策，这是以二值逻辑为基础的演绎推理和归纳推理所无能为力的，因为它们要求推理的前提和命题都必须是精确的。本质上，模糊推理就是将一个给定输入空间通过模糊逻辑的方法映射到一个特定的输出空间的计算过程，这种映射和计算过程涉及隶属函数、模糊逻辑运算、If – then 规则等基本模糊理论。

模糊推理应用广泛，但模糊推理最有效、最广泛的应用方向就是模糊控制。1973 年，L. A. Zadeh 给出了模糊逻辑控制的定义和相关的定理，1974 年，英国的 E. H. Mamdani 首次利用模糊逻辑和模糊推理规则实现了对蒸汽机的试验性控制，并取得了比传统数字控制算法更好的控制效果，从而宣告了模糊控制的问世。目前，模糊控制在许多领域能够出人意料地解决传统控制理论难以解决或无法解决的控制问题，并能够取得令人满意的控制效果，从而成为智能控制领域中的经典方法。

以模糊分类、模糊聚类为代表的模糊模式识别是模糊计算的另一基础性算法。模糊模式识别虽然与一般的模式识别方法有着类似的识别过程、系统结构，但它更容易模拟人脑的思维过程，可以基于小样本训练的结果，甚至无训练样本来对客观事物进行更为有效地分类与识别。当今的许多智能化问题都与模糊模式识别有关，如手写体识别、不规则几何图形的识别、数据挖掘、复杂背景下目标识别等。

目前，模糊计算已被人们广泛应用于生产、生活的多个领域中，特别是在工业控制和智能化领域，模糊计算技术得到了许多工程人员的欢迎和使用。模糊洗衣机、空气净化器、无人平台等各种新产品、新应用层出不穷，模糊计算已成为当今世界数字化、智能化的最重要的支撑技术。

本篇在简单介绍模糊计算数学基础之上，主要介绍模糊推理、模糊控制、模糊聚类等的基本概念、基本原理，并给出了相应的典型应用实例。

第 1 章

模糊计算数学基础

现实生产、生活中存在许多没有严格边界划分并且无法精确量化描述的模糊现象，如高、低、大、小、长、短、年轻、年老、凌晨、傍晚等，人们把这些反映模糊现象的各种定义规则统称为模糊概念，这些概念所描述的对象属性不能简单地用"是"或"否"来回答，而模糊集合（Fuzzy Set）则可以方便地表示或者阐述模糊概念。模糊集合的概念是由美国加利福尼亚大学控制论专家扎德（L. A. Zadeh）于 1965 年首先提出的，它是指具有某个模糊概念所描述属性的对象的全体。模糊集合的定义方式可使人们能够利用传统数学的思维和方法处理模糊性现象，这奠定了模糊数学的基础，也揭开了模糊计算的篇章。本章主要介绍模糊集合、隶属函数、模糊矩阵、模糊关系、模糊逻辑等模糊计算的数学基础和相关应用。

1.1 模糊集合

1.1.1 模糊集合定义

模糊集合是描述模糊现象和模糊概念的数学工具，通常用元素及其隶属函数值表示。其具体定义如下。

定义 1-1 给定论域（问题的限定范围）X，x 为论域 X 中的任一元素。那么论域 X 上的模糊集合 A，可以定义为

$$A = \{(x,\mu_A(x)) \mid x \in X\} \tag{1-1}$$

式中：$\mu_A(\cdot)$ 被称为模糊集合 A 上的隶属函数（Membership Function）；$\mu_A(x)$ 为 x 隶属于 A 的程度。常用大写字母 A，B，C，…表示模糊集合。

由定义可以看出，模糊集合 A 完全由隶属函数 $\mu_A(\cdot)$ 来表征，$\mu_A(\cdot)$ 将 X 中的每个元素 x 映射为 $[0,1]$ 上的一个值 $\mu_A(x)$。$\mu_A(x)$ 的大小反映了 x 隶

属于 A 的程度，$\mu_A(x)$ 的值越大，表示 x 隶属于 A 的程度越高；$\mu_A(x)$ 的越小，表示 x 隶属于 A 的程度越低。当 $\mu_A(x)$ 的取值为 $\{0,1\}$ 时，$\mu_A(x)$ 退化成普通集合的特征函数，模糊集合 A 也退化成一个普通集合。

1.1.2　模糊集合的表示方式

模糊集合表示方式与论域的性质有关，当论域 X 为有限离散点集，即 $X = \{x_1, x_2, \cdots, x_n\}$ 时，模糊集合可以表示为以下 3 种方式。

（1）Zadeh 表示法：

$$A = \frac{\mu_A(x_1)}{x_1} + \frac{\mu_A(x_2)}{x_2} + \cdots + \frac{\mu_A(x_n)}{x_n} \tag{1-2}$$

式中：$\dfrac{\mu_A(x_i)}{x_i}$ 不是传统的分数意义，仅表示论域中的元素 x_i 与 $\mu_A(x_i)$ 之间的对应关系；"$+$"也不是求和，而是表示模糊集合在论域 X 上的整体。

（2）序偶表示法：

$$A = \{(x_1, \mu_A(x_1)), (x_2, \mu_A(x_2)), \cdots, (x_n, \mu_A(x_n))\} \tag{1-3}$$

序偶表示法中，隶属度为 0 的项可以不列写。

（3）向量表示法：

$$A = \{\mu_A(x_1), \mu_A(x_2), \cdots, \mu_A(x_n)\} \tag{1-4}$$

在向量表示法中，隶属度为 0 的项不能省略。

当 X 是有限连续论域时，模糊集合 A 可以表示为

$$A = \int_X \frac{\mu_A(x)}{x} \tag{1-5}$$

式中："$\displaystyle\int_X$"不表示"积分"或"无限求和"的意思，仅表示论域 X 上所有的元素 x 与隶属度 $\mu_A(x)$ 的对应关系；$\dfrac{\mu_A(x)}{x}$ 的意义同式（1-2）一样，仅表示论域上元素 x 与隶属度 $\mu_A(x)$ 之间的对应关系。

1.1.3　隶属函数

从模糊集合的表达方式可以看出，隶属度的概念使模糊集合可以描述模糊现象，事物的模糊性实质上是由隶属函数来表征的。因此，隶属函数在模糊理论中具有十分重要的作用。

1. 隶属函数的数学表达形式

隶属函数的表达形式有很多种，对于离散论域上的模糊集合，可以通过列举法写出其隶属度。但是，对于连续论域上的模糊集合，欲列出定义隶属函数

的所有有序数对是不切实际的。因此，在连续论域上，模糊集合的隶属函数只能以数学表达式的方式来描述。下面给出几种典型的隶属函数（Member Function，MF）的表达形式。

1）三角形隶属函数

三角形隶属函数由 3 个参数 $\{a, b, c\}$ 来描述：

$$f(x;a,b,c) = \mu_A(x;a,b,c) = \begin{cases} 0 & (x \leq a) \\ \dfrac{x-a}{b-a} & (a \leq x \leq b) \\ \dfrac{c-x}{c-b} & (b \leq x \leq c) \\ 0 & (c \leq x) \end{cases} \tag{1-6}$$

参数 $\{a, b, c\}$ $(a < b < c)$ 决定了三角形隶属函数 3 个角的 x 坐标。图 1-1（a）所示为 $\mu_A(x;a,b,c)$ 对应的三角形隶属函数。当 $c - b = b - a$ 时，$\mu_A(x;a,b,c)$ 对应的隶属函数是一个等腰三角形，如图 1-1（b）所示。

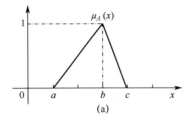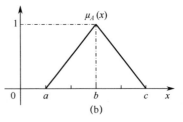

图 1-1　$\mu_A(x;a,b,c)$ 对应的三角形隶属函数

2）梯形隶属函数

梯形隶属函数由 4 个参数 $\{a,b,c,d\}$ 来描述：

$$f(x;a,b,c,d) = \mu_B(x;a,b,c,d) = \begin{cases} 0 & (x \leq a) \\ \dfrac{x-a}{b-a} & (a \leq x \leq b) \\ 1 & (b \leq x \leq c) \\ \dfrac{d-x}{d-c} & (c \leq x \leq d) \\ 0 & (d \leq x) \end{cases} \tag{1-7}$$

参数 $\{a,b,c,d\}$ $(a < b < c < d)$ 决定了梯形隶属函数的 4 个角的 x 坐标值。图 1-2（a）所示为 $\mu_B(x;a,b,c,d)$ 对应的梯形隶属函数。当 $d - c = b - a$ 时，$\mu_B(x;a,b,c,d)$ 对应的隶属函数是一个等腰梯形，如图 1-2（b）所示。当 $b = c$ 时，梯形隶属函数退化为三角形隶属函数。

由于三角形隶属函数和梯形隶属函数的形式简单、计算效率高，因此应用

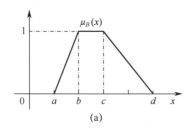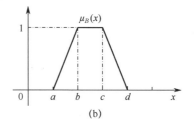

图 1-2 $\mu_B(x;a,b,c,d)$ 对应的梯形隶属函数

广泛，特别是对实时性要求较高的系统。

3）高斯型隶属函数

高斯型隶属函数由两个参数 $\{c,\sigma\}$ 表示：

$$f(x;c,\sigma) = \mu_C(x;c,\sigma) = \mathrm{e}^{-\frac{1}{2}\left(\frac{x-c}{\sigma}\right)^2} \tag{1-8}$$

高斯隶属函数完全由 c 和 σ 所确定，c 表示隶属函数的中心，σ 决定隶属函数的宽度。图 1-3 所示为 $\mu_C(x;c,\sigma)$ 对应的高斯隶属函数。

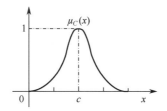

图 1-3 $\mu_C(x;c,\sigma)$ 对应的高斯隶属函数

此外，还有 S 型（Sigmoid 型）隶属函数 $f(x;a,c) = \dfrac{1}{1+\mathrm{e}^{-a(x-c)}}$、钟形隶属函数 $f(x;a,b,c) = \dfrac{1}{1+\left|\dfrac{x-c}{a}\right|^{2b}}$ 等，这里不再一一详述。

2. 隶属函数的确定

隶属函数是对模糊概念的定量描述，正确地选取并确定模糊集合的隶属函数，是运用模糊集合理论解决实际问题的基础性工作。

尽管本质上隶属函数的确定应该是客观的，但由于客观事物概念外延的模糊性，人们对于同一个模糊概念的理解、认识又有差异，因此，隶属函数的确定又带有主观性。对于同一个模糊概念，不同的人会给出不完全相同的隶属函数。但只要能反映同一模糊概念，那么，在解决和处理实际模糊问题时，不同的隶属函数仍然可以达到相同的效果。

下面给出几种常用的确定隶属函数的方法。

1）模糊统计法

设 A 是论域 X 上的模糊集合，若给定论域中的某一元素 $x(x \in X)$，试确定隶属函数 $\mu_A(x)$。对于这种情况，可以用统计的方法获得该模糊集合的隶属函数。具体的方法是：让 n 个人参与隶属函数 $\mu_A(x)$ 的确定。首先让这些人判断 x 是否属于 A，然后统计判断结果，最后将隶属的频率作为 $\mu_A(x)$。即

$$\mu_A(x) = \frac{x \in A \text{ 的次数}}{n} \tag{1-9}$$

2）加权平均法

加权平均法实质上是让更多的人共同参与隶属函数的确定。在给定论域 X 上，设有模糊集合 A，试用加权平均法确定 A 的隶属函数 $\mu_A(x)$。

首先选取 n 个人，每人给出一个确定的结果，假设第 i 个人给出的隶属函数为 $\mu_A^i(x)$，然后将该结果赋予一定的权值，最后求其平均值，即可得到该模糊集合的隶属函数，即模糊集合 A 的隶属函数 $\mu_A(x)$，为

$$\mu_A(x) = \frac{1}{n} \sum_{i=1}^{n} w_i \mu_A^i(x) \tag{1-10}$$

式中：$0 \leqslant w_i \leqslant 1$，为权系数。

3）专家确定法

由于模糊集合描述的客观事物具有模糊性，这种模糊性的把握与准确表达需要丰富的知识、经验等，因此，对于某些模糊问题通常由问题涉及的领域专家或权威人士直接给出隶属函数。例如，民事纠纷调解中的法官、体育比赛中的裁判等。

4）二元对比排序法

在有限论域的多个元素中，通过把它们两两对比，确定其在某种特性下的顺序，据此确定出它们对该特性的隶属函数大体形状，再通过与常用函数图形对比，确定其归属的隶属函数。

5）辨识法

辨识法的基本过程是：首先确定模糊集合隶属函数的表达形式，如三角形或高斯型隶属函数等；然后通过调整所确定隶属函数的参数来调试与拟合模糊集合与实际值之间的关系；当参数调整后的隶属函数能够反映出模糊现象的模糊特性时，说明该隶属函数就是所要确定的隶属函数。

1.1.4　模糊集合的基本运算

模糊集合与普通集合类似，也有相等、包含、并、交、补等运算。

定义 1-2　设 A、B 为论域 X 上的两个模糊集合，若对于任意 $x \in X$，都有 $\mu_A(x) = \mu_B(x)$，则称 A 与 B 相等，记作 $A = B$。

定义 1-3　设 A、B 为论域 X 上的两个模糊集合，若对于任意 $x \in X$，都有 $\mu_A(x) \geqslant \mu_B(x)$，则称 A 包含 B，记作 $A \supseteq B$。

定义 1-4　设 A 为论域 X 上的模糊集合，若对于任意 $x \in X$，都有 $\mu_A(x) = 0$，则称 A 为模糊空集，记作 $A = \varnothing$。

定义 1-5　设 A、B 为论域 X 上的两个模糊集合，对于 X 的任一元素 x，定义模糊集合并集、交集、补集如下：

$$\mu_{A \cup B} = \max\{\mu_A(x), \mu_B(x)\} = \mu_A(x) \vee \mu_B(x) \tag{1-11}$$

$$\mu_{A \cap B} = \min\{\mu_A(x), \mu_B(x)\} = \mu_A(x) \wedge \mu_B(x) \tag{1-12}$$

$$\mu_{A^C}(x) = 1 - \mu_A(x) \tag{1-13}$$

记作：$A \cup B$、$A \cap B$、A^C。

例 1-1　设论域 $X = \{x_1, x_2, x_3, x_4, x_5\}$ 上有两个模糊集合为

$$A = \frac{0.3}{x_1} + \frac{0.8}{x_2} + \frac{0.9}{x_3} + \frac{0.1}{x_4} + \frac{0.4}{x_5}$$

$$B = \frac{0.5}{x_1} + \frac{0.6}{x_2} + \frac{0.3}{x_4} + \frac{0.9}{x_5}$$

试求 $A \cup B$、$A \cap B$、A^C。

解：根据模糊集合并集、交集、补集的定义可得

$$A \cup B = \frac{0.3 \vee 0.5}{x_1} + \frac{0.8 \vee 0.6}{x_2} + \frac{0.9 \vee 0}{x_3} + \frac{0.1 \vee 0.3}{x_4} + \frac{0.4 \vee 0.9}{x_5}$$

$$= \frac{0.5}{x_1} + \frac{0.8}{x_2} + \frac{0.9}{x_3} + \frac{0.3}{x_4} + \frac{0.9}{x_5}$$

$$A \cap B = \frac{0.3 \wedge 0.5}{x_1} + \frac{0.8 \wedge 0.6}{x_2} + \frac{0.9 \wedge 0}{x_3} + \frac{0.1 \wedge 0.3}{x_4} + \frac{0.4 \wedge 0.9}{x_5}$$

$$= \frac{0.3}{x_1} + \frac{0.6}{x_2} + \frac{0}{x_3} + \frac{0.1}{x_4} + \frac{0.4}{x_5}$$

$$= \frac{0.3}{x_1} + \frac{0.6}{x_2} + \frac{0.1}{x_4} + \frac{0.4}{x_5}$$

$$A^C = \frac{0.7}{x_1} + \frac{0.2}{x_2} + \frac{0.1}{x_3} + \frac{0.9}{x_4} + \frac{0.6}{x_5}$$

模糊集合并、交、补运算满足幂等律、交换律、结合律、分配律、吸收律、同一律、复原律、迪摩根律、传递律等普通集合运算的基本性质。但是，模糊集合不再满足互补律，因为一般情况下：

$$\mu_{A \cup A^C} = \max\{\mu_A(x), 1 - \mu_A(x)\} \neq 1$$

本质上，是因为模糊集合 A 和 A^C 均没有明确的边界。

1.1.5　模糊集合与经典集合的联系

在处理实际问题时，有时需要对模糊概念做出明确的判决，也就是说要判

断某个元素对模糊集的明确归属。例如，对一特定人群挑选出"高个子"来。根据模糊集合是通过隶属函数表征的特点，如果约定：当论域中的元素 x 对于 A 的隶属度达到或超过 λ 时，x 就一定是 A 的成员了，这样模糊集合 A 就变成了经典集合 A_λ。虽然"高个子"是个模糊集合，如果定义"身高 1.75m 以上的人"是"高个子"，这样，"高个子"便是一个经典集合，这就引出了截集的概念。

1. 模糊集合的截集

定义 1-6 设 $0 \leqslant \lambda \leqslant 1$，若：

$$A_\lambda = \{x \in X \mid \mu_A(x) \geqslant \lambda\} \tag{1-14}$$

称 A_λ 是 A 的 λ 截集，它是一个经典集合，λ 称为阈值或置信水平。

设 $0 \leqslant \lambda \leqslant 1$，若：

$$A_{\lambda+} = \{x \in X \mid \mu_A(x) > \lambda\} \tag{1-15}$$

则称 $A_{\lambda+}$ 是 A 的 λ 强截集。

2. 分解定理

设 A 为论域 X 上的一个模糊集合，A_λ 是 A 的 λ 截集，$\lambda \in [0,1]$，则有如下分解式成立：

$$A = \bigcup_{\lambda \in [0,1]} \lambda A_\lambda \tag{1-16}$$

式中：λA_λ 为 X 的一个模糊子集，其隶属函数规定为

$$\mu_{\lambda A_\lambda}(x) = \begin{cases} \lambda & (x \in A_\lambda) \\ 0 & (x \notin A_\lambda) \end{cases} \tag{1-17}$$

$\mu_{\lambda A_\lambda}(x)$ 如图 1-4 所示。

图 1-5 所示为 λ 不同取值 $\lambda_1, \lambda_2, \lambda_3, \lambda_4, \lambda_5$ $(\lambda_1 > \lambda_2 > \lambda_3 > \lambda_4 > \lambda_5)$ 时的 $\mu_{\lambda A_\lambda}(x)$。当 λ 取遍 $[0,1]$ 闭区间所有值时，将相应各点隶属函数的最大值连成一条曲线，就是模糊集合 A 的隶属函数 $\mu_A(x)$ 曲线。

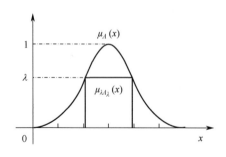

图 1-4 λA_λ 的隶属函数 $\mu_{\lambda A_\lambda}(x)$

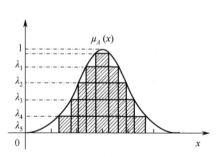

图 1-5 分解定理的图示

分解定理证明了用经典集合可以构造模糊集合，它沟通了模糊集合与经典集合的联系。

1.2　模糊关系

世上万物是普遍联系的。有的事物之间有着清晰明确的关系；更多的事物之间存在着非清晰的关系，是一种"若即若离、模棱两可"的联系。前者可以用"经典关系"来刻画，后者则可以借助于"模糊关系"来表征。模糊关系不仅可以明确事物之间是否有联系，而且可以给出其相互之间联系的程度。由此，也可以说模糊关系从更深层次上揭示了事物间的相互关联属性。

1.2.1　模糊关系

模糊关系既可以反映某个元素从属模糊集的程度——一元模糊关系，也可以反映两个模糊集合（甚至多个模糊集合）元素之间的关联程度——二元模糊关系或多元模糊关系，它是笛卡儿积上的模糊集合，常用大写字母 $\boldsymbol{Q}$，$\boldsymbol{R}$，$\boldsymbol{S}$，…来表示。

1. 模糊关系的基本概念

定义 1-7　两个集合 X、Y 的笛卡儿积：

$$X \times Y = \{(x,y) \mid x \in X, y \in Y\} \tag{1-18}$$

中的一个模糊关系 $\boldsymbol{R}(X, Y)$ 是指以 $X \times Y$ 为论域的一个模糊集合，即

$$\boldsymbol{R}(X,Y) = \{[(x,y), \mu_{\boldsymbol{R}}(x,y)] \mid (x,y) \in X \times Y\} \tag{1-19}$$

式中：$\boldsymbol{R}(X,Y)$ 称作 $X \times Y$ 中的二元模糊关系；$\mu_{\boldsymbol{R}}(x,y)$ 为 (x,y) 隶属度，其取值范围是闭区间 $[0,1]$，它的大小反映了 (x,y) 具有关系 $\boldsymbol{R}(X,Y)$ 的程度。

模糊关系往往用来表示模糊事件之间所具有的某种关系的程度，其中二元模糊关系是现实生活最广泛的模糊关系形式，多元模糊关系可以直接从二元模糊关系中推导出来。本质上，二元模糊关系就是一个模糊矩阵。

定义 1-8　如果对任意的 $i \leqslant m$ 及 $j \leqslant n$，都有 $r_{ij} \in [0,1]$，则称 $\boldsymbol{R} = [r_{ij}]_{m \times n}$ 为模糊矩阵。通常以 $\boldsymbol{\mu}_{m \times n}$ 表示全体 m 行 n 列的模糊矩阵。

若 X 是由 m 个元素构成的有限论域，Y 是由 n 个元素构成的有限论域。对于 X 到 Y 的一个模糊关系 $\boldsymbol{R}(X,Y)$，可以用一个 $m \times n$ 阶模糊矩阵表示为

$$\boldsymbol{R}(X,Y) = \begin{bmatrix} r_{11} & r_{12} & \cdots & r_{1n} \\ r_{21} & r_{22} & \cdots & r_{2n} \\ \vdots & \vdots & & \vdots \\ r_{m1} & r_{m2} & \cdots & r_{mn} \end{bmatrix} \text{ 或 } \boldsymbol{R}(X,Y) = (r_{ij})_{mn}$$

式中: $r_{ij} = \mu_R(x_i,y_j)$, 表示 X 中第 i 个元素和 Y 中第 j 个元素从属于关系 R 的程度, 也反映了 x_i 与 y_j 的关系程度。

若 X 和 Y 是连续论域, 对于 X 到 Y 的二元模糊关系 $R(X,Y)$ 可以用隶属函数表示。

例如, 设 X 和 Y 为实数集, 模糊关系 R "x 约等于 y" 可以用隶属函数表示:

$$\mu_R(x,y) = e^{-(x-y)^2}$$

这里, 隶属函数并不唯一, $\mu_R(x,y)$ 只是其中一种形式。

2. 模糊关系的运算

模糊关系与模糊集合类似, 也有并、交、补、相等、包含等基本运算。

设 R、S 是 $X \times Y$ 上的模糊关系, $\forall (x,y) \in X \times Y$。$R \cup S$、$R \cap S$、$R = S$、$R^C$ 运算定义为

(1) 并: $\mu_{R \cup S} = \vee[\mu_R(x,y),\mu_S(x,y)]$。

(2) 交: $\mu_{R \cap S} = \wedge[\mu_R(x,y),\mu_S(x,y)]$。

(3) 相等: $\mu_R(x,y) = \mu_S(x,y)$。

(4) 补: $\mu_{RC} \Leftrightarrow \mu_{RC}(x,y) = 1 - \mu_R(x,y)$。

另外, 若有 $\mu_R(x,y) \geq \mu_S(x,y)$, 则称模糊关系 R 包含 S, 记作 $R \supseteq S$; 模糊关系 R 的转置为 R^T, 其隶属函数为 $\mu_{R^T}(x,y) = \mu_R(y,x)$。

由模糊关系的定义和矩阵表示方式可知, 模糊关系可以看作一种特殊的模糊集合。同模糊集合一样, 它的运算满足交换律、结合律、分配律、幂等律、吸收律、复原律、对偶律等, 但不满足互补律。这些关系也可通过模糊关系运算的定义直接验证。

3. 模糊关系的 λ 截关系

将模糊集合的截集概念推广到模糊关系中, 便有如下的定义。

定义 1-9 设 R 为 $X \times Y$ 上的模糊关系, 对于任意的 $\lambda \in [0,1]$, 称

$$R_\lambda = \{(x,y) \mid (x,y) \in X \times Y, \mu_R(x,y) \geq \lambda\}$$

为 R 的 λ 截关系。其特征函数为

$$F_{R_\lambda}(x,y) = \begin{cases} 1 & ((x,y) \in R_\lambda) \\ 0 & ((x,y) \notin R_\lambda) \end{cases}$$

称

$$R_\lambda = \{(x,y) \mid (x,y) \in X \times Y, \mu_R(x,y) > \lambda\}$$

为 R 的 λ 强截关系。

可见, 模糊关系 R 的 λ 截关系和强截关系, 均是普通关系。

定义 1-10 设 $R = (r_{ij})_{nm}$ 为 $n \times m$ 阶模糊矩阵, 对于任意的 $\lambda \in [0,1]$,

称 $\boldsymbol{R}_\lambda = (r_{ij}^{(\lambda)})_{nm}$ 为 $\boldsymbol{R}$ 的 λ 截矩阵，其中：

$$r_{ij}^{(\lambda)} = \begin{cases} 1 & (r_{ij} \geqslant \lambda) \\ 0 & (r_{ij} < \lambda) \end{cases}$$

称 $\boldsymbol{R}_\lambda = (r_{ij}^{(\lambda)})_{nm}$ 为 $\boldsymbol{R}$ 的 λ 强截矩阵，其中：

$$r_{ij}^{(\lambda)} = \begin{cases} 1 & (r_{ij} > \lambda) \\ 0 & (r_{ij} \leqslant \lambda) \end{cases}$$

可见，模糊矩阵 $\boldsymbol{R}$ 的 λ 截矩阵和强截矩阵，均是普通矩阵。

模糊关系的截关系与模糊矩阵的截矩阵常被用于模糊聚类分析问题中。

1.2.2　模糊关系的合成

模糊关系一般用来反映不同集合元素之间相互联系的程度。对于不同论域空间上的模糊关系，可以通过合成运算将其结合在一起。目前，常用的模糊关系合成运算方法有极大 – 极小合成运算和极大 – 乘积合成运算两种。

1. 极大 – 极小合成运算

定义 1-11　设 X、Y、Z 是 3 个论域，$\boldsymbol{R}$ 是 X 到 Y 的一个模糊关系，$\boldsymbol{S}$ 是 Y 到 Z 的一个模糊关系，$\boldsymbol{R}$ 对 $\boldsymbol{S}$ 的合成 $\boldsymbol{R} \circ \boldsymbol{S}$ 是指从 X 到 Z 的一个模糊关系，其隶属函数满足：

$$\mu_{\boldsymbol{R} \circ \boldsymbol{S}}(x,z) = \bigvee_{y \in Y} (\mu_{\boldsymbol{R}}(x,y) \wedge \mu_{\boldsymbol{S}}(y,z)) \tag{1-20}$$

设 $\boldsymbol{R}$、$\boldsymbol{S}$、$\boldsymbol{Q}$ 分别表示从 X 到 Y、Y 到 Z 和 X 到 Z 的模糊关系，且 $\boldsymbol{Q} = \boldsymbol{R} \circ \boldsymbol{S}$，当论域 X、Y、Z 为有限离散点集（即 $X = \{x_1, x_2, \cdots, x_n\}$，$Y = \{y_1, y_2, \cdots, y_m\}$，$Z = \{z_1, z_2, \cdots, z_l\}$）时，它们对应的模糊关系矩阵分别为

$$\boldsymbol{R} = (r_{ij})_{n \times m}、\boldsymbol{S} = (s_{jk})_{m \times l}、\boldsymbol{Q} = (q_{ik})_{n \times l}$$

此时，模糊关系的合成可以表示为

$$q_{ik} = \bigvee_{j=1}^{m} (r_{ij} \wedge s_{jk}) \tag{1-21}$$

设 $\boldsymbol{R}$、$\boldsymbol{S}$、$\boldsymbol{T}$ 分别为从 X 到 Y、Y 到 Z 和 Z 到 W 上的模糊关系，则二元模糊关系和极大 – 极小合成具有以下基本性质。

（1）结合律：$\boldsymbol{R} \circ (\boldsymbol{S} \circ \boldsymbol{T}) = (\boldsymbol{R} \circ \boldsymbol{S}) \circ \boldsymbol{T}$。

（2）并运算的分配律：$\boldsymbol{R} \circ (\boldsymbol{S} \cup \boldsymbol{T}) = (\boldsymbol{R} \circ \boldsymbol{S}) \cup (\boldsymbol{R} \circ \boldsymbol{T})$。

（3）交运算的弱分配律：$\boldsymbol{R} \circ (\boldsymbol{S} \cap \boldsymbol{T}) \subseteq (\boldsymbol{R} \circ \boldsymbol{S}) \cap (\boldsymbol{R} \circ \boldsymbol{T})$。

（4）单调性：$\boldsymbol{S} \subseteq \boldsymbol{T} \Rightarrow (\boldsymbol{R} \circ \boldsymbol{S}) \subseteq (\boldsymbol{R} \circ \boldsymbol{T})$。

2. 极大 – 乘积合成运算

定义 1-12　设 X、Y、Z 是论域，$\boldsymbol{R}$ 是 X 到 Y 的一个模糊关系，$\boldsymbol{S}$ 是 Y 到 Z 的一个模糊关系，$\boldsymbol{R}$ 对 $\boldsymbol{S}$ 的合成 $\boldsymbol{R} \circ \boldsymbol{S}$ 是指从 X 到 Z 的一个模糊关系，其隶属函

数满足：

$$\mu_{R \cdot S}(x,z) = \bigvee_{y \in Y} (\mu_R(x,y)\mu_S(y,z)) \qquad (1\text{-}22)$$

若用 Q 表示模糊关系 $R \circ S$，当 R、S、Q 对应的模糊关系矩阵分别为

$$R = (r_{ij})_{n \times m}、S = (s_{jk})_{m \times l}、Q = (q_{ik})_{n \times l}$$

此时，模糊关系的合成可以表示为

$$q_{ik} = \bigvee_{j=1}^{m} (r_{ij}s_{jk}) \qquad (1\text{-}23)$$

例 1-2 设 R、S、Q 分别为从 X 到 Y、Y 到 Z 和 X 到 Z 的模糊关系，其论域 X、Y、Z 为 $X = \{x_1, x_2, x_3\}$、$Y = \{y_1, y_2\}$、$Z = \{z_1, z_2, z_3\}$，当 R、S 分别如下时，按照极大 – 极小合成法和极大 – 乘积合成法分别求出 $Q = R \circ S$。

$$R = \begin{bmatrix} 0.9 & 0.7 \\ 0.2 & 0.5 \\ 0.6 & 0.4 \end{bmatrix}$$

$$S = \begin{bmatrix} 0.7 & 0.8 & 0.4 \\ 1 & 0.5 & 0.3 \end{bmatrix}$$

解：

$$Q = R \circ S = \begin{bmatrix} 0.9 & 0.7 \\ 0.2 & 0.5 \\ 0.6 & 0.4 \end{bmatrix} \circ \begin{bmatrix} 0.7 & 0.8 & 0.4 \\ 1 & 0.5 & 0.3 \end{bmatrix}$$

由模糊关系极大 – 极小合成法可得

$$Q = R \circ S = \begin{bmatrix} (0.9 \wedge 0.7) \vee (0.7 \wedge 1) & (0.9 \wedge 0.8) \vee (0.7 \wedge 0.5) \\ (0.2 \wedge 0.7) \vee (0.5 \wedge 1) & (0.2 \wedge 0.8) \vee (0.5 \wedge 0.5) \\ (0.6 \wedge 0.7) \vee (0.4 \wedge 1) & (0.6 \wedge 0.8) \vee (0.4 \wedge 0.5) \end{bmatrix}$$

$$\begin{matrix} (0.9 \wedge 0.4) \vee (0.7 \wedge 0.3) \\ (0.2 \wedge 0.4) \vee (0.5 \wedge 0.3) \\ (0.6 \wedge 0.4) \vee (0.4 \wedge 0.3) \end{matrix} \Bigg] = \begin{bmatrix} 0.7 & 0.8 & 0.4 \\ 0.5 & 0.5 & 0.3 \\ 0.6 & 0.6 & 0.4 \end{bmatrix}$$

由极大 – 乘积合成法定义可得

$$Q = R \circ S = \begin{bmatrix} (0.9 \times 0.7) \vee (0.7 \times 1) & (0.9 \times 0.8) \vee (0.7 \times 0.5) \\ (0.2 \times 0.7) \vee (0.5 \times 1) & (0.2 \times 0.8) \vee (0.5 \times 0.5) \\ (0.6 \times 0.7) \vee (0.4 \times 1) & (0.6 \times 0.8) \vee (0.4 \times 0.5) \end{bmatrix}$$

$$\begin{matrix} (0.9 \times 0.4) \vee (0.7 \times 0.3) \\ (0.2 \times 0.4) \vee (0.5 \times 0.3) \\ (0.6 \times 0.4) \vee (0.4 \times 0.3) \end{matrix} \Bigg] = \begin{bmatrix} 0.7 & 0.72 & 0.36 \\ 0.5 & 0.25 & 0.15 \\ 0.42 & 0.48 & 0.24 \end{bmatrix}$$

上述的两种模糊关系合成，在一定程度上揭示了模糊变量关系的传递性，是后续模糊逻辑与模糊推理的理论基础。特别是极大 – 极小模糊合成关系，还

得到了广泛应用，但是目前还未能对其合理性给出严格的数学分析或证明。

1.2.3　模糊变换

设有论域 $X = \{x_1, x_2, \cdots, x_m\}$ 和 $Y = \{y_1, y_2, \cdots, y_n\}$，$A$ 和 B 分别是论域 X 和 Y 上的模糊集，R 为 $X \times Y$ 上的模糊关系：

$$R(X, Y) = \begin{bmatrix} r_{11} & r_{12} & \cdots & r_{1n} \\ r_{21} & r_{22} & \cdots & r_{2n} \\ \vdots & \vdots & & \vdots \\ r_{m1} & r_{m2} & \cdots & r_{mn} \end{bmatrix}$$

$A = \{\mu_A(x_1), \mu_A(x_2), \cdots, \mu_A(x_m)\}$，$B = \{\mu_B(y_1), \mu_B(y_2), \cdots, \mu_B(y_n)\}$
且满足关系：

$$B = A \circ R$$

则称 B 为 A 的像，A 为 B 的原像，R 为 X 到 Y 上的一个模糊变换。

1.3　模糊逻辑

有些命题具有模糊性，没有绝对的"真"或"假"，只反映其隶属于"真"或"假"的程度，是非真非假的命题，如"今天可能下雨"。这类命题既不能用二值逻辑表示，也不能用多值逻辑来表示，而是其逻辑值在闭区间 $[0, 1]$ 上具有连续的取值，通常将这类带有模糊性的命题称为模糊命题。模糊命题一般又称为模糊变量，通常用 a，b，c，x，y 等小写字母表示。

研究模糊命题的逻辑是模糊逻辑，模糊逻辑是研究模糊推理最基本的数学手段。它是二值逻辑的扩展，但不是二值逻辑的简单推广，因而不是传统意义的多值逻辑，是一种连续逻辑。它在承认事物隶属真值中间过渡性的同时，还认为事物在形态和类属方面具有亦此亦彼性、模棱两可性——模糊性，它允许一个命题存在着部分肯定和部分否定，只不过对肯定方向和否定方向的隶属程度不同而已。模糊逻辑借助于隶属函数概念，区分模糊集合，处理模糊关系，实施规则型推理，为计算机模仿人的思维方式来处理不精确的语言输入信息，实行模糊综合判断，解决常规方法难于对付的规则型模糊信息问题提供了可能。

1.3.1　模糊逻辑运算

将 n 维模糊变量 $x = (x_1, x_2, \cdots, x_n) \in [0, 1]^n$ 施行某种逻辑运算变换到 $[0, 1]$ 上的映射，称为模糊逻辑函数，记作 $f(x)$。

以二元逻辑变量为例，设 $a,b \in [0,1]$ 为模糊变量，其二元模糊逻辑函数，记为 $f(a,b)$，其基本的模糊逻辑运算如下。

(1) 逻辑并：$a \vee b = \max\{a,b\}$。

(2) 逻辑交：$a \wedge b = \min\{a,b\}$。

(3) 逻辑补（非）：$a^c = 1 - a$。

模糊逻辑运算满足：交换律、结合律、分配律、幂等律、吸收律、复原律、迪摩根律等基本性质。但是，互补律一般不成立，因为，当 $a \neq 1$ 或 0 时，有：

$$a \vee a^c = \max\{a, 1-a\} \neq 1, a \wedge a^c = \min\{a, 1-a\} \neq 0。$$

利用上述性质可以对模糊逻辑函数化简，化简后的模糊逻辑函数等价于原模糊逻辑函数。同一般逻辑公式化简一样，模糊逻辑化简可以降低其工程设计与实现的难度。

1.3.2 模糊逻辑算子

"算子"就是 $[0,1]$ 中的一个数，记为 λ。λ 算子作用于一个模糊命题谓词 P 时，即可影响 P 的真值。模糊命题的取值既与 λ 有关，也与原来的谓词 P 有关。因此，具有这种影响的真值取值方法用符号 λP 表示，其计算规则表示为 $\lambda \circ v(P)$。其中，$v(P)$ 是 P 原来的真值，"$\circ$"代表在 λ 作用下的真值计算方式。

λ 的意义解释：λP 表示命题 P 在程度 λ 上是可信的。其中，λ 的含义为

$$\lambda = \begin{cases} 1.0 & (是) \\ 0.9 & (几乎是) \\ 0.8 & (非常像是) \\ 0.7 & (很像是) \\ 0.6 & (差不多是) \\ 0.5 & (不确定) \\ 0.4 & (比较是) \\ 0.3 & (有些是) \\ 0.2 & (稍微是) \\ 0.1 & (稍稍是) \\ 0.0 & (不是) \end{cases}$$

例如：P 表示乌鸦都是黑的，$0.9P$ 表示乌鸦几乎都是黑的，$0.1P$ 表示几乎没有乌鸦是黑的。

习题 1

1. 现实世界中一事物的发生有 3 种可能，即确定性、随机性和模糊性，试简述三者内涵上的区别。

2. 什么是模糊集合、隶属函数、隶属度？常见的隶属函数有哪几种？

3. 模糊集合有哪些运算？满足哪些规律？与经典集合的运算规律区别在哪里？

4. 证明经典集合中的互补律：$A \cup A^c = U, A \cap A^c = \varnothing$ 对模糊集合不成立。

5. 在论域 $U = \{x_1, x_2, x_3, x_4, x_5\}$ 上有两个模糊集：

$$A = \frac{0.5}{x_1} + \frac{0.2}{x_2} + \frac{0.4}{x_3} + \frac{0.7}{x_4} + \frac{0.9}{x_5}$$

$$B = \frac{0.2}{x_1} + \frac{0.6}{x_2} + \frac{0.5}{x_3} + \frac{0.8}{x_5}$$

求：$A \cup B$，$A \cap B$，$A \cup B^c$，$A \cap A^c$。

6. 何谓模糊关系？常见的模糊关系有哪几种？模糊关系的基本运算是什么？

7. 什么是模糊逻辑？它与二值逻辑的有何关系？

第 2 章

模糊推理与模糊系统

模糊推理作为近似推理的一个分支，它以数值计算而不是以符号推演为特征。模糊推理并不像经典逻辑那样注重基于公理的形式推演出结论，而是由推理的前提计算出结论。具体地，就是将推理前提按模糊语言规则约定为一些算子，再借助于一些算法计算出一个近似的模糊判断结论，得到模糊推理的结果。

2.1 模糊语言

在计算机运算速度远高于人脑的今天，人脑为什么在综合处理直觉、含糊和暧昧信息时还会完胜计算机？其中的关键所在就是人脑具有利用模糊概念、进行模糊推理的能力。如果要让计算机也具备这一能力，就必须将模糊语言转化为人工语言，将人的模糊思维属性转化为计算机程序。

2.1.1 模糊语言

模糊语言就是具有不确定性的语言，其最主要的形式之一就是人类的自然语言。自然语言是指人类交流信息时所使用的语言，它可以表述主观世界的各种情感、观念和思想，以及客观世界的各种事物、现象等。自然语言的主要特征是具有不确定性（模糊性），这是由自然语言中含有大量模糊词所决定的，如早、晚、大、小、年轻、漂亮、喜欢等。人们可以根据环境和语境，迅速、轻松地通过模糊的信息得到精确的结论。例如，可以通过"那个地方'很遥远'""那件衣服'太贵'"等信息决定接下来的行动，尽管不知道"很遥远"是多少里程，"太贵"是多少钱。但计算机却不知道如何处理、计算这种模糊信息。

为了使计算机能识别模糊语言，人们引入了"语言变量"这一概念。语言变量最早由 Zedeh 提出，一个完整的语言变量是由语言变量的名称 X、语言值（词集）$T(X)$、论域 U、语法规则 G 和语义规则 M 确定的五元体：

$$(X,T(X),U,G,M)$$

式中：$T(X)$ 为 X 的语言值的名称集，其中每个元素是一个与量化有关的模糊词（模糊变量），如体感温度中的冷、舒适、热；U 为语言变量的取值范围，如年龄的范围为 $[0,150]$；G 为得到语言值的句法规则，用以产生 $T(X)$ 的名称，如年龄中的幼年、青年、中年、老年的划分及其排顺规则；M 为求语言值的隶属函数值的规则。

2.1.2　模糊语言算子

模糊语言算子是语言系统中的一类前缀词，如：很、比较、最等，它们通常加在一个词组或单词的前面，用来调整一个词的词义。常用的语言算子有：语气算子、模糊算子、判定化算子 3 种。

语气算子 $H_\lambda:(H_\lambda A)(x)=\left[\mu_A(x)\right]^\lambda=\mu_A^\lambda(x)$，表达语言中的肯定程度。

（1）$\lambda>1,H_\lambda$ 为集中化算子：加强语气，如很、极等；

（2）$\lambda<1,H_\lambda$ 为散漫化算子：减弱语气，如稍微、略等。

一般地，$\lambda=4$、3、2、1.25、0.75、0.5、0.25，分别对应：极、非常、很、相当、比较、略、微。

模糊化算子：加在一个词之前，可以把"绝对肯定"化为模糊，即一定程度上的肯定，如"大概""近似于"。

判定化算子：加在一个词之前，可以把模糊性肯定化，如"倾向于""偏向于""多半是"，与模糊化算子有相反作用。

2.2　模糊规则

一条模糊"if-then"规则就是一条模糊条件语句。条件句的前件为输入或状态，后件为输出或逻辑变量，它可以表述为 if < 模糊命题 > then < 模糊命题 >。

常用的模糊规则有如下 3 种类型。

（1）if 条件 then 语句，简记作：if A then B；

（2）if 条件 then 语句1　else 语句2，简记作：if A then B else C；

（3）if 条件1 and 条件2　then 语句，简记作：if A and B then C。

在上述 3 种基本的模糊规则类型的基础上，还可以扩展出其他更复杂的模糊规则。模糊规则是模糊规则库的构成基础，而规则库是模糊推理的核心。

2.3 模糊推理

模糊推理又称模糊逻辑推理，是指在确定的模糊规则下，由已知的模糊命题推导计算出新的模糊命题作为结论的过程。一般说来，推理都包含两个部分的判断，一部分是已知的判断，作为推理的出发点，称作前提（或前件）；另一部分是由前提所推出的新判断，称作结论（或后件）。

推理的形式主要有直接推理和间接推理。只有一个前提的推理称为直接推理，由两个或两个以上前提的推理称为间接推理。间接推理又可分为演绎推理、归纳推理和类比推理等，其中演绎推理是现实生活中最常用的推理方法，它的前提与结论之间存在着确定的蕴涵关系。

1973 年，Zadeh 首先给出了模糊推理理论中最基本的推理规则，即模糊分离规则。1975 年，他又提出了模糊推理的合成规则，以及把条件语句"若 x 为 A，则 y 为 B"转换为模糊关系的规则，从而形成了当今主要以推理合成规则为基础的多种模糊推理方法。

根据模糊推理的定义可知，模糊推理的结论主要取决于模糊规则中所蕴涵的模糊关系，即模糊蕴涵关系 $R(X,Y)$，以及模糊关系与模糊集合之间的合成运算法则。对于确定的模糊推理系统，模糊蕴涵关系 $R(X,Y)$ 一般是确定的，而合成运算法则并不唯一。根据合成运算法则的不同，模糊推理方法又可分为 Mamdani 推理法、Larsen 推理法、Zadeh 推理法等，下面重点介绍这几种典型的模糊推理方法。

2.3.1 Mamdani 模糊推理法

Mamdani 模糊推理法是最常用的一种推理方法，其模糊蕴涵关系 $R_M(X,Y)$ 定义为论域 X 和 Y 上的模糊集合 A 和 B 的笛卡儿积（取小），即

$$\mu_{R_M}(x,y) = \mu_A(x) \wedge \mu_B(y) \tag{2-1}$$

例 2-1 已知模糊集合 $A = \frac{1}{x_1} + \frac{0.6}{x_2} + \frac{0.2}{x_3}$，$B = \frac{0.7}{y_1} + \frac{0.5}{y_2} + \frac{0.3}{y_3} + \frac{0.1}{y_3}$。求模糊集合 A 和 B 之间的模糊蕴涵关系 $R_M(X,Y)$。

解：根据 Mamdani 模糊蕴涵关系的定义可知

$$R_M(X,Y) = A \times B = \begin{bmatrix} 1 \\ 0.6 \\ 0.2 \end{bmatrix} \circ \begin{bmatrix} 0.7 & 0.5 & 0.3 & 0.1 \end{bmatrix} = \begin{bmatrix} 0.7 & 0.5 & 0.3 & 0.1 \\ 0.6 & 0.5 & 0.3 & 0.1 \\ 0.2 & 0.2 & 0.2 & 0.1 \end{bmatrix}$$

Mamdani 将经典的极大 – 极小合成运算方法作为模糊关系与模糊集合的合成运算法则。在此定义下，Mamdani 模糊推理过程易于进行图形解释。下面通

过几种具体情况来分析 Mamdani 模糊推理过程。

1. 具有单个前件的单一规则

设 A 和 A^* 是论域 X 上的模糊集合，B 是论域 Y 上的模糊集合，A 和 B 间的模糊关系是 $R_M(X,Y)$，有

大前提（规则）：   if x is A, then y is B

小前提（事实）： x is A^*

结论： y is $B^* = A^* \circ R_M(X, Y)$

当 $\mu_{R_M}(x, y) = \mu_A(x) \wedge \mu_B(y)$ 时，有

$$
\begin{aligned}
\mu_{B^*}(y) &= \bigvee_{x \in X} \{ \mu_{A^*}(x) \wedge [\mu_A(x) \wedge \mu_B(y)] \} \\
&= \bigvee_{x \in X} \{ [\mu_{A^*}(x) \wedge \mu_A(x)] \wedge \mu_B(y) \} \qquad (2\text{-}2) \\
&= \omega \wedge \mu_B(y)
\end{aligned}
$$

式中：$\omega = \bigvee_{x \in X} [\mu_{A^*}(x) \wedge \mu_A(x)]$，称为 A 和 A^* 的适配度。

在给定模糊集合 A^*、A 及 B 的情况下，Mamdani 模糊推理的结果 B^* 如图 2-1 所示。

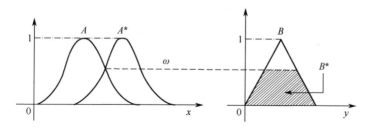

图 2-1 单前提单规则的推理过程

根据 Mamdani 模糊推理法可知，欲求 B^*，应先求出适配度 $\omega(\mu_{A^*}(x) \wedge \mu_A(x)$ 的最大值）；然后用适配度 ω 去切割 B 的隶属函数，即可获得推论结果 B^*，如图 2-1 中后件部分的阴影区域。所以这种方法经常又形象地称为削顶法。

例 2-2 设 A 和 B 分别是论域 X 和 Y 上的模糊集合，其中论域 X（水的温度）$= \{ 0, 20, 40, 60, 80, 100 \}$，$Y$（蒸汽压力）$= \{ 1, 2, 3, 4, 5, 6, 7 \}$，$A =$ 温度高，$B =$ 压力大。模糊规则"若 A 则 B"，在此模糊规则下，试求在 $A^* =$ 温度较高时对应的压力情况 B^*。

解：首先确定各模糊集合的隶属度

$$
\mu_A(x) = \frac{0}{0} + \frac{0.1}{20} + \frac{0.35}{40} + \frac{0.65}{60} + \frac{0.85}{80} + \frac{1}{100}
$$

$$\mu_B(y) = \frac{0}{1} + \frac{0.1}{2} + \frac{0.3}{3} + \frac{0.5}{4} + \frac{0.7}{5} + \frac{0.85}{6} + \frac{1}{7}$$

$$\mu_{A^*}(x) = \frac{0.1}{0} + \frac{0.15}{20} + \frac{0.45}{40} + \frac{0.75}{60} + \frac{1}{80} + \frac{0.75}{100}$$

求 A^* 对 A 的适配度 ω

$$\omega = \bigvee_{x \in X} \left(\frac{0 \wedge 0.1}{0} + \frac{0.1 \wedge 0.15}{20} + \frac{0.35 \wedge 0.45}{40} + \frac{0.65 \wedge 0.75}{60} + \frac{0.85 \wedge 1}{80} + \right.$$

$$\left. \frac{1 \wedge 0.75}{100} \right) = \bigvee_{x \in X} \left(\frac{0}{0} + \frac{0.1}{20} + \frac{0.35}{40} + \frac{0.65}{60} + \frac{0.85}{80} + \frac{0.75}{100} \right) = 0.85$$

用适配度 ω 去切割 B 的隶属函数，即可获得 B^*：

$$\mu_{B^*}(y) = \omega \wedge \mu_B(y) = 0.85 \wedge \left(\frac{0}{1} + \frac{0.1}{2} + \frac{0.3}{3} + \frac{0.5}{4} + \frac{0.7}{5} + \frac{0.85}{6} + \frac{1}{7} \right)$$

$$= \frac{0}{1} + \frac{0.1}{2} + \frac{0.3}{3} + \frac{0.5}{4} + \frac{0.7}{5} + \frac{0.85}{6} + \frac{0.85}{7}$$

推理结果是 "B^* = 压力较大"，这与我们平常的推理结果是一致的。

2. 具有多个前件的单一规则

设 A、A^*，B、B^* 和 C、C^* 分别是论域 X、Y 和 Z 上的模糊集合，已知 A、B 和 C 间的模糊蕴涵关系为 $\boldsymbol{R}_M(X, Y, Z)$。根据此模糊关系和论域 X、Y 上的模糊集合 A^*、B^*，推出论域 Z 上新的模糊集合。即

大前提（规则）：   if x is A and y is B, then z is C

小前提（事实）： x is A^* and y is B^*

后件结论： z is C^*

根据 Mamdani 模糊关系的定义，有

$$\mu_{\boldsymbol{R}_M}(x, y, z) = \mu_A(x) \wedge \mu_B(y) \wedge \mu_C(y) \quad \text{笛卡儿积取小} \qquad (2\text{-}3)$$

此时

$$\mu_{C^*}(z) = \bigvee_{\substack{x \in X \\ y \in Y}} [\mu_{A^*}(x) \wedge \mu_{B^*}(y)] \wedge [\mu_A(x) \wedge \mu_B(y) \wedge \mu_C(z)]$$

$$= \bigvee_{\substack{x \in X \\ y \in Y}} \{[\mu_{A^*}(x) \wedge \mu_{B^*}(y)] \wedge [\mu_A(x) \wedge \mu_B(y)]\} \wedge \mu_C(z)$$

$$= \{\bigvee_{x \in X} [\mu_{A^*}(x) \wedge \mu_A(y)] \wedge \bigvee_{y \in Y} [\mu_{B^*}(x) \wedge \mu_B(y)]\} \wedge \mu_C(z)$$

$$= (\omega_A \wedge \omega_B) \wedge \mu_C(z)$$

$$(2\text{-}4)$$

式中：$\omega_A = \bigvee_{x \in X} [\mu_{A^*}(x) \wedge \mu_A(x)]$，是 $A^* \cap A$ 的隶属函数的最大值，表示 A^* 对 A 的适配度；$\omega_B = \bigvee_{y \in Y} [\mu_{B^*}(x) \wedge \mu_B(y)]$，是 $B^* \cap B$ 的隶属函数的最大值，

表示 B^* 对 B 的匹配度。

由于模糊规则的前件部分由连词"与"连接而成，因此称 $\omega_A \wedge \omega_B$ 为模糊规则的激励强度或满足度，它表示规则的前件部分被满足的程度。图 2-2 所示为多前提单规则的 Mamdani 模糊推理过程，其中推理结果 C^* 的隶属函数是模糊集合 C 的隶属函数被激励强度 $\omega(\omega = \omega_A \wedge \omega_B)$ 截切后的结果。这个结论可以直接推广到具有多于两个前件的情况。

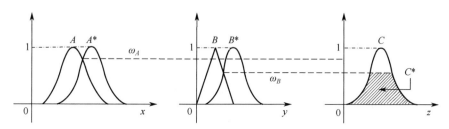

图 2-2　多前提单规则的 Mamdani 模糊推理过程

特别地，对于两前件单规则（若 x 是 A 和 y 是 B，那么 z 是 C）的模糊推理，当给定事实为精确量时（ x 是 x_0，y 是 y_0），Mamdani 模糊推理过程类似可得。

例 2-3　已知 A、A^*，B、B^* 和 C、C^* 分别是给定论域 $X = \{x_1, x_2\}$、$Y = \{y_1, y_2, y_3\}$ 和 $Z = \{z_1, z_2\}$ 上的模糊集合，若 $A = \dfrac{0.8}{x_1} + \dfrac{0.3}{x_2}$ 且 $B = \dfrac{0.2}{y_1} + \dfrac{0.6}{y_2} + \dfrac{1}{y_3}$，则 $C = \dfrac{0.2}{z_1} + \dfrac{0.9}{z_2}$。现在知道 $A^* = \dfrac{0.7}{x_1} + \dfrac{0.1}{x_2}$ 及 $B^* = \dfrac{0.5}{y_1} + \dfrac{0.2}{y_2} + \dfrac{0.1}{y_3}$，求模糊集合 C^*。

解：先求 A^* 与 A、B^* 与 B 的适配度，即

$$\omega_A = \bigvee_{x \in X} \left(\frac{0.8 \wedge 0.7}{x_1} + \frac{0.3 \wedge 0.1}{x_2} \right) = \bigvee_{x \in X} \left(\frac{0.7}{x_1} + \frac{0.1}{x_2} \right) = 0.7$$

$$\omega_B = \bigvee_{y \in Y} \left(\frac{0.2 \wedge 0.5}{y_1} + \frac{0.6 \wedge 0.2}{y_2} + \frac{1 \wedge 0.1}{y_3} \right) = \bigvee_{y \in Y} \left(\frac{0.2}{y_1} + \frac{0.2}{y_2} + \frac{0.1}{y_3} \right) = 0.2$$

然后求激励强度 ω，即

$$\omega = \omega_A \wedge \omega_B = 0.7 \wedge 0.2 = 0.2$$

最后用激励强度 ω 去切割 C 的隶属函数，即可获得 C^*：

$$\mu_{C^*}(y) = \omega \wedge \mu_C(y) = 0.2 \wedge \left(\frac{0.2}{z_1} + \frac{0.9}{z_2} \right) = \frac{0.2}{z_1} + \frac{0.2}{z_2}$$

上述结果也可通过模糊关系及其合成运算的方法求得，但过程较为繁琐。

3. 具有多个前件多条规则的模糊推理

设 A_1、A_2、A^*，B_1、B_2、B^* 和 C_1、C_2、C^* 分别是论域 X、Y 和 Z 上的模糊集合，$\boldsymbol{R}_{M1}(X,Y,Z)$ 是 A_1、B_1 和 C_1 间的模糊蕴涵关系，$\boldsymbol{R}_{M2}(X,Y,Z)$ 是 A_2、B_2 和 C_2 间的模糊蕴涵关系。已知论域 X、Y 上的模糊集合 A^*、B^*，推出论域 Z 上的模糊集合 C^*，即

大前提 1（规则 1）：	if x is A_1 and y is B_1，then z is C_1
大前提 2（规则 2）：	if x is A_2 and y is B_2，then z is C_2
小前提（事实）：	x is A^* and y is B^*
后件（结论）：	z is C^*

对于多个前件多条规则的模糊推理问题，通常将多条规则处理为相应于每条模糊规则的模糊关系的并集。上述的模糊推理问题可以表示为

$$
\begin{aligned}
\mu_{C^*}(z) &= \bigvee_{\substack{x \in X \\ y \in Y}} \left[\mu_{A^*}(x) \wedge \mu_{B^*}(y) \right] \wedge \left[\mu_{\boldsymbol{R}_{M1}}(x,y,z) \vee \mu_{\boldsymbol{R}_{M2}}(x,y,z) \right] \\
&= \left\{ \bigvee_{\substack{x \in X \\ y \in Y}} \left[\mu_{A^*}(x) \wedge \mu_{B^*}(y) \right] \wedge \mu_{\boldsymbol{R}_{M1}}(x,y,z) \right\} \vee \\
&\quad \left\{ \bigvee_{\substack{x \in X \\ y \in Y}} \left[\mu_{A^*}(x) \wedge \mu_{B^*}(y) \right] \wedge \mu_{\boldsymbol{R}_{M2}}(x,y,z) \right\} \\
&= \mu_{C_1^*}(z) \vee \mu_{C_2^*}(z)
\end{aligned}
$$

$$(2\text{-}5)$$

式中：$\mu_{\boldsymbol{R}_{M1}}(x,y,z) = \mu_{A_1}(x) \wedge \mu_{B_1}(x) \vee \mu_{C_1}(z)$；$\mu_{\boldsymbol{R}_{M2}}(x,y,z) = \mu_{A_2}(x) \wedge \mu_{B_2}(x) \vee \mu_{C_2}(z)$；$\mu_{C_1^*}(z)$ 和 $\mu_{C_2^*}(z)$ 分别是在规则 1 和规则 2 下所得到的模糊集合。

对于两个前件两条规则（x 是 A_1 和 y 是 B_1，则 z 是 C_1；x 是 A_2 和 y 是 B_2，则 z 是 C_2）的模糊推理问题，当已知事实为模糊集合时（x 是 A^* 和 y 是 B^*），模糊推理过程如图 2-3 所示。

综上所述，多个前件多条规则的模糊推理过程可以分为 4 步。

（1）计算适配度：把事实与模糊规则的前件进行比较，求出事实对每个前件隶属函数的适配度。

（2）求激励强度：用模糊与、或算子，把规则中各前件隶属函数的适配度合并，求得激励强度。

（3）求有效的后件隶属函数：用激励强度去切割相应规则的后件隶属函数，获得有效的后件隶属函数。

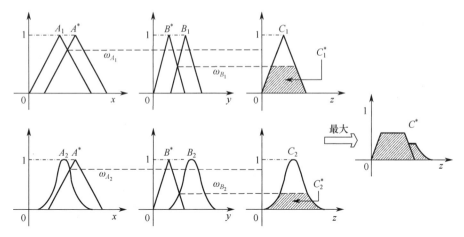

图 2-3　两前题两规则的 Mamdani 模糊推理过程

（4）计算总输出隶属函数：将所有的有效后件隶属函数进行综合，求得总输出隶属函数。

2.3.2　Larsen 模糊推理法

Larsen 模糊推理法又称为乘积推理法，是另一种应用较为广泛的模糊推理方法。Larsen 模糊推理法与 Mamdani 方法的推理过程非常相似，不同的是在激励强度的求取与推理合成时用乘积运算取代了取小运算。

1. 具有单个前件的单一规则

设 A 和 A^* 是论域 X 上的模糊集合，B 是论域 Y 上的模糊集合，A 和 B 间的模糊关系确定，求在下列关系下的 B^*，即

大前提（规则）：　　　　　　　　　　if x is A　then y is B

小前提（事实）：　　　　　　　　　　　x is A^*

后件（结论）：　　　　　　　　　　　　y is B^*

与 Mamdani 模糊推理法一样，首先求适配度：

$$\omega = \bigvee_{x \in X} \left[\mu_{A^*}(x) \wedge \mu_A(x) \right] \tag{2-6}$$

然后用适配度与模糊规则的后件做乘积合成运算，即可得

$$\mu_{B^*}(y) = \omega \mu_B(y) \tag{2-7}$$

在给定模糊集合 A^*、A 及 B 的情况下，Larsen 模糊推理的结果 B^* 的隶属函数是适配度 ω（A^* 对于 A 的）与 B 的隶属函数的合成（比例变换），如图 2-4 所示。

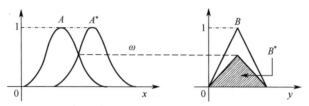

图 2-4　单前提单规则的推理过程

2. 具有多个前件的单一规则

设 A、A^*、B、B^* 和 C、C^* 分别是论域 X、Y 和 Z 上的模糊集合，已知 A、B 和 C 间的模糊关系确定。根据此模糊关系和论域 X、Y 上的模糊集合 A^*、B^*，推出论域 Z 上新的模糊集合，即

大前提（规则）：　　　　　　　　if x is A and y is B, then z is C

小前提（事实）：　　　　　　　　　　　　x is A^* and y is B^*

————————————————————————————————————

后件（结论）：　　　　　　　　　　　　　　z is C^*

首先，求适配度 ω_A 和 ω_B：

$$\omega_A = \bigvee_{x \in X} [\mu_{A^*}(x) \wedge \mu_A(x)]$$
$$\omega_B = \bigvee_{x \in X} [\mu_{B^*}(x) \wedge \mu_B(x)] \tag{2-8}$$

然后，求激励强度 ω：

$$\omega = \omega_A \omega_B \tag{2-9}$$

最后，用激励度与模糊规则的后件做乘积合成运算，即

$$\mu_{C^*}(y) = \omega\mu_C(y) \tag{2-10}$$

图 2-5 所示为多前提单规则的 Larsen 模糊推理过程，其中推理结果 C^* 的隶属函数是模糊集合 C 的隶属函数与激励强度 ω（$\omega = \omega_A\omega_B$）合成的结果。这种合成方法可以直接推广到具有多于两个前件的情况。

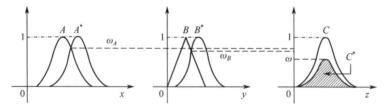

图 2-5　多前提单规则的 Larsen 模糊推理过程

3. 具有多个前件多条规则的模糊推理

设 A^*、A_1、A_2、B^*、B_1、B_2 和 C^*、C_1、C_2 分别是论域 X、Y 和 Z 上的模糊集合，

A_1、B_1 和 C_1 间的模糊关系及 A_2、B_2 和 C_2 间的模糊关系都已知。现在根据论域 X、Y 上的模糊集合 A^*、B^*，推出论域 Z 上新的模糊集合 C^*，即

大前提1（规则1）：　　　　　　　　if x is A_1 and y is B_1, then z is C_1

大前提2（规则2）：　　　　　　　　if x is A_2 and y is B_2, then z is C_2

小前提（事实）：　　　　　　　　　　x is A^* and y is B^*

后件（结论）：　　　　　　　　　　　　z is C^*

首先，求出规则1的适配度 ω_{A_1} 和 ω_{B_1}：

$$\omega_{A_1} = \bigvee_{x \in X} \left[\mu_{A^*}(x) \wedge \mu_{A_1}(x) \right]$$
$$\omega_{B_1} = \bigvee_{x \in X} \left[\mu_{B^*}(x) \wedge \mu_{B_1}(x) \right]$$

$$(2\text{-}11)$$

同样，求出规则2的适配度 ω_{A_1} 和 ω_{B_1}：

$$\omega_{A_2} = \bigvee_{x \in X} \left[\mu_{A^*}(x) \wedge \mu_{A_2}(x) \right]$$
$$\omega_{B_2} = \bigvee_{x \in X} \left[\mu_{B^*}(x) \wedge \mu_{B_2}(x) \right]$$

$$(2\text{-}12)$$

然后，分别求出两条规则的激励强度 ω_1 和 ω_2：

$$\omega_1 = \omega_{A_1} \omega_{B_1}$$
$$\omega_2 = \omega_{A_2} \omega_{B_2}$$

$$(2\text{-}13)$$

最后，用激励度与相应的模糊规则的后件做乘积合成运算，分别求出每规则所得的结论，并且做取大运算获得最终的结论，即

$$\mu_{C^*}(y) = \omega_1 \mu_{C_1}(y) \vee \omega_2 \mu_{C_2}(y) \qquad (2\text{-}14)$$

图2-6所示为两前件两规则的 Larsen 模糊推理过程，这种推理过程可以推广到任意个前件任意多条规则的情况。

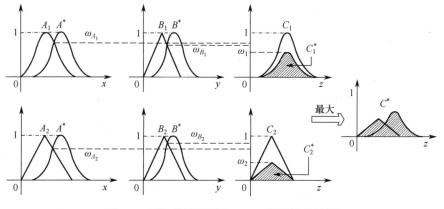

图2-6　两前件两规则的 Larsen 模糊推理过程

2.3.3 Zadeh 模糊推理法

与 Mamdani 模糊推理法相比，Zadeh 模糊推理法也是采用取小合成运算法则，但是其模糊关系的定义不同。下面具体给出 Zadeh 的模糊关系定义。

设 A 是 X 上的模糊集合，B 是 Y 上的模糊集合，二者间的模糊蕴涵关系用 $\boldsymbol{R}_Z(X,Y)$ 表示。Zadeh 把 $\boldsymbol{R}_Z(X,Y)$ 定义为

$$\mu_{\boldsymbol{R}_Z}(x,y) = \left[\mu_A(x) \wedge \mu_B(y) \right] \vee \left[1 - \mu_A(x) \right] \tag{2-15}$$

如果已知模糊集合 A 和 B 的模糊关系为 $\boldsymbol{R}_Z(X,Y)$，又知论域 X 上的另一个模糊集合 A^*，那么 Zadeh 模糊推理法得到的结果 B^* 为

$$B^* = A^* \circ \boldsymbol{R}_Z(X,Y) \tag{2-16}$$

其中 " 。" 表示合成运算，即是模糊关系的 Sup – $\wedge$ 运算。

$$\mu_{B^*}(y) = \underset{x \in X}{\mathrm{Sup}} \{ \mu_{A^*}(x) \wedge \left[\mu_A(x) \wedge \mu_B(y) \vee (1 - \mu_A(x)) \right] \} \tag{2-17}$$

式中："Sup" 表示对后面算式结果取上界，若 Y 为有限论域时，Sup 就是取大运算 $\vee$。

Zadeh 模糊推理法提出比较早，其模糊关系的定义比较繁琐，导致合成运算比较复杂，而且实际意义的表达也不直观，因此目前很少采用。

2.3.4 Takagi-Sugeno 模糊推理法

1985 年，日本高木（Takagi）和杉野（Sugeno）提出了 Takagi-Sugeno 模糊推理法，简称为 T-S 模糊推理法。这种推理方法便于建立动态系统的模糊模型，因此在模糊控制中得到广泛应用。T-S 模糊推理过程中典型的模糊规则形式为

如果 x 是 A and y 是 B,则 $z = f(x,y)$

式中：A 和 B 为前件中的模糊集合；$z = f(x,y)$ 为后件中的精确函数。

$f(x,y)$ 可以是任意函数，但通常是输入变量 x 和 y 的多项式。当 $f(x,y)$ 是一阶多项式，即 $f(x,y) = px + qy + r$ 时，模糊推理系统被称为一阶 T-S 模糊模型；当 $f(x,y)$ 是常数，即 $f(x,y) = k$ 时，所得到的模糊推理系统被称为零阶 T-S 模糊模型。零阶 T-S 模糊模型可以看作 Mamdani 模糊推理系统的特例，其中每条规则的后件由一个模糊单点表示（或是一个预先去模糊化的后件）。

输出函数 $z = f(x,y)$ 中的参数 p、q、r 和 k 都是常数，其取值是根据系统的大量输入 – 输出实测数据，经过辨识确定的，它们是系统的固有特性的反映。

对于多前提的模糊推理问题，每个前提都会有一个适配度，T-S 模糊推理过程中激励强度的求取可以采用取小运算，也可以采用乘积运算。如对于"若

x is A and y is B,then $z = f(x,y)$ ”的模糊规则，其激励强度为

$$\omega = \omega_A \wedge \omega_B \qquad (2\text{-}18)$$

或

$$\omega = \omega_A \omega_B \qquad (2\text{-}19)$$

对于多规则的模糊推理问题，每一个规则都可以产生一个推理结果。最终的结论往往通过对每一个推理结果进行加权平均得到。对于两规则一阶 T-S 模糊模型的模糊推理，如下：

$$\text{if } x \text{ is } A_1 \text{ and } y \text{ is } B_1,\text{then } z_1 = f_1(x,y) = p_1 x + q_1 y + r$$

$$\text{if } x \text{ is } A_2 \text{ and } y \text{ is } B_2,\text{then } z_2 = f_2(x,y) = p_2 x + q_2 y + r_2$$

式中：$p_i, q_i, r_i (i = 1, 2)$ 为根据相应规则经系统辨识得到的固定参数。

两规则所对应的激励强度分别为

$$\omega_1 = \omega_{A_1} \wedge \omega_{B_1} \text{ 或 } \omega_1 = \omega_{A_1} \omega_{B_1} \qquad (2\text{-}20)$$

$$\omega_2 = \omega_{A_2} \wedge \omega_{B_2} \text{ 或 } \omega_2 = \omega_{A_2} \omega_{B_2} \qquad (2\text{-}20)$$

若已知"x is A^* and y is B^*"，那么 T-S 模糊推理的结论 z 为

$$z = \frac{\omega_1 z_1 + \omega_2 z_2}{\omega_1 + \omega_2} \qquad (2\text{-}22)$$

实际上，为了进一步减少计算量，有时可以用加权和算子直接代替加权平均算子，即

$$z = \omega_1 z_1 + \omega_2 z_2 \qquad (2\text{-}23)$$

当然，T-S 模糊推理方法也可以推广到多前件多规则的情况。

与常规的模糊推理方法有所不同，T-S 模糊推理方法通过加权平均或加权和所获得的整体输出通常是精确的，而常规的模糊推理系统则往往是以适当的方式把模糊性从输入传播到输出。由于 T-S 模糊推理得到的结果是精确的，所以 T-S 模糊推理过程不需要进行耗时的、数学上不易分析的去模糊化运算。也正因如此，T-S 模糊推理是目前基于样本的模糊建模中最常选用的方法。

2.4　模糊系统

模糊系统（Fuzzy System）是一种将输入、输出及其映射规则定义在模糊集和模糊推理基础上的推理系统。它是确定性系统的一种推广，是模糊控制系统、模糊模式识别系统、模糊专家系统等具体系统的统称，其核心是由 if-then 规则所组成的规则库。模糊系统具有人脑思维的模糊性特点，可模仿人的综合推断能力来处理精确数学方法难以解决的模糊信息推理问题，现已广泛应用于自动控制、模式识别、决策分析、医疗诊断、天气预报等领域。

本节只阐述各种具体模糊系统共有的基本知识。

2.4.1 模糊系统的组成结构

图 2-7 所示为按照上述模糊系统的定义，给出的一种模糊系统基本组成结构，该种结构的模糊系统也称为纯模糊系统。

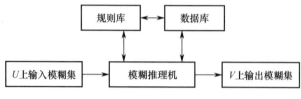

图 2-7　纯模糊系统的结构框图

图 2-7 中：U 为输入论域；V 为输出论域；规则库包含了多个 if-then 规则；数据库包含了规则库所需的各模糊集及相应的隶属函数；推理机利用模糊规则进行推理运算。

但在工程系统中，输入量与输出量均为真值变量。为了将模糊理论应用于工程系统中，需将上述模糊系统工程化，即需要将其输入真值模糊化、输出的模糊值去模糊化。这时，模糊系统的结构如图 2-8 所示。

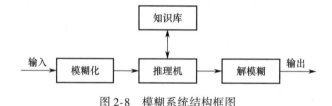

图 2-8　模糊系统结构框图

图 2-8 中，知识库代表模糊规则库和数据库的组合。

2.4.2 模糊系统的组成单元

1. 模糊化

将精确量（真值、数字量）转换为模糊量的过程称为模糊化（Fuzzification），或称为模糊量化。精确的输入量只有经过模糊化处理，变为模糊量，才能便于模糊系统使用。

模糊化的第一个任务是进行论域变换。因为实际系统的过程参数的变化范围（称为基本论域）是各不相同的，为了方便模糊推理，必须统一到指定的论域中，具体可以通过变换系数（量化因子）实现由基本论域到指定论域的变换。

模糊化的第二个任务是求得输入量对应语言变量的隶属度。语言变量的隶属函数有两种表示方式，即离散方式和连续方式。离散方式是指用论域中的离散点及这些点的隶属度来描述一个语言变量。其典型方式是单值化，即将论域 U 上的一个实值点 x 映射成 U 上的一个模糊子集，它在点 x 处隶属度为 1，除 x 点外，其余各点的隶属度均取 0。连续方式是指用论域中的连续变量及其连续的隶属函数描述一个语言变量。其典型方式如式（1-6）~式（1-8）所表示的三角形隶属函数、梯形隶属函数、高斯型隶属函数等。

2. 知识库

知识库由数据库和规则库组成，模糊规则库由一系列的 if-then 条件语句组成，每一条 if-then 规则往往都是系统操作人员成功经验或领域专家知识的总结。如：

如果流量小了，则开大阀门；

如果流量适中，则维持阀门开度；

如果流量大了，则关小阀门。

规则库通常满足以下准则。

（1）完备性：即输入空间中的任意一点，都至少有一条模糊规则与之对应；

（2）一致性：规则库中不存在"if 部分相同，then 部分不同"的规则；

（3）连续性：邻近模糊规则的 then 部分模糊集的交集不为空。

3. 推理机

推理机是模糊系统的核心，具有拟人的基于模糊概念推理的能力。其推理过程是根据模糊系统输入和模糊规则，利用隶属函数进行模糊关系或模糊推理的合成等逻辑运算，得出模糊系统的输出。选择不同的模糊逻辑运算，会得出不同的模糊推理机制，如前面所述的 Mamdani 模糊推理机、Larsen 模糊推理、Zadeh 模糊推理等，具体见 2.3 节。

4. 解模糊

解模糊是模糊化的逆过程，它把推理机所得的模糊量转换为精确量，便于系统的执行机构所接受。该过程又称清晰化、去模糊化、反模糊化。常用的去模糊化方法有最大隶属度法、中位数法、加权平均法等。

2.5 模糊控制系统

模糊控制系统（Fuzzy Control System）是模糊系统的一种具体表现形式。

模糊控制（Fuzzy Control）是模糊逻辑控制（Fuzzy Logic Control）的简称，又称为模糊逻辑语言变量控制。它是以模糊集合、模糊语言变量和模糊逻辑推理为基础的一种计算机数字控制技术，其本质上是一种非线性智能控制。

2.5.1　模糊控制的基本原理

与传统控制需要知道被控对象和控制系统的数学模型，然后根据数学模型设计出控制器（律）不同，模糊控制不必知道被控对象的数学模型，而是基于人的丰富操作经验，用自然语言表述的控制策略，或通过大量实际操作数据归纳总结出的操作规则，对被控对象进行控制的一种方法，通常用"if 条件，then 结果"的形式来表现，所以又通俗地称为语言控制。模糊控制方法多用于无法以严密的数学模型来表示的控制对象，其基本原理如图 2-9 所示。

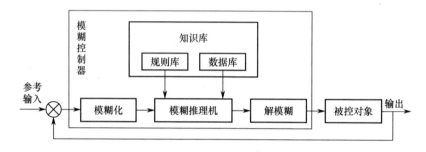

图 2-9　模糊控制系统原理框图

实现模糊控制的核心为模糊控制器（Fuzzy Controller）设计。模糊控制器包含模糊化接口、知识库、模糊推理机、清晰化接口等部分，知识库又包括数据库和规则库等。模糊控制系统的输入、输出变量都是清晰量，只是其控制过程是基于模糊条件语句描述的语言控制规则，所以模糊控制器又称为模糊语言控制器。

模糊控制器的控制规律由计算机程序实现。实现一步模糊控制算法的过程是：计算机采样获取被控制量的精确值，然后将该值与给定值比较，得到误差信号 e；一般选误差信号 e 作为模糊控制器的输入量（称为一维模糊控制器），把 e 的精确量进行模糊量化变成模糊量，误差的模糊量 E 可用相应的模糊语言表示，如：大、小、适中等，从而得到误差 e 的模糊语言集合的一个子集 E（E 实际上是一个模糊向量）；再由 E 和模糊控制规则 R（模糊关系）根据推理的合成规则进行模糊决策，得到模糊控制量 U 为

$$U = E \circ R \tag{2-24}$$

式中：U 为一个模糊量。

为了对被控对象施加精确的控制，还需要将模糊量 U 进行非模糊化处理转换为精确量；得到精确数字量后，经数模转换变为精确的模拟量送给执行机构，对被控对象进行一步控制；然后，进行第二次采样，完成第二步控

制……。这样循环下去，通过 U 的调整控制作用，使偏差 e 尽量小，从而实现被控对象的模糊控制。这就是一维模糊控制器实现控制的具体过程。

如果模糊控制器的输入量是偏差 e 和偏差变化率 ec 时，就称为二维模糊控制器。二维模糊控制器是目前广为采用的一类模糊控制器，它以控制量的变化值 ΔU 作为输出量，它有着比一维控制器更好的控制效果，且易于计算机的实现。其具体实现过程在 2.5.2 节中详述。

2.5.2　模糊控制器设计

模糊控制器设计内容一般包括以下 6 方面。

（1）选择模糊控制器的输入变量及输出变量（被控制量）的论域，并确定模糊控制器的参数（如量化因子、比例因子）。

（2）确立模糊化的方法，将选定的模糊控制器输入量转换为系统可识别的模糊量。具体内容包括：①对输入量进行满足模糊控制需求的模糊化处理；②对输入量进行尺度变换；③确定各输入量的模糊语言取值和相应的隶属度函数。

（3）根据专家的经验建立模糊控制器的控制规则库和知识库，实现基于知识的推理决策。

（4）确立解模糊（又称清晰化）的方法，将推理得到的控制量转化为控制输出。

（5）设计模糊控制器的结构及软硬件实现方法。

（6）合理选择模糊控制算法的采样时间。

下面重点介绍模糊控制器的结构设计与模糊控制规则设计。

1. 模糊控制器的结构设计

模糊控制器的结构设计是指确定模糊控制器的输入变量和输出变量。模糊控制器的输出变量通常直接确定为被控制量。而究竟选择哪些变量作为模糊控制器的输入量，还必须深入研究在手动控制过程中，人如何获取、输出信息，因为模糊控制器的控制规则归根到底还是要模拟人脑的思维决策方式。

在手动过程中，人所能获得的信息量基本上为 3 个：误差、误差的变化、误差变化的变化，即误差变化的速率。一般来说，人对误差最敏感，其次是误差的变化，再者是误差变化的速率。从理论上讲，模糊控制器的维数越高，控制越精细。但维数过高，模糊控制规则变得过于复杂，控制算法的实现相当困难。所以人们通常采用误差和误差变化的二维模糊控制器。

2. 模糊控制器规则设计

控制规则的设计是设计模糊控制器的关键，一般包括 3 部分设计内容：选择描述输入和输出变量的词集，定义各模糊变量的模糊集，建立模糊控制器的控制规则。

（1）选择描述输入和输出变量的词集。模糊控制器的控制规则表现为一组模糊条件语句，在条件语句中描述输入和输出变量状态的一些词汇（如"正大""负小"等）的集合，称为这些变量的词集，也可以称为变量的模糊状态向量。

选择较多的词汇描述输入、输出变量会便于制定精细的控制规则，提高控制效果，减小稳态误差。但词汇过多，也使控制规则变得复杂。选择词汇过少，使得变量描述变得粗糙，导致控制器的性能变坏。一般情况下都选择 7 个词汇，但也可以根据实际系统需要选择 5 个，甚至 3 个语言变量。

对应于二维控制器输入（误差、误差的变化率）常采用如下 7 个语言变量。

｛负大 NB(Negative Big)、负中 NM(Negative Medium)、负小 NS(Negative Small)、零 ZE(Zero)、正小 PS(Positive Small)、正中 PM(Positive Medium)、正大 PB(Positive Big)｝来表示。简记为：｛NB,NM,NS,ZE,PS,PM,PB｝。

（2）定义各模糊变量的模糊集。由模糊集的定义知，模糊集由其所包含的元素和元素对应的隶属度来表征，确定了模糊集的隶属函数，就确定了模糊变量的模糊集。

在众多隶属函数曲线中，高斯型隶属函数更适宜描述人进行控制活动时的模糊概念，但对高斯型隶属函数的运算相当复杂和缓慢。相比较而言，三角形分布隶属函数的运算简单、迅速。因此，在不影响控制效果的前提下，众多的模糊控制器都采用计算过程简单、控制效果迅速的三角形分布隶属函数。图 2-10 所示为 7 个语言变量的三角形隶属函数表示。

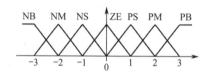

图 2-10　7 个语言变量的三角形隶属函数表示

（3）建立模糊控制器的控制规则。制定模糊控制器的控制规则是基于手动的控制策略，而手动控制策略又是人们通过学习、试验以及长期经验积累而逐渐形成的，存储在操作者头脑中的一种技术知识集合。手动控制过程一般是通过对被控对象（过程）的一些观测，操作者再根据已有的经验和技术知识，进行综合分析并做出控制决策，调整加到被控对象的控制作用，从而使系统达到预期的目标。手动控制的作用同自动控制系统中的控制器的作用是基本相同的，所不同的是手动控制决策是基于操作系统的经验和技术知识，而控制器的控制决策是基于某种控制算法的数值运算。利用模糊集合理论和语言变量的概念，可以把利用语言归纳的手动控制策略上升为数值运算，以便用计算机替代人的手动控制，实现模糊自动控制。

（4）得出模糊控制规则表。模糊控制表一般由两种方法获得：一种是采用离线算法，以模糊数学为基础进行推理合成，根据采样得到的误差 e、误差的变化率 ec，计算出相应的控制量变化 U_{ij}；另一种是以操作人员的经验为依据，由人工经验总结得到模糊控制表。然而这种模糊控制表较为粗糙，其原因是人们完全主观确定的模糊控制子集不一定符合客观情况，在线控制时有必要对模糊控制表进行现场修正。

例如，当误差 e 的模糊分割数是 7，误差的变化 ec 的模糊分割数也是 7 时，可建立包含以下 49 条规则的模糊控制表。

R_1：如果 E 是 NB 且 EC 是 NB，则 U 是 NB。

R_2：如果 E 是 NB 且 EC 是 NM，则 U 是 NB。

R_3：如果 E 是 NB 且 EC 是 NS，则 U 是 NM。

……

R_{48}：如果 E 是 PB 且 EC 是 PM，则 U 是 PM。

R_{49}：如果 E 是 PB 且 EC 是 PB，则 U 是 PB。

在 MATLAB 的 View 菜单中选择 Rules 命令，可以查看上述模糊推理规则。

2.5.3　模糊控制器设计实例

本节给出一个模糊控制器的设计实例。运用模糊控制规则优化 PID 控制算法，设计一种模糊 PID 控制器，使 PID 控制器 3 个的可调参数可以根据问题所处的情况进行自适应调节，改善 PID 控制器的控制效果。

在传统的 PID 控制器中，比例环节、积分环节和微分环节的 3 个系数是通过工程经验及试凑调整得到的。在实际工程应用中，一方面这种经验调试过程长，并且有可能对被控对象造成功能破坏；另一方面对于存在非线性、时变性等特征的被控对象，传统的 PID 控制器很难取得预期的效果。

以车辆悬架系统的 PID 振动控制为例，传统 PID 控制器由于其参数是固定不变的，很难对实际车辆悬架系统的不确定延时、外部扰动等进行有效的抑制，要想使其获得满意的振动控制效果，就需要对 PID 控制器的 3 个参数不断地进行在线调整。将模糊控制引入 PID 控制器，构成模糊自适应 PID 控制系统，可以通过模糊控制器对传统 PID 控制器的 3 个参数进行实时非线性调节，从而更好地发挥 PID 控制器的振动控制作用。

模糊自适应 PID 控制器的设计需要从以下 6 个方面实施。

1. 模糊自适应 PID 控制器的结构

模糊自适应 PID 控制器是由一个 PID 控制器和一个模糊控制器组成, 其系统结构如图 2-11 所示。为提高模糊控制器的控制精度, 选用二维模糊控制器 (系统状态误差及状态误差的变化率)。由于需要对 PID 控制器的 3 个参数进行调整, 所以模糊控制器具有 3 个输出量。模糊自适应 PID 控制器的主要设计任务是制定合理、恰当的模糊规则, 并得到 PID 控制器 3 个参数有效的整定值。

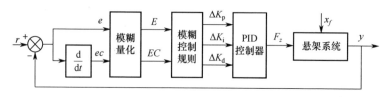

图 2-11　模糊自适应 PID 控制器结构图

2. 模糊自适应 PID 控制器参数调整公式

由图 2-11 所给出的模糊自适应 PID 控制器原理图, 可以得到 PID 控制器 3 个参数的自调整公式, 可表示为

$$\begin{cases} K_p = K_{p0} + \Delta K_p q_p \\ K_I = K_{i0} + \Delta K_i q_i \\ K_D = K_{d0} + \Delta K_d q_d \end{cases} \tag{2-25}$$

式中: K_p, K_I, K_D 为模糊自适应 PID 控制器的参数; K_{p0}, K_{i0}, K_{d0} 为标准 PID 控制器的参数; $\Delta K_p, \Delta K_i, \Delta K_d$ 为模糊控制器的输出量; q_p, q_i, q_d 为模糊输出量的修正系数。

3. 确定 PID 控制器参数整定原则

由图 2-11 可以看出, 标准 PID 控制器 3 个参数的调整量是由模糊控制器依据系统状态误差 e 及误差的变化率 ec 来调整的。综合考虑标准 PID 控制器 3 个参数之间的相互影响及制约关系, 对应不同的 e 和 ec, PID 参数具有如下的整定原则。

(1) 当 $|e|$ 的值较大时, 系统处于响应阶段, 为了加快系统的响应速度, 并防止因开始时 $|e|$ 的瞬间变大可能引起的微分过饱和而使控制作用超出许可范围, 应取较大的 K_p; 同时, 为防止积分饱和, K_I 值要小; 另外, 为了防止微分饱和, 避免系统响应出现较大的超调, 应去掉微分作用, 即 $K_D = 0$。

(2) 若 $e \times ec > 0$, 说明系统状态误差在向绝对值增大的方向变化。当 $|e|$ 和 $|ec|$ 为中等大小时, 系统处于跟随阶段, 为了使系统响应的超调量减小, K_p、K_I 和 K_D 都不能太大, 需要取较小的 K_p 值, 而 K_I 和 K_D 的值大小要适

中，以保证系统的响应速度。若 $|e|$ 较大，则应实施较强的控制，以改变误差的变化趋势，并迅速减小误差绝对值，可取较大的 K_P 值，同时可取较小的 K_I 和中等的 K_D 值，以提高动态性能和稳态性能。若 $|e|$ 较小，可实施一般控制，以改变误差的变化趋势，可取中等的 K_P 值，同时取较大的 K_I 和较小的 K_D 值，以提高系统的稳态性能，避免产生振荡。

（3）若 $e \times ec < 0$，说明误差在向绝对值减小的方向变化。若 $|e|$ 较大，则应实施一般的控制，迅速减小误差绝对值，可取中等的 K_P，同时可取较小的 K_I 和中等的 K_D 值，以提高动态性能和稳态性能。若 $|e|$ 较小，为了使系统具有良好的稳态性能，应增大 K_P 和 K_I 值，同时为了避免系统在设定值附近振荡，并考虑系统的抗干扰性能，适当选取 K_D 值，通常为中等大小。

4. 模糊控制器的模糊子集及模糊论域

模糊控制器的 2 个输入量均采用 7 个模糊语言子集来描述，即 |负大、负中、负小、零、正小、正中、正大|，定义如下：

$$E = \{NB, NM, NS, ZE, PS, PM, PB\} \tag{2-26}$$

$$EC = \{NB, NM, NS, ZE, PS, PM, PB\} \tag{2-27}$$

同时模糊控制器的 3 个输出量也采用 7 个模糊语言子集来描述，可表示如下：

$$\Delta K_p = \{NB, NM, NS, ZE, PS, PM, PB\} \tag{2-28}$$

$$\Delta K_i = \{NB, NM, NS, ZE, PS, PM, PB\} \tag{2-29}$$

$$\Delta K_d = \{NB, NM, NS, ZE, PS, PM, PB\} \tag{2-30}$$

5. 构建隶属度函数

运用 MATLAB 模糊逻辑工具箱（Fuzzy Logic Toolbox）来构建模糊控制器。在 MATLAB 命令窗口运行"Fuzzy"指令进入模糊逻辑编辑器，建立新的 .fis 文件"FuzzyAdjustPIDPara"。依据上述分析需要，建立一个 2 输入 3 输出的模糊推理系统，输入量为 E 和 EC，输出量为 ΔK_p、ΔK_i 和 ΔK_d，选择模糊控制器类型为 mamdani 型，如图 2-12 所示。

依据上述给出的模糊子集及相应的论域，建立由三角形函数（trimf）构建的隶属度函数，模糊推理输入量和输出量的隶属度函数如图 2-13 和图 2-14 所示。

6. 模糊控制规则

参照上述给出的 PID 控制器参数整定原则，并综合考虑车辆悬架系统振动控制特性及专家知识经验，可得出模糊控制器对 E 和 EC 到 ΔK_p、ΔK_i 和 ΔK_d 的模糊控制规则表，见表 2-1 ~ 表 2-3。

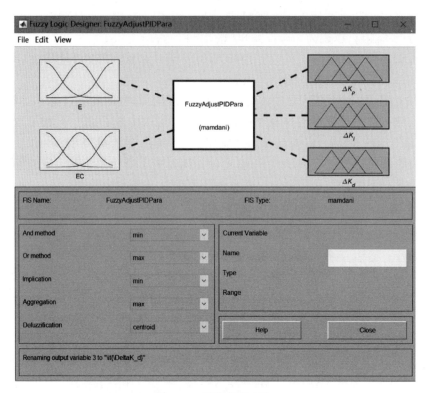

图 2-12　模糊推理系统

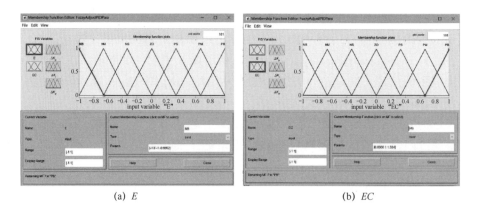

(a) *E* 　　　　　　　　　(b) *EC*

图 2-13　输入量的隶属度函数

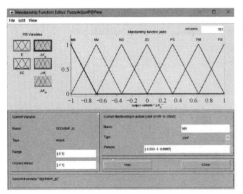

(a) ΔK_p

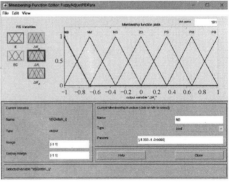

(b) ΔK_i

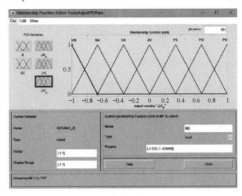

(c) ΔK_d

图 2-14 输出量的隶属度函数

表 2-1 ΔK_p 的模糊控制规则表

ΔK_d $\quad$ EC E	NB	NM	NS	ZE	PS	PM	PB
NB	NB	NB	NM	NM	NS	ZE	ZE
NM	NB	NB	NM	NS	NS	ZE	PS
NS	NM	NM	NM	NS	ZE	PS	PS
ZE	NM	NM	NS	ZE	PS	PM	PM
PS	NS	NS	ZE	PS	PS	PM	PM
PM	NS	ZE	PS	PM	PM	PM	PB
PB	ZE	ZE	PM	PM	PM	PB	PB

表 2-2　ΔK_i 的模糊控制规则表

ΔK_d　　　EC E	NB	NM	NS	ZE	PS	PM	PB
NB	NB	NB	NM	NM	NS	ZE	ZE
NM	NB	NB	NM	NS	NS	ZE	NS
NS	NM	NM	NS	NS	ZE	PS	PS
ZE	NM	NM	NS	ZE	PS	PM	PM
PS	NM	NS	ZE	PS	PS	PM	PB
PM	ZE	ZE	PS	PS	PM	PB	PB
PB	ZE	ZE	PS	PM	PM	PB	PB

表 2-3　ΔK_d 的模糊控制规则表

ΔK_d　　　EC E	NB	NM	NS	ZE	PS	PM	PB
NB	NS	PS	PB	PB	PB	PM	NS
NM	NS	PS	PB	PM	PM	PS	ZE
NS	ZE	PS	PM	PM	PS	PS	ZE
ZE	ZE	PS	PS	PS	PS	PS	ZE
PS	ZE	ZE	ZE	ZE	ZE	ZE	ZE
PM	NB	PS	NS	NS	NS	NS	NB
PB	NB	NM	NM	NM	NS	NS	NB

　　将上述控制规则表中对 ΔK_p、ΔK_i 和 ΔK_d 这 3 个输出量的 49 条控制规则录入至模糊推理系统，如图 2-15 所示。

　　可以通过 Surface Viewer 观察由上述控制规则得到的隶属度函数曲面，如图 2-16 所示。

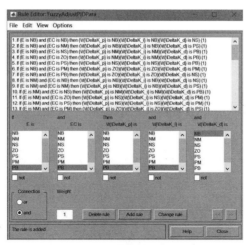

图 2-15 模糊控制规则

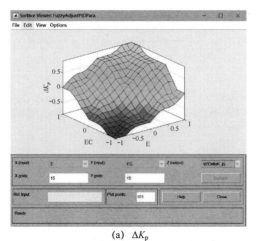

(a) ΔK_p

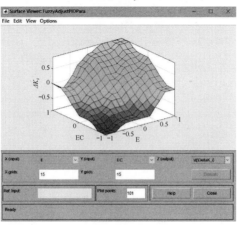

(b) ΔK_i

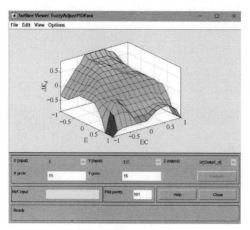

(c) ΔK_d

图 2-16　隶属度函数曲面观察图

通过上述 6 个步骤可以完成模糊控制器的构建，将其保存为"FuzzyAd-justPIDPara. fis"并导入到 MATLAB 工作空间，由此可运用 SIMULINK 实现模糊自适应 PID 控制器的搭建，如图 2-17 所示。由此，完成了模糊控制器的整体设计过程。

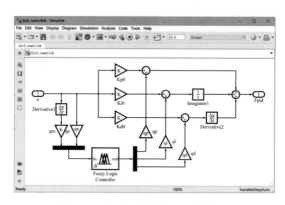

图 2-17　模糊自适应 PID 控制器

习题 2

1. 什么是模糊推理？模糊逻辑与模糊推理之间具有什么关系？常见的模糊推理有哪几种？

2. 模糊系统由哪些基本单元组成？其核心是什么？

3. 模糊控制器的设计包括那些内容？设计时应关注哪些问题？

第 **3** 章

模糊聚类分析

聚类问题是一个古老的问题，人类要认识和改造世界，就必须对周围不同的环境和事物按一定的标准（相似程度或亲疏关系）进行区分。例如，根据商品的用途、保质期、耐用性等特征对商品进行分类，根据人们的职业、收入、年龄等特征对人群进行分类，根据土壤的酸碱度、含水量等特征对土壤分类等。对事物按一定标准、规则或算法进行分类的数学方法称为聚类分析，它是多元统计"物以类聚"的一种分类方法。

经典分类方法具有非此即彼的特性，即同一事物归属且仅归属所划定类别中的一类，这种分类的类别界限是清晰明确的。随着人们对事物认识的深入，发现这种分类原则和方法越来越不适用于具有模糊特性的分类问题，例如，如何把一群人分为"胖子""瘦子""不胖不瘦"3类。模糊数学为这类具有模糊特性的分类问题提供了理论基础，并由此产生了模糊聚类理论。我们把应用普通数学方法进行分类的聚类方法称为普通聚类分析，而把应用模糊数学方法进行分类的方法称为模糊聚类分析。本章将重点介绍模糊聚类问题。

3.1 模糊聚类分析的一般步骤

严格地讲，在聚类分析之前，应该对被研究对象的可聚类性进行分析，排除不可聚类的情况，如均匀分布在一空间区域中的数据等情形。这里，假设被分析对象都是可聚类的，即存在着明显的特征差别与联系。

模糊聚类分析算法大致可分为3类：一是基于模糊相似关系的直接聚类法；二是基于模糊等价关系的传递闭包聚类法；三是基于目标函数的模糊C-均值聚类法。它们通常遵循以下步骤。

1. 选择分类指标

根据实际问题，选择具有明确意义、有较强代表性和分辨力的特征，作为分类事物的统计指标。分类指标选择的适当与否，将对分类结果的好坏有直接的影响。

2. 数据标准化

设论域 $U = \{x_1, x_2, \cdots, x_n\}$ 为被分类对象，每个对象又有 m 个特征指标，即

$$x_i = \{x_{i1}, x_{i2}, \cdots, x_{im}\}, \quad i = 1, 2, \cdots, n$$

于是，得到原始数据矩阵为

$$\boldsymbol{X} = \begin{pmatrix} x_{11} & x_{12} & \cdots & x_{1m} \\ x_{21} & x_{22} & \cdots & x_{2m} \\ \vdots & \vdots & & \vdots \\ x_{n1} & x_{n2} & \cdots & x_{nm} \end{pmatrix} \tag{3-1}$$

式中：x_{ij} 为第 i 个分类对象的第 j 个指标的原始数据。

在实际问题中，不同的数据一般有不同的量纲，数值差别也非常巨大，为了使不同的量纲也能进行比较，并提高运算的准确度和精确度，通常需要对数据做标准化处理。这里，根据模糊矩阵的要求，数据标准化处理就是要将数据统一变换到 $[0,1]$ 区间上。变换方法通常采用极差变换方式，即

$$x'_{ij} = \frac{x_{ij} - \min_{1 \leq i \leq n}\{x_{ij}\}}{\max_{1 \leq i \leq n}\{x_{ij}\} - \min_{1 \leq i \leq n}\{x_{ij}\}}, \quad j = 1, 2, \cdots, m \tag{3-2}$$

显然有：$0 \leq x'_{ij} \leq 1 (i = 1, 2, \cdots, n; \quad j = 1, 2, \cdots, m)$，而且也消除了量纲的影响。

这里，在不至于引起混淆的情况下，为了书写方便，将标准化后的 x'_{ij} 仍然记作 $x_{ij}(i = 1, 2, \cdots, n; \quad j = 1, 2, \cdots, m)$。

3. 建立模糊相似矩阵（标定）

设论域 $U = \{x_1, x_2, \cdots, x_n\}$，标准化后的特性指标 $x_i = \{x_{i1}, x_{i2}, \cdots, x_{im}\}$，依照传统聚类方法确定相似系数，建立模糊相似矩阵：

$$\boldsymbol{R} = \begin{pmatrix} r_{11} & r_{12} & \cdots & r_{1n} \\ r_{21} & r_{22} & \cdots & r_{2n} \\ \vdots & \vdots & & \vdots \\ r_{n1} & r_{n2} & \cdots & r_{nn} \end{pmatrix} \tag{3-3}$$

式中：$r_{ij} = \boldsymbol{R}(x_i, x_j)$，为 x_i 与 x_j 的相似程度。

确定 $r_{ij} = \boldsymbol{R}(x_i, x_j)$ 时，可根据问题的性质，采用下列相似系数法或距离法中的一种方法。

1）相似系数法

（1）夹角余弦法

$$r_{ij} = \frac{\sum\limits_{k=1}^{m} x_{ik} x_{jk}}{\sqrt{\sum\limits_{k=1}^{m} x_{ik}^2} \sqrt{\sum\limits_{k=1}^{m} x_{jk}^2}}, \quad i = 1,2,\cdots,n, \quad j = 1,2,\cdots,n \qquad (3\text{-}4)$$

（2）最大最小法

$$r_{ij} = \frac{\sum\limits_{k=1}^{m} (x_{ik} \wedge x_{jk})}{\sum\limits_{k=1}^{m} (x_{ik} \vee x_{jk})}, \quad i = 1,2,\cdots,n, \quad j = 1,2,\cdots,n \qquad (3\text{-}5)$$

（3）算术平均最小法

$$r_{ij} = \frac{2\sum\limits_{k=1}^{m} (x_{ik} \wedge x_{jk})}{\sum\limits_{k=1}^{m} (x_{ik} + x_{jk})}, \quad i = 1,2,\cdots,n, \quad j = 1,2,\cdots,n \qquad (3\text{-}6)$$

（4）几何平均最小法

$$r_{ij} = \frac{\sum\limits_{k=1}^{m} (x_{ik} \wedge x_{jk})}{\sum\limits_{k=1}^{m} \sqrt{x_{ik} x_{jk}}}, \quad i = 1,2,\cdots,n, \quad j = 1,2,\cdots,n \qquad (3\text{-}7)$$

（5）数量积法

$$r_{ij} = \begin{cases} 1 & , \quad i = j \\ \dfrac{1}{M} \sum\limits_{k=1}^{m} x_{ik} x_{jk} & , \quad i \neq j \end{cases}, \quad i = 1,2,\cdots,n, \quad j = 1,2,\cdots,n \qquad (3\text{-}8)$$

式中：$M = \max\limits_{i \neq j} \left(\sum\limits_{k=1}^{m} x_{ik} x_{jk} \right)$。

（6）相关系数法

$$r_{ij} = \frac{\sum\limits_{k=1}^{m} |x_{ik} - \overline{x_i}| |x_{jk} - \overline{x_j}|}{\sqrt{\sum\limits_{k=1}^{m} (x_{ik} - \overline{x_i})^2} \sqrt{\sum\limits_{k=1}^{m} (x_{jk} - \overline{x_j})^2}}, \quad i = 1,2,\cdots,n, \quad j = 1,2,\cdots,n$$

$$(3\text{-}9)$$

式中：$\overline{x_i} = \dfrac{1}{m} \sum\limits_{k=1}^{m} x_{ik}$；$\overline{x_j} = \dfrac{1}{m} = \sum\limits_{k=1}^{m} x_{jk}$。

（7）指数相似系数法

$$r_{ij} = \frac{1}{m} \sum_{k=1}^{m} \exp\left[-\frac{3}{4} \frac{(x_{ik} - x_{jk})^2}{s_k^2}\right], i = 1,2,\cdots,n, \quad j = 1,2,\cdots,n$$

(3-10)

式中：$s_k = \frac{1}{n} \sum_{i=1}^{n} (x_{ik} - \bar{x}_k)^2$；$\bar{x}_k = \frac{1}{n} \sum_{i=1}^{n} x_{ik}$；$k = 1,2,\cdots,m$。

2）距离法

（1）直接距离法

$$r_{ij} = 1 - cd(x_i, x_j), \quad i = 1,2,\cdots,n, \quad j = 1,2,\cdots,n \quad (3-11)$$

式中：c 为适当选取的参数，使得 $0 \le r_{ij} \le 1$；$d(x_i, x_j)$ 表示它们之间的距离。常用的距离如下。

- 海明距离：

$$d(x_i, x_j) = \sum_{k=1}^{m} |x_{ik} - x_{jk}|, \quad i = 1,2,\cdots,n, \quad j = 1,2,\cdots,n$$

- 欧几里得距离：

$$d(x_i, x_j) = \sqrt{\sum_{k=1}^{m} (x_{ik} - x_{jk})^2}, \quad i = 1,2,\cdots,n, \quad j = 1,2,\cdots,n$$

- 切比雪夫距离：

$$d(x_i, x_j) = \bigvee_{k=1}^{m} |x_{ik} - x_{jk}|, \quad i = 1,2,\cdots,n, \quad j = 1,2,\cdots,n$$

（2）倒数距离法

$$r_{ij} = \begin{cases} 1, & i = j \\ \dfrac{M}{d(x_i, x_j)}, & i \ne j \end{cases}, \quad i = 1,2,\cdots,n, \quad j = 1,2,\cdots,n \quad (3-12)$$

式中：M 为适当选取的参数，使得 $0 \le r_{ij} \le 1$。

（3）指数距离法

$$r_{ij} = \exp[-d(x_i, x_j)], \quad i = 1,2,\cdots,n, \quad j = 1,2,\cdots,n \quad (3-13)$$

4. 聚类（求动态聚类图）

从下列聚类方法中选择合适的方法进行分类处理，便可得到分类结果。

1）基于模糊相似关系的直接聚类法

直接聚类法，是指在建立模糊相似矩阵 $\boldsymbol{R}$ 之后，直接利用 $\boldsymbol{R}$ 的 λ 截矩阵求得聚类图。其步骤如下。

（1）取 $\lambda_1 = 1$（最大值），对每个 x_i 做相似类 $[x_i]_{\boldsymbol{R}}$，且：

$$[x_i]_{\boldsymbol{R}} = \{x_j | r_{ij} = 1\}$$

即将满足 $r_{ij} = 1$ 的 x_i 与 x_j 放在一类，构成相似类。相似类与等价类的不同之处是，不同的相似类可能有公共元素，即可出现：

$$[x_i]_R = \{x_i, x_k\}, [x_j]_R = \{x_j, x_k\}, [x_i]_R \cap [x_j]_R \neq \varnothing$$

此时只要将有公共元素的相似类合并，即可得 $\lambda_1 = 1$ 水平上的等价分类。

（2）取 λ_2 为次大值，从 R 中直接找出相似度为 λ_2 的元素对 $(x_i, x_j)(r_{ij} = \lambda_2)$，并将与对应于 $\lambda_1 = 1$ 的等价类合并，即得到对应于 λ_2 的等价分类。

（3）取 λ_3 为第三大值，从 R 中直接找出相似度为 λ_3 的元素对 (x_i, x_j) $(r_{ij} = \lambda_3)$，将与对应于 λ_2 的等价类合并，即得到对应于 λ_3 的等价分类。

（4）以此类推，直到合并到 U 成为一类为止。

2）基于模糊等价矩阵的闭包聚类方法

定义 3-1（模糊等价关系）　设 X 是论域，R 是 X 上的模糊关系，若对于 $\forall x, y, z \in X$，满足如下特性。

（1）自反性：$\mu_R(x, x) = 1$。

（2）对称性：$\mu_R(x, y) = \mu_R(y, x)$。

（3）传递性：$\mu_R(x, z) \geqslant \mu_R(x, y) \wedge \mu_R(y, z)$，即 $R \supseteq R^2$。

则称模糊关系 R 是 X 上的一个模糊等价关系。

定义 3-2（模糊等价矩阵）　当论域 $X = \{x_1, x_2, \cdots, x_n\}$ 为有限时，X 上的一个模糊等价关系 R 用矩阵表示 $R = (r_{ij})_{nn}$，就是模糊等价矩阵。它满足如下特性。

（1）自反性 $R \supseteq I: r_{ij} = 1$。

（2）对称性 $R^T = R: r_{ij} = r_{ji}$。

（3）传递性 $R \supseteq R^2: r_{ij} \geqslant \bigvee\limits_{k=1}^{n}(r_{ik} \wedge r_{kj})$。

前述所求的模糊相似矩阵 R，见式（3-3），均能满足自反性与对称性，但往往不能满足传递性，因而不是等价矩阵，但可以通过它求得模糊等价矩阵。具体思路如下。

从模糊相似矩阵 R 出发，逐次计算 $R^2, R^4, \cdots, R^{2k}, \cdots$

当第一次出现 $R^{2k} = R^k \cdot R^k = R^k (k = 1, 2, \cdots, n)$ 时，R^k 便是要寻找的包含 R 的最小模糊等价矩阵 R^*，也称为传递闭包，记作 $t(R)$。

这时再用 λ 截矩阵的方法，即 λ 由大变小（可从 1 降到 0），便就可形成动态聚类图。

例 3-1　设 $U = \{x_1, x_2, x_3, x_4, x_5\}$，有一模糊相似关系 R

$$R = \begin{pmatrix} 1 & 0.1 & 0.8 & 0.5 & 0.3 \\ 0.1 & 1 & 0.1 & 0.2 & 0.4 \\ 0.8 & 0.1 & 1 & 0.3 & 0.1 \\ 0.5 & 0.2 & 0.3 & 1 & 0.6 \\ 0.3 & 0.4 & 0.1 & 0.6 & 1 \end{pmatrix}$$

试利用闭包聚类法对 R 进行分类。

解：先求其传递闭包，由

$$R^2 = \begin{pmatrix} 1 & 0.3 & 0.8 & 0.5 & 0.5 \\ 0.3 & 1 & 0.2 & 0.4 & 0.4 \\ 0.8 & 0.2 & 1 & 0.5 & 0.3 \\ 0.5 & 0.4 & 0.5 & 1 & 0.6 \\ 0.5 & 0.4 & 0.3 & 0.6 & 1 \end{pmatrix}$$

$$R^4 = \begin{pmatrix} 1 & 0.4 & 0.8 & 0.5 & 0.5 \\ 0.4 & 1 & 0.4 & 0.4 & 0.4 \\ 0.8 & 0.4 & 1 & 0.5 & 0.5 \\ 0.5 & 0.4 & 0.5 & 1 & 0.6 \\ 0.5 & 0.4 & 0.5 & 0.6 & 1 \end{pmatrix}$$

$$R^8 = \begin{pmatrix} 1 & 0.4 & 0.8 & 0.5 & 0.5 \\ 0.4 & 1 & 0.4 & 0.4 & 0.4 \\ 0.8 & 0.4 & 1 & 0.5 & 0.5 \\ 0.5 & 0.4 & 0.5 & 1 & 0.6 \\ 0.5 & 0.4 & 0.5 & 0.6 & 1 \end{pmatrix} = R^4$$

知 $R^8 = R^4$，所以 R 的传递闭包为 $t(R) = R^4$。

下面按照由大至小的原则，依次取 λ 截矩阵，将 U 分成一些等价类。

当 $\lambda = 1$ 时：

$$R_1^4 = \begin{pmatrix} 1 & 0 & 0 & 0 & 0 \\ 0 & 1 & 0 & 0 & 0 \\ 0 & 0 & 1 & 0 & 0 \\ 0 & 0 & 0 & 1 & 0 \\ 0 & 0 & 0 & 0 & 1 \end{pmatrix}$$

这时将 U 分成 5 类，即 $\{x_1\}, \{x_2\}, \{x_3\}, \{x_4\}, \{x_5\}$。

当 $\lambda = 0.8$ 时：

$$R_{0.8}^4 = \begin{pmatrix} 1 & 0 & 1 & 0 & 0 \\ 0 & 1 & 0 & 0 & 0 \\ 1 & 0 & 1 & 0 & 0 \\ 0 & 0 & 0 & 1 & 0 \\ 0 & 0 & 0 & 0 & 1 \end{pmatrix}$$

这时将 U 分成4类，即 $\{x_1,x_3\}$，$\{x_2\}$，$\{x_4\}$，$\{x_5\}$；

同理，当 λ 分别取0.6，0.5，0.4时，可分别将 U 分成3类，即 $\{x_1,x_3\}$，$\{x_2\}$，$\{x_4,x_5\}$；2类，即 $\{x_1,x_3,x_4,x_5\}$，$\{x_2\}$；1类，即 $\{x_1,x_2,x_3,x_4,x_5\}$。

3）基于目标函数的模糊 C-均值聚类法

模糊 C-均值（Fuzzy C-means，FCM）聚类，是用隶属度确定每个数据点属于某个类的程度的一种聚类算法。

设 $U = \{x_1,x_2,\cdots,x_n\}$ 为被分类对象，每个对象又由 m 个指标表示其性状，即

$$x_i = \{x_{i1},x_{i2},\cdots,x_{im}\}, \quad i = 1,2,\cdots,n$$

一个 $c \times n$ 矩阵：

$$\boldsymbol{A} = \begin{pmatrix} A_1 \\ A_2 \\ \vdots \\ A_c \end{pmatrix} = \begin{pmatrix} a_{11} & a_{12} & \cdots & a_{1n} \\ a_{21} & a_{22} & \cdots & a_{2n} \\ \vdots & \vdots & & \vdots \\ a_{c1} & a_{c2} & \cdots & a_{cn} \end{pmatrix} \tag{3-14}$$

若满足：

（1）$0 \leqslant a_{ij} \leqslant 1, i = 1,2,\cdots,c, j = 1,2,\cdots,n$（表示 x_j 属于模糊子集 A_i 的隶属程度）；

（2）$\sum_{i=1}^{c} a_{ij} = 1, j = 1,2,\cdots,n$（表示每个 x_j 隶属于所有模糊子集 A_i 的程度总和为1）；

（3）$0 < \sum_{i=1}^{c} a_{ij} < n, i = 1,2,\cdots,c$（表示每类 A_i 既不能为空集 $\varnothing$，也不能为整个论域 U）。

则 $\boldsymbol{A}$ 称为 U 的模糊 C-划分矩阵。

定义目标函数：

$$J_r(\boldsymbol{A},V) = \sum_{i=1}^{c} \sum_{j=1}^{n} (a_{ij})^r \left\| x_j - v_i \right\|^2 \tag{3-15}$$

式中：$r(r > 1)$ 为一个加权指数，或称为平滑系数；$v_1,v_2,\cdots,v_c$ 为 c 个聚类中心。

模糊 C-均值算法的目标在于找到 $\boldsymbol{A} = (a_{ij})_{cn}$ 和 $V = \{v_1,v_2,\cdots,v_c\}$，使得 $J_r(\boldsymbol{A},V)$ 最小。

下面的定理给出了上述最小化问题的必要条件。

定理3.1　令 $U = \{x_1,x_2,\cdots,x_n\}$ 为一给定数据集，$x_j = \{x_{j1},x_{j2},\cdots,x_{jm}\}$ 为每个数据的指标向量。设 $r > 1$ 和 $c \in \{2,3,\cdots,n-1\}$，假设对所有 $1 \leqslant j \leqslant n$，

$1 \leqslant i \leqslant c$，有 $\parallel x_j - v_i \parallel \neq 0$，则式（3-15）取得最小值的必要条件为

$$a_{ij} = \frac{1}{\sum\limits_{k=1}^{c} \left(\frac{\parallel x_j - v_i \parallel}{\parallel x_j - v_k \parallel} \right)^{\frac{2}{r-1}}} (1 \leqslant j \leqslant n, 1 \leqslant i \leqslant c) \text{ 和}$$

$$v_i = \frac{\sum\limits_{j=1}^{n} a_{ij} v_j}{\sum\limits_{j=1}^{n} a_{ij}} (1 \leqslant i \leqslant c) \text{ 成立。}$$

模糊 C-均值聚类算法步骤：

步骤1 给定数据集令 $U = \{x_1, x_2, \cdots, x_n\}, x_j = \{x_{j1}, x_{j2}, \cdots, x_{jm}\}$，设定 $r \in (1, \infty)$ 和 $c \in \{2, 3, \cdots, n-1\}$，并初始化隶属度矩阵 $\boldsymbol{A}^{(0)}$、迭代精度 ε、迭代次数计数器 $l = 0$。

步骤2 当迭代次数为 $l(l = 0, 1, 2, \cdots)$ 时，计算聚类中心向量：

$$v_i^{(l)} = \frac{\sum\limits_{j=1}^{n} (a_{ij}^{(l)})^r x_j}{\sum\limits_{j=1}^{n} (a_{ij}^{(l)})^r}, \quad i = 1, 2, \cdots, c \tag{3-16}$$

步骤3 用下式将 $\boldsymbol{A}^{(l)}$ 更新为 $\boldsymbol{A}^{(l+1)} = (a_{ij}^{l+1})_{cn}$

$$a_{(ij)}^{l+1} = \frac{1}{\sum\limits_{k=1}^{c} \left(\frac{\parallel x_j - v_i^{(l)} \parallel}{\parallel x_j - v_k^{(l)} \parallel} \right)^{\frac{2}{r-1}}}, 1 \leqslant j \leqslant n, 1 \leqslant i \leqslant c \tag{3-17}$$

步骤4 若 $\parallel \boldsymbol{A}^{(l+1)} - \boldsymbol{A}^{(l)} \parallel < \varepsilon (\varepsilon$ 为给定的正小量），则停止算法，否则，令 $l = l + 1$，返回步骤2。

注：该算法中，需要两个参数，一个是聚类数目 c，另一个是参数 r。一般来讲，c 要远远小于聚类样本的总个数，同时要保证 $c > 1$；对于 r，它是一个控制算法的柔性的参数，r 过大或过小，聚类效果都不好，通常取 $r = 2$。

除上述模糊聚类方法外，还有一个很有应用前景的方法，就是模糊 ISO-DATA（Iterative Self-Orgnizing Data Analysis Techniques Algorithm）动态聚类法。该方法是一种自适应动态聚类算法，它是在 K-均值聚类的基础上，引入了"归并"与"分裂"机制，即当某两个聚类中心距离小于某个阈值时，将它们合并为一类；当某类样本数小于某个阈值时，将它撤销，其样本归并到其他类中；当某类标准差大于某个阈值或样本数大于某个阈值时，将它分成两类。该方法适合于贫样本信息、贫分类信息的情况下的多样本分类，这里就不再详细展开了。

3.2 最佳分类阈值 λ 的确定

在模糊聚类分析中对于各个不同的 $\lambda \in [0,1]$，可得到不同的分类。许多实际问题需要选择某个阈值 λ，确定样本集的一个具体分类，这就提出了如何确定阈值 λ 的问题。通常有以下两个途径。

（1）按实际需求。在动态聚类过程中，按实际需要调整 λ 值以得到适当的分类，而不需要事先准确地估计好样本应分成几类。当然，也可由经验丰富的专家结合专业知识确定阈值 λ，从而得出在 λ 水平上的等价分类。

（2）用 F 统计量确定 λ 最佳值。设论域 $U = \{x_1, x_2, \cdots, x_n\}$ 为样本空间（样本总数为 n），而每个样本 x_i 有 m 个特征：$x_i = \{x_{i1}, x_{i2}, \cdots, x_{im}\}$，$i = 1, 2, \cdots, n$。于是得到全体样本的第 k 个特征的均值 $\bar{x}_k$：

$$\bar{x}_k = \frac{1}{n} \sum_{j-1}^{n} x_{ik}, \quad k = 1, 2, \cdots, m \tag{3-18}$$

则全体样本的均值向量为：$\bar{\boldsymbol{x}} = (\bar{x}_1, \bar{x}_2, \cdots, \bar{x}_m)$。

设对应于 λ 值的分类数为 r，第 j 类的样本记为 $x_1^{(j)}, x_2^{(j)}, \cdots, x_{n_j}^{(j)}$，$n_j$ 为第 j 类的样本数，则第 j 类的均值向量为 $\bar{\boldsymbol{x}}^{(j)} = (\bar{x}_1^{(j)}, \bar{x}_2^{(j)}, \cdots, \bar{x}_m^{(j)})$，其中 $\bar{x}_k^{(j)}$ 为第 k 个特征的平均值，即

$$\bar{x}_k^{(j)} = \frac{1}{n_j} \sum_{i=1}^{n_j} x_{ik}^{(j)}, \quad k = 1, 2, \cdots, m \tag{3-19}$$

做 F 统计量：

$$F = \frac{\sum_{j=1}^{r} n_j \parallel \bar{\boldsymbol{x}}^{(j)} - \bar{\boldsymbol{x}} \parallel^2 / (r - 1)}{\sum_{j=1}^{r} \sum_{i=1}^{n_j} \parallel \boldsymbol{x}_i^{(j)} - \bar{\boldsymbol{x}}^{(j)} \parallel^2 / (n - r)} \tag{3-20}$$

式中：$\parallel \boldsymbol{x}_i^{(j)} - \boldsymbol{x}^{(j)} \parallel = \sqrt{\sum_{k=1}^{m} (x_{ik}^{(j)} - \bar{x}_k^{(j)})^2}$，为第 j 类中第 i 个样本 $x_i^{(j)}$ 与类均值向量 $\bar{\boldsymbol{x}}^{(j)}$ 间的距离；$\parallel \bar{\boldsymbol{x}}^{(j)} - \bar{\boldsymbol{x}} \parallel = \sqrt{\sum_{k=1}^{m} (\bar{x}_k^{(j)} - \bar{x}_k)^2}$，为 $\boldsymbol{x}^{(j)}$ 与 $\bar{\boldsymbol{x}}$ 间的距离。

式（3-20）称为 F 统计量，它是遵从自由度为 $r-1$、$n-r$ 的 F 分布。它的分子表征类与类之间的距离、分母表征类内样本间的距离。类内间的距离越小，类与类之间的距离越大，F 值越大。因此，F 值越大，说明类与类间的差异越大，分类就越好，对应 F 取最大值的阈值即为最佳阈值。

例 3-2 以例 3-1 中的数据 R^8 为例，求解最佳分类阈值 λ。

$$R^8 = \begin{pmatrix} 1 & 0.4 & 0.8 & 0.5 & 0.5 \\ 0.4 & 1 & 0.4 & 0.4 & 0.4 \\ 0.8 & 0.4 & 1 & 0.5 & 0.5 \\ 0.5 & 0.4 & 0.5 & 1 & 0.6 \\ 0.5 & 0.4 & 0.5 & 0.6 & 1 \end{pmatrix}$$

解：（1）计算全体样本的均值向量为

$$\overline{x_1} = (1 + 0.4 + 0.8 + 0.5 + 0.5)/5 = 0.64;$$

$$\overline{x_2} = (0.4 + 1 + 0.4 + 0.4 + 0.4)/5 = 0.52;$$

$$\overline{x_3} = (0.8 + 0.4 + 1 + 0.5 + 0.5)/5 = 0.64;$$

$$\overline{x_4} = (0.5 + 0.4 + 0.5 + 1 + 0.6)/5 = 0.6;$$

$$\overline{x_5} = (0.5 + 0.4 + 0.5 + 0.6 + 1)/5 = 0.6;$$

所以可以得到 $\overline{x} = (0.64 \quad 0.52 \quad 0.64 \quad 0.6 \quad 0.6)$。

（2）为了获得最佳的阈值，分别取 $\lambda = 0.8, 0.7, 0.6, 0.5, 0.4$（由于 $\lambda = 1, 0.9$ 时，每个样本都是一类，本质上没有分类，计算 F 值时也会出现分母为 0 的情况，所以不考虑这两种情况），根据式（3-20）计算 F 值。

当 $\lambda = 0.8$ 时，这时 U 分成 4 类，即：$\{x_1, x_3\}, \{x_2\}, \{x_4\}, \{x_5\}$，则可以计算得到 $F = 9.9333$。

当 $\lambda = 0.7$ 时，这时 U 分成 4 类，即：$\{x_1, x_3\}, \{x_2\}, \{x_4\}, \{x_5\}$，则可以计算得到 $F = 9.9333$。

当 $\lambda = 0.6$ 时，这时 U 分成 3 类，即：$\{x_1, x_3\}, \{x_2\}, \{x_4, x_5\}$，则可以计算得到 $F = 5.1600$。

当 $\lambda = 0.5$ 时，这时 U 分成 2 类，即：$\{x_1, x_3, x_4, x_5\}, \{x_2\}$，则可以计算得到 $F = 2.2800$。

当 $\lambda = 0.4$ 时，这时 U 分成 1 类，即：$\{x_1, x_2, x_3, x_4, x_5\}$，则可以计算得到 $F = 0$。比较 F 的值，则可以看出 $\lambda = 0.8$ 或 $\lambda = 0.7$ 时，分类效果最好。

3.3 模糊聚类分析方法的应用实例

现实常常会遇到带有模糊性的分类问题，如模式识别、数据挖掘、图像处理等。因此，对具有模糊特征的事物进行聚类分析，是当今世界发展到信息化、智能化时代无法回避的现实问题。这里，选择一个实例说明模糊聚类分析方法的具体应用。

例 3-3　采用 FCM 方法对随机生成的数据点进行聚类。给定数据集 $X = \{x_1, x_2, \cdots, x_n\}$，聚类分析就是要形成 X 的 C 划分。对于数据集 X 的 C 划分 $X_1, X_2, \cdots X_c$，需要满足：

$$\begin{cases} X_1 \cup X_2 \cup \cdots \cup X_c = X \\ X_i \cap X_k = \varnothing, 1 \leq i \neq k \leq c \\ X_i \neq \varnothing, X_i \neq X, 1 \leq i \leq c \end{cases}$$

为了说明 FCM 的具体用法，这里给出基于 MATLAB 的实现代码。

1. 主程序

```
% 聚类测试
clc
clear all
close all
num =100; % 聚类样本数量
c = 3;           % 聚类数量
data = rand(num,2)* 100; % 随机生成聚类数据
figure(1)
plot(data(:,1),data(:,2),'o','lineWidth',2); % 画出聚类数据分布
title('聚类数据')
% % FCM 聚类
[center,U,obj_fcn] = FCMCluster(data,c); % 利用 FCM 分为 c 类
% 画出聚类结果
figure(2)
plot(data(:,1),data(:,2),'o','lineWidth',2);
hold on;
index = cell(1,c);
for i =1:c
index{i} = find(U(i,:) == max(U)); % 找出划分为第 i 类的数据索引
end
% % 标注
for  i =1:c
    col =0.1 +0.9* rand(1,3); % 设置颜色
    plot(data(index{i},1),data(index{i},2),'o','color',col,'
    lineWidth',2);
```

```
        hold on
        plot([center(i,1)],[center(i,2)],'* ','color',col,'line-
        Width',1);
        hold on
        text([center(i,1)],[center(i,2)],['第',num2str(i),'类']);
        hold on
end
title('FCM 聚类结果')
%%
figure(3)
semilogy(obj_fcn,'r< -','lineWidth',1.5)
title('目标函数收敛情况')
xlabel('迭代次数')
ylabel('目标函数值')
grid on
```

2. 调用函数

```
function  [center,U,obj_fun] =FCMCluster(data,n,options)
% 采用模糊 C 均值将数据集 data 分为 n 类
% 输入
%    data      n*m 矩阵,n 个样本数,每个样本的维度为 m
%     n          类别数
%    options 4*1 矩阵
%    options(1):隶属度矩阵 U 的加权指数 r
%    options(2):最大迭代次数
%    options(3):隶属度最小变化量,迭代终止条件
%    options(4):每次迭代是否输出信息标志
%    输出 %  center 聚类中心 % U 隶属度矩阵 % obj_fun 目标函数值
[data_n, ~] =size(data); % data_n 待分类数据的数量
% 默认参数
default_options = [2;100;1e -5;1];
if nargin = =2% 如果只输入前两个参数,选用默认的参数;如果参数个数小于 4,其
他选用默认参数
    options =default_options;
else
    if length(options) <4
        tmp =default_options;
```

```
            tmp(1:length(options)) = options;
            options = tmp;
        end
        nan_index = find(isnan(options) == 1);
        options(nan_index) = default_options(nan_index);

        if options(1) < =1 % 如果加权指数小于1,报错
            error('The exponent should be greater than 1! ');
        end
    end

% 将 options 中的分量分别赋值给 4 个变量
expo = options(1);
max_iter = options(2);
min_impro = options(3);
display = options(4);

obj_fun = zeros(max_iter,1);
% 初始化模糊分配矩阵
U = initfcm(n,data_n);
% 主程序
for i = 1:max_iter
    [U,center,obj_fun(i)] = stepfcm(data,U,n,expo);
    if display
        fprintf('FCM:Iteration count = % d,obj_fun = % f \n',i,
        obj_fun(i));
    end
    % 终止条件判别
    if i >1
        if abs(obj_fun(i) - obj_fun(i - 1)) < min_impro
            break;
        end
    end
end
iter_n = i;
obj_fun(iter_n + 1:max_iter) = []; % 当满足终止条件后,置空后面的目标函
数值
end
%% 子函数模糊矩阵初始化
```

```
function U = initfcm(n,data_n)
    U = rand(n,data_n);  % 随机产生隶属度矩阵
    U = U./sum(U,1);  % 归一化
end
%%    子函数逐步聚类
function [U_new,center,obj_fun] = stepfcm(data,U,n,expo)
    mf = U.^expo;  % 隶属度
    center = mf* data./(sum(mf,2) * ones(1,size(data,2)));  % 计算聚类
    中心
    dist = distfcm(center,data);  % 计算到聚类中心的距离
    obj_fun = sum(sum((dist.^2).* mf));  % 计算目标函数值
    tmp = dist.^(-2/(expo-1));
    U_new = tmp./(ones(n,1) * sum(tmp));
end
%%    子函数计算距离
function out = distfcm(center,data)
    out = zeros(size(center,1),size(data,1));
    for k =1:size(center,1)
        out(k,:) = sqrt(sum(((data - ones(size(data,1),1) * center
        (k,:)).^2)',1));  % 欧式距离
    end
end
```

3. 实验结果

在 $[0,100]$ 的范围内，设置 100 个数据点。聚类为 2 类的结果如图 3-1 所示。

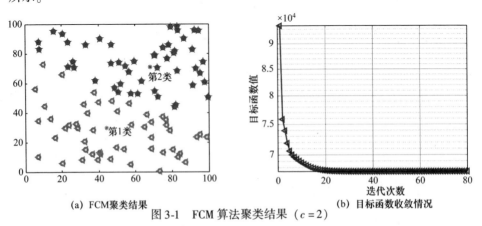

(a) FCM聚类结果   (b) 目标函数收敛情况

图 3-1　FCM 算法聚类结果（$c = 2$）

聚类为 3 类的结果如图 3-2 所示。

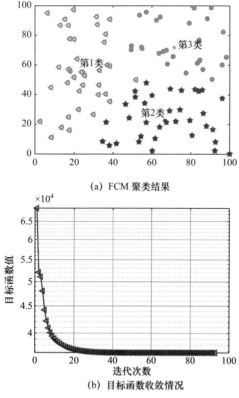

(a) FCM 聚类结果

(b) 目标函数收敛情况

图 3-2 FCM 算法聚类结果（$c=3$）

例 3-4 作战过程中需要对目标进行分类，从而选择不同的打击决策。常见的是根据目标的威胁度进行划分，根据不同的威胁度确定对目标的火力打击方案。例如，根据如下威胁度指标对目标进行聚类，将目标分为 3 类，然后针对不同威胁度类型的目标采取不同的作战决策。

表 3-1 目标威胁度指标

目标	距离威胁度	火力威胁度	速度威胁度	指控威胁度	作战意图威胁度
1	0.7	0.8	0.6	0.8	0.9
2	0.6	0.8	0.4	0.7	0.6
3	0.9	0.4	0.4	0.5	0.7
4	0.3	0.5	0.7	0.8	0.8
5	0.5	0.8	0.4	0.3	0.4
6	0.6	0.5	0.8	0.3	0.3
7	0.3	0.7	0.5	0.7	0.3
8	0.8	0.6	0.4	0.3	0.5

编写如下 MATLAB 程序：

```
clc
clear all
close all
c = 3;  % 聚类数量
data = [0.7  0.8  0.6  0.8  0.9
0.6  0.8  0.4  0.7  0.6
0.9  0.4  0.4  0.5  0.7
0.3  0.5  0.7  0.8  0.8
0.5  0.8  0.4  0.3  0.4
0.6  0.5  0.8  0.3  0.3
0.3  0.7  0.5  0.7  0.3
0.8  0.6  0.4  0.3  0.5];
% % FCM 聚类
[center,U,obj_fcn] = FCMCluster(data,c); % 利用 FCM 分为 c 类
% 函数 FCMCluster 与例 3 - 3 中相同
for i = 1:c
index{i} = find(U(i,:) = = max(U)); % 找出划分为第 i 类的数据索引
end
% % 输出各类目标
disp('第一类为')
index{1}
disp('第二类为')
index{2}
disp('第三类为')
index{3}
% % 画出迭代曲线
semilogy(obj_fcn,'r < - ','lineWidth',1.5)
title('目标函数收敛情况')
xlabel('迭代次数')
ylabel('目标函数值')
grid on
```

运行该程序，可以获得分类结果如下。

第一类的目标为：1 2 4。

第二类的目标为：3 6 8。

第三类的目标为：5 7。

算法的迭代收敛曲线如图 3-3 所示。

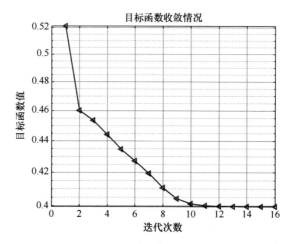

图 3-3　多目标威胁距离聚类迭代收敛曲线

习题 3

1. 常用的模糊聚类有哪几种？各自具有什么特色？
2. 模糊 C 聚类与 K-均值聚类有什么区别与联系，它主要有哪些应用？
3. 试绘出模糊 C 聚类的计算机实现程序框图。

第 **4** 章

模糊计算的发展与展望

美国学者扎德（Zadeh）博士于 1965 年提出的"模糊集合"，为人们描述非精确的客观世界提供了一个全新的工具。模糊集合和其后提出的模糊关系、模糊逻辑、模糊推理等一系列概念、理论和方法，标志着一个新的数学分支——模糊数学的诞生。模糊数学打破了经典数学在处理边界不清晰的概念、对象上的局限性，更为无处不在的自然语言提供了一个强大的处理工具。

随着时间的推移和实际应用的推广，人们发现有时仅通过隶属度来表征模糊性对象时，也带有某种"精确"的色彩，未能很好地体现出模糊性、不确定性。因此，1983 年，Gorzafczany 创立了区间值模糊集理论，对模糊集做了推广。1986 年，保加利亚学者 Atanassov 教授引进犹豫度，创立了直觉模糊集，该理论广泛运用于现实生活中，如模糊识别、决策分析和医疗诊断等。1989年，Atanassov 对直觉模糊集进一步推广，提出隶属度区间、非隶属度区间和犹豫度区间的概念，创立了区间直觉模糊集。此后，Atanassov 进行了直觉模糊集和区间直觉模糊集的理论与应用研究。1993 年，Gau 和 Buehrer 提出 Vague 集。1996 年，Bustine 和 Burillo 指出 Vague 集就是直觉模糊集，只是表达形式不同。

直觉模糊集是传统模糊集的一种拓展，它同时考虑了隶属度、非隶属度和犹豫度这 3 个方面的信息，因而比传统的模糊集在处理模糊性和不确定性等方面更具灵活性和实用性。自 Atanassov 教授提出直觉模糊集的概念并给出一些基本运算法则以来，直觉模糊集理论不断发展，解决了许多不确定信息处理的难题。目前，有关直觉模糊集理论的研究受到国内外相关领域学者的极大关注，并且已被应用于决策、医疗诊断、逻辑规划、模式识别、机器学习和市场预测等诸多领域。

人们在研究中发现，直觉模糊集的隶属度和非隶属度用确切的实数值来表达有时是很难的，而以区间数形式表示相对比较容易。由此，Atanassov 和

Gargov 对直觉模糊集进行推广，提出了区间直觉模糊集，并给出了相关的一些基本运算法则。目前，区间直觉模糊集在决策领域的应用非常广泛，已经形成了基于区间直觉模糊集的一套决策方法。同时，区间直觉模糊集的一些理论还处于发展阶段，如区间直觉模糊熵、区间直觉模糊相似度，区间直觉模糊数的比较、集成等计算方法还有待进一步研究。

此外，模糊计算与其他智能算法结合，形成综合的智能计算方法，如模糊遗传算法，也是模糊计算的发展趋势之一。模糊遗传算法，就是借鉴模糊逻辑和模糊集合运算的思想，把人们已有的关于遗传算法的知识和经验用模糊语言来描述，并用于遗传算子和参数设置，实现遗传算法参数和算子的动态调整，改进遗传算法的性能。类似的还有模糊神经网络、模糊专家系统等，都将是现在与未来一段时间内模糊计算理论研究的新的发展方向。

当今世界，如火如荼的智能化局面，也将为模糊计算打开了一个广泛的应用空间，如以模糊分类、模糊聚类为代表的模糊模式识别，模糊控制、模糊决策、文本挖掘、自然语言理解、语义网智能等。因此，应用领域的拓展将是模糊计算的更重要发展方向。

第 2 篇　神 经 计 算

用机器代替人脑的计算、识别与推理等工作，是计算机被发明创造的源动力和其性能持续改进的恒动力。对人脑的组成结构与工作机理进行解析与模仿，成为人们提高计算机智能的途径之一，人工神经网络就由此产生了。

人工神经网络（Artificial Neural Network，ANN）是人们在对生物神经元及生物神经网络的结构、组成及基本工作原理有了充分认识的基础上，借助数学和物理的方法，从信息处理的角度对生物神经网络进行抽象而建立起来的一种简化模型。也可以说，人工神经网络是一种模仿人脑结构及其功能的信息处理系统，在工程与学术界也常直接简称为神经网络。它是计算智能领域中最重要的一种仿生算法。

本质上，人工神经网络就是一种运算模型，通常是由大量的节点（处理单元）相互连接而形成的网络系统。其中的每个节点代表一种特定的输出函数，称为激励函数（Activation Function）。每两个节点间的连接都代表一个对于通过该连接信号的加权值，称为权值或权重，这相当于人工神经网络的记忆。神经网络的输出则依网络的连接方式、权值和激励函数的不同而不同。在实际应用中，根据不同的需求会形成不同规模、不同连接方式的不同神经网络，但每一种神经网络通常都是对自然界某种算法或者函数的逼近，或者是对某种逻辑策略、某类对象的表达。

从人工神经元概念与人工神经元数理模型（MP模型，1943年）被正式提出到现在，人工神经网络已经历了70多年的发展历程。这期间，它既经历了令人浮想联翩的发展初期，也经历了令人沮丧的发展中期，目前已有百余种神经网络模型被提出，到了修成正果的收获期。近年来，人工神经网络的研究成果更是层出不穷，其应用涉及模式识别、信号处理、组合优化、故障诊断、联想记忆等众多领域。但它的发展远没有止步，随着脑科学、云计算、3D打印等新兴技术的发展，人工神经网络的理论与应用技术必将得到进一步发展。

尽管人工神经网络的应用领域丰富多样，甚至有的差异巨大，但其功能应用的本质就是根据已有的数据发现其内在规律，并能针对新的数据得出符合该规律的结果。

本篇首先介绍人工神经网络的基础知识，其后讲述BP神经网络、RBF神经网络、卷积神经网络的基本概念、基本原理和典型应用实例。

第 5 章

人工神经网络基础

人工神经网络在其诞生之时，就被赋予了"学习""记忆"等人脑思维的基本特征。当今社会正步入"人工智能时代"，特别是"深度学习热"的兴起，人工神经网络技术及其应用正得到前所未有的关注。本章简单介绍人工神经网络的基本概念与基本原理。

5.1 人工神经网络生物学基础

人工神经网络是由大量的处理单元广泛地相互连接而形成的复杂网络系统，它是对人脑的简化、抽象和模拟，反映了人脑的许多基本特性。所以，这里有必要先了解人工神经网络的模仿对象——生物神经网络。

生物神经网络的基本构成单元是神经细胞，称为神经元。神经元主要由细胞体、树突、轴突和突触（又称神经键，Synapse）组成。神经元是以细胞体为主体，由许多向周围延伸的不规则树枝状纤维构成，其形状很像一棵枯树的枝干，如图 5-1 所示。

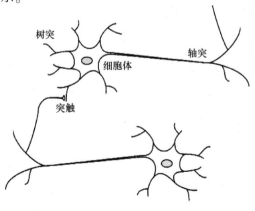

图 5-1 生物神经元网络结构

细胞体是神经元的主体，它由细胞核、细胞质和细胞膜组成。树突是树状的神经纤维接收网络，它一般有多个分支，并与其他神经元相连，以接收来自其他神经元的生物信号，细胞体对这些输入信号进行整合并进行阈值处理。轴突是单根长纤维，轴突末端和其他神经细胞树突的结合点称为突触，通过突触把细胞体的唯一输出信号（兴奋）向连接的其他神经元发送，树突和轴突的共同作用实现了神经元之间的信号传递。神经元的排列和突触的强度（由复杂的化学过程决定）确定神经网络的功能。生物神经元传递信息的过程为多输入、单输出模式，但其单输出值可以并行地给予多个与之相连的神经元。需要说明的是，一个神经元并不是在任意的输入作用下都会产生输出，只有当其接收到的所有输入信号作用总和达到其激活阈值，它才会产生输出信号。

脑神经生理科学研究结果表明，神经元是大脑处理信息的基本单元，人脑约由 100 ~ 5000 亿个神经元组成，每个神经元约与上千甚至数万个神经元通过突触连接，形成极为错综复杂且又灵活多变的神经网络，用于实现记忆与思维。

尽管人脑神经元之间传递信息的速度远低于计算机，前者为毫秒量级，而后者的频率往往可达几百兆赫。但是，由于人脑是一个大规模并行与串行组合处理系统，因而在许多问题上可以快速做出判断、决策和处理，并且在诸如模式识别、环境感知和机电控制等许多问题上的处理速度远快于串行结构的普通计算机。

5.2　人工神经元基本结构与数学模型

人工神经元是构成人工神经网络的基本单元，了解人工神经元的基本结构与工作原理是掌握人工神经网络结构与工作原理的基础。

5.2.1　人工神经元基本结构

要建立一种能模拟人脑神经网络结构和功能特征的人工神经网络，首先必须建立人工神经网络的基本构成单元———一种类似于生物神经元的人工神经元，该构成单元必须能够接收输入信息，并对其进行加工处理，在适当时候输出信息，即具备生物神经元中细胞体、树突、轴突、突触的功能。

1943 年，美国心理学家 W. S. McCulloch 和数理逻辑学家 W. Pitts 基于早期神经元学说，归纳总结了生物神经元的基本特性，建立了具有逻辑演算功能的神经元结构模型（图 5-2），即 McCulloch-Pitts 模型，简称为 MP 模型，以及这些人工神经元互联形成的人工神经网络。他们通过 MP 模型提出了神经元的形式化数学描述和网络构造方法，证明了单个神经元能执行逻辑功能，从而开创了人工神经网络研究的时代。

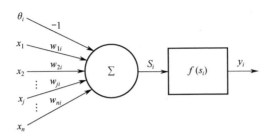

图 5-2 人工神经元 MP 模型

图 5-2 中，$y_i = f(s_i) = f(\sum_{j=1}^{n} w_{ji}x_j - \theta_i)$，其中 x_j 为第 j 个人工神经元的状态（第 i 个人工神经元的输入），w_{ji} 为其输入 x_j 的权值，即第 j 个人工神经元与第 i 个人工神经元的突触连接强度，θ_i 为神经元的阈值，y_i 为第 i 个人工神经元的输出。

5.2.2 人工神经元数学模型

在图 5-2 所示的人工神经元模型中，$f(x)$ 是作用函数（Activation Function），也称激活函数、变换函数或激励函数。MP 神经元模型中的作用函数为单位阶跃函数（图 5-3）：

其数学表达式为

$$f(x) = \begin{cases} 1, x \geq 0 \\ 0, x < 0 \end{cases} \tag{5-1}$$

MP 神经元模型是人工神经元模型的基础，也是神经网络理论的基础。在一般神经元模型中，作用函数除了单位阶跃函数之外，还可以为线性函数（图 5-4）、Sigmoid 函数（图 5-5）、高斯函数（图 5-6）等其他形式。

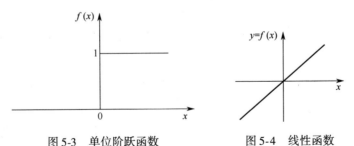

图 5-3 单位阶跃函数   图 5-4 线性函数

其对应的函数表达式分别如下。

线性函数：

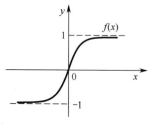

图 5-5　Sigmoid 函数

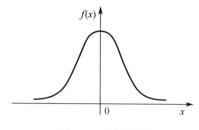

图 5-6　高斯函数

$$y = f(x) = x \tag{5-2}$$

Sigmoid 函数：

$$f(x) = \frac{1 - e^{-\beta x}}{1 + e^{-\beta x}}, \beta > 0 \tag{5-3}$$

高斯函数：

$$f(x) = \exp\left(-\frac{(x - c)^2}{2\sigma^2}\right) \tag{4-4}$$

不同的作用函数，可构成不同的神经元模型。

5.3　人工神经网络基本结构、学习方式与基本特性

人工神经网络模型主要考虑网络连接的拓扑结构、神经元的特征、学习规则等。由于单个神经元的功能极其有限，只有将大量神经元通过互联构造成神经网络，使之形成群体并行分布式处理的计算结构，才能发挥强大的运算能力，并初步具有相当人脑的形象思维、抽象思维和灵感思维的能力。神经网络的连接结构决定着神经网络的特性和能力。

5.3.1　人工神经网络基本结构

神经网络强大的计算功能是通过神经元的互联而达到的。根据神经元之间连接的拓扑结构，即神经元之间的连接方式，可将神经网络分成层次型神经网络和互联型神经网络。

1. 层次型神经网络

（1）前向神经网络：神经元分层排列，顺序连接。网络中各个神经元接受前一级的输入，并输出到下一级，网络中没有反馈，可以用一个有向无环路图表示，如图 5-7 所示。这种网络实现信号从输入空间到输出空间的变换，它的信息处理能力来自于简单非线性函数的多次复合。网络结构简单，易于实现。

感知器（Perceptron）、BP 神经网络和径向基函数（Radial Basis Function,

RBF）神经网络都属于这种类型。

（2）层内有互联的前向神经网络：在前向神经网络中有的在同一层中的各神经元相互有连接，如图 5-8 所示。通过层内神经元的相互结合，可以实现同一层内神经元之间的横向抑制或兴奋机制，这样可以限制每层内能同时动作的神经元数，或者把每层内的神经元分为若干组，让每组作为一个整体来动作。

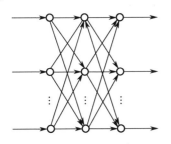
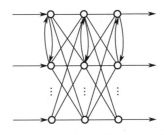

图 5-7　前向神经网络结构　　图 5-8　层内有互联的前向神经网络结构

（3）反馈神经网络：在层次网络结构中，只在输出层到输入层存在反馈，即每一个输入节点都有可能接受来自外部的输入和来自输出神经元的反馈，如图 5-9 所示。在这种网络中，输入信号决定反馈系统的初始状态，然后系统经过一系列的状态转换收敛于平衡状态，这种平衡状态就是系统的输出结果（模式）。这种模式可用来存储某种模式序列，如神经认知机即属于此类，也可以用于动态时间序列过程的神经网络建模。

Hopfield 网络、Boltzman 机网络属于这一类。

2. 互联型神经网络

在互联网络模型中，任意两个神经元之间都可能有相互连接的关系，如图 5-10 所示。其中，有的神经元之间连接是双向的，有的是单向的。

此外，如果按照网络内部信息传递方向分类，还可将神经网络简单分成前向神经网络和反馈神经网络；如果按网络性能分类，还可将神经网络简单分成连续型网络和离散型网络，或确定型网络和随机型网络；如果按学习方法分类，还可将神经网络分成有导师学习网络和无导师学习网络等。

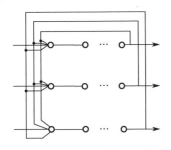
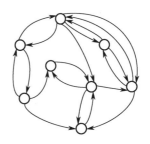

图 5-9　有反馈的前向神经网络结构　　图 5-10　互联型神经网络结构

5.3.2　人工神经网络基本学习方式

具有自学习和自适应能力，是人工神经网络神经网络的最重要特征。它的自适应性是通过学习实现的，即根据环境的变化，对权值进行调整，改善系统的行为。根据学习方式不同，神经网络的学习可分为有导师学习和无导师学习两种方式。

在有导师学习过程中，通过神经网络对样本数据——一批输入－输出数据组的响应，掌握两者之间的潜在规律。即将训练样本的输入数据加载到输入端，同时将网络输出与相应的期望输出（样本的输出数据，起着导师的作用）比较，得出输出误差，然后调整连接权值，使输出误差向缩小方向发展。经多次训练后，误差收敛到允许范围内，得到一组最佳的连接权值。当样本情况发生变化时，经学习可以修改连接权值，以适应新的样本。有导师学习数据网络的工作过程与学习过程完全分离。在学习过程结束后，神经网络抛开样本数据、检验数据以及误差信息，神经网络利用既有的结构参数，根据新的输入数据来映射相应输出的输出数据。使用有导师学习的神经网络模型有 BP 网络、感知器等。

在无导师学习过程中，事先不给定标准样本，学习阶段与工作阶段成为一体，也可以说网络直接处于工作状态。此时，神经网络依靠自己的自适应能力，持续适应输入模式，直至发现输入数据的统计特征，并通过连接权值"记忆"该特征。一旦输入特征再次出现，神经网络即能识别出该特征。同有导师学习过程一样，无导师学习过程也是连接权值的演变方程。无导师学习最简单的例子是 Hebb 学习规则，另一个典型例子则是竞争学习规则，它是根据已建立的聚类进行权值调整。自组织映射、适应谐振理论网络等都是与竞争学习有关的典型模型。

目前，较有代表性的神经网络学习方法有 Hebb 学习、误差修正型学习、随机学习以及基于记忆的学习等。

1. Hebb 学习方法

由 D. O. Hebb 于 1961 年提出的 Hebb 学习规则，为神经网络的学习算法奠定了基础。Hebb 规则认为：学习过程最终发生在神经元之间的突触部位，突触的联系强度随着突触前后神经元的活动而变化。具体描述如下：

（1）如果一个突触两边的神经元被同步激活，则该突触的能量就被选择性地增加；

（2）如果一个突触两边的神经元被异步激活，则该突触的能量就被选择性地减弱或消除。

Hebb 学习规则的数学描述为

$$\Delta w_{ji} = \eta (x_j(n) - \bar{x}_j)(x_i(n) - \bar{x}_i) \tag{5-5}$$

式中：Δw_{ji} 为第 j 个人工神经元与第 i 个人工神经元的突触连接强度（权值）修正量；η 为一正常数，称为学习因子，它决定了神经网络在学习过程中从一个步骤到另一个步骤的学习速率；$x_i(n),x_j(n)$ 分别表示第 i、j 个神经元在 n 时刻的状态；$\bar{x}_i$、$\bar{x}_j$ 分别表示第 i、j 个神经元在一段时间内的平均值。

Hebb 学习规则的含义为

（1）如果神经元 x_i 和 x_j 活动充分时，即同时满足条件 $x_i > \bar{x}_i$ 和 $x_j > \bar{x}_j$ 时，突触权值 w_{ji} 增加；

（2）如果神经元 x_i 活动充分（$x_i > \bar{x}_i$），而 x_j 活动不充分时（$x_j < \bar{x}_j$），或者如果神经元 x_j 活动充分（$x_j > \bar{x}_j$），而 x_i 活动不充分时（$x_i < \bar{x}_i$）时，突触权值 w_{ji} 减小。

在此基础上，人们提出了各种学习规则和算法，以适应不同网络模型的需要。有效的学习算法，使得神经网络能够通过连接权值的调整，构造客观世界的内在表示，形成具有特色的信息处理方法。信息存储和处理体现在网络的连接中。

2. 误差修正学习方法

误差修正学习方法是一种有导师学习过程，其基本思想是利用神经网络的期望输出与实际输出间的偏差作为调整连接权值的参考依据，并最终减少这种偏差。具体学习过程如图 5-11 所示。

设某神经网络的输出层只有一个神经元 j，给该神经网络施加输入，这样就产生了输出误差：

$$E(n) = \frac{1}{2} e^2(n) = \frac{1}{2} (d_j(n) - y_j(n))^2 \tag{5-6}$$

式中：$d_j(n)$ 为加上输入之后，神经网络的期望输出（或目标输出）；$y_j(n)$ 为加上输入之后，神经网络的实际输出；$e(n)$ 为神经网络期望输出与实际输出之间存在的误差。

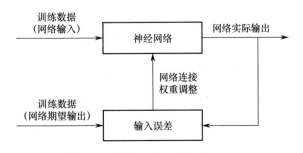

图 5-11 误差修正学习方法原理图

误差修正学习过程就是反复调整突触权值，使代价函数 $E(n)$ 达到最小或使系统达到一个稳定状态，即突触权值稳定下来。

设某神经网络的激励函数为 $f(x)$，有 N 个训练样本，假设误差准则函数为

$$E(n) = \frac{1}{2}\sum_{j=1}^{N}(d_j(n) - y_j(n))^2 \tag{5-7}$$

式中：$d_j(n)$ 为加上输入之后，神经网络的期望输出（或目标输出）；$y_j(n)$ 为加上输入之后，神经网络的实际输出。

设 w_{ji} 为神经元 x_j 到神经元 x_i 的连接值，在第 n 步学习时对权值的调整为

$$\Delta w_{ji}(n) = \eta e(n)x_i(n) \tag{5-8}$$

式中：η 为学习速率因子；$e(n)$ 为神经网络期望输出与实际输出之间存在的误差，$e(n) = d_j(n) - y_j(n)$ 或 $e(n) = (d_j(n) - y_j(n))f'(x)$。

当 $e(n) = d_j(n) - y_j(n)$ 时，称为最小均方学习算法，该算法与激励函数无关。

当 $e(n) = (d_j(n) - y_j(n))f'(x)$ 时，称为 Delta 学习算法，该算法需要激励函数存在导数。

则第 $n+1$ 步学习的连接权值校正为

$$w_{ji}(n+1) = w_{ji}(n) + \Delta w_{ji}(n) \tag{5-9}$$

以上误差学习过程，可描述为以下 4 个步骤。

(1) 选择一组初始权值 $w_{ji}(0)$；

(2) 计算某一模式对应的实际输出与期望输出的误差 $e(n)$；

(3) 更新权值：

$$w_{ji}(n+1) = w_{ji}(n) + \eta[d_j(n) - y_j(n)]x_i(n) \tag{5-10}$$

式中：η 为一正常数，称为学习速率因子；d_j，y_j 分别为第 j 个神经元的期望输出与实际输出；x_i 为第 i 个神经元的输入。

(4) 返回步骤 (2)，直到对所有的训练模式网络输出均能满足要求。

3. 随机学习方法

随机学习方法的基本思想是结合随机过程、概率和能量函数等概念来调整网络的变量，从而使网络的目标函数达到最大或最小。它又被称为波尔兹曼学习规则，是为了纪念 L. Boltzmann 而命名的。在该学习规则基础上设计出来的神经网络称为波尔兹曼机。波尔兹曼机应遵循以下准则：

(1) 如果网络的变量变化后，能量函数有更低的值，那么接受这种变化；

(2) 如果网络的变量变化后，能量函数没有更低的值，那么按一个预先选取的概率分布接受这种变化。

可见，采用随机学习方法，网络不仅接受能量函数减少的变化，使某种性

能指标改善，而且还以某种概率分布接受能量函数增大的变化，这样使得网络可能跳出能量函数的局部极小值点，从而向着全局极小值点的方向发展。这也就是模拟退火算法（Simulated Annealing）———种典型的随机型学习算法。

4. 基于记忆的学习方法

基于记忆的学习主要用于模式分类，在基于记忆的学习中，过去的学习结果被储存在一个大的存储器中，当输入一个新的测试向量 x_{test} 时，学习过程就是将 x_{test} 归结为已储存的某个类中。

一种最简单而有效的基于记忆的学习算法就是最近邻规则。设存储器中所记忆的某一个类 l 含有向量 $x_l \in \{x_1, x_2, \cdots, x_n\}$ ，如果下式成立：

$$\min_i d(x_i, x_{\text{test}}) = d(x_l, x_{\text{test}}) \tag{5-11}$$

则 x_{test} 属于类 l ，其中，$d(x_i, x_{\text{test}})$ 是向量 x_i 与 x_{test} 欧几里得距离，x_i 遍历所有向量。

5.3.3　人工神经网络基本特性

人工神经网络是由上述大量处理单元（人工神经元）互联组成的非线性、自适应信息处理系统，通过调整内部大量节点之间相互连接的关系，从而达到处理信息的目的。即通过预先提供的一批相互对应的输入－输出数据，分析掌握两者之间潜在的规律，并根据这些规律，用新的输入数据推算（预测）输出结果。它是在现代神经科学研究成果的基础上提出的，试图通过模拟大脑神经网络处理、记忆信息的方式进行信息处理。它具有以下基本特征。

1. 非线性

非线性关系是自然界的普遍特性，大脑的智慧就是一种非线性现象。人工神经元处于激活或抑制两种不同的状态，这种行为在数学上表现为一种非线性关系。具有阈值的神经元构成的网络具有更好的性能，可以提高容错性和存储容量。

2. 并行性

神经网络的各处理单元在接受输入信息、处理信息、输出信息时是各自独立进行的，具有明显的并行性，可以提高信息的处理速度。

3. 自适应性

人工神经网络具有自学习、自适应、自组织能力。神经网络不但可以处理各种变化的信息，而且在处理不同信息的同时，可以通过调整处理单元的连接权值，改变自身的性能，来提高适应变化信息的能力。

4. 非局限性

一个神经网络通常由多个神经元广泛连接而成。一个系统的整体行为不仅取决于单个神经元的特征，而且可能主要由单元之间的相互作用、相互连接所决定。通过单元之间的大量连接模拟大脑的非局限性，联想记忆是非局限性的典型例子。

5. 联想能力

神经网络的记忆或存储能力就体现在经过学习、训练后的各连接权值上，这时的神经网络具有强大的联想能力，即可以对合适的新输入信息，对应地给出合理的输出结果。

人工神经网络中，处理单元的类型分为3类：输入单元、输出单元和隐层单元。输入单元接受外部世界的信号与数据；输出单元实现系统处理结果的输出；隐层单元处在输入和输出单元之间，起着信息变换或特征提取的主要作用，是不能由系统外部观察的单元。神经元间的连接权值反映了单元间的连接强度，信息的表示和处理体现在网络处理单元的连接关系中。人工神经网络是一种非程序化、自适应性、大脑风格的信息处理结构，其本质是通过网络的变换和动力学行为得到一种并行分布式的信息处理功能，并在不同程度和层次上模仿人脑神经系统的信息处理功能。它是涉及神经科学、思维科学、人工智能、计算机科学等多个领域的交叉学科。

人工神经网络是并行分布式系统，采用了与传统人工智能和信息处理技术完全不同的机理，克服了传统的基于逻辑符号的人工智能在处理直觉、非结构化信息方面的缺陷，具有自适应、自组织和实时学习的特点。

5.4 人工神经网络设计

随着人工神经网络技术的应用越来越广泛，如何建立不同的神经网络来满足不同的应用需求，就成为一个比较现实的问题。但是，由于人工神经网络组成结构和训练算法缺乏共性，使其很难达到工程化的设计开发水平，形不成一套约定俗成、拿来即用的设计开发规则。在实际应用中还需用实验的方法，对网络结构和参数不断进行测试、修改和完善，并最终获得一个可行的实现方案。尽管如此，人们在人工神经网络的开发应用过程中积累的大量经验，还是能提供一些有益的指导作用。

1. 人工神经网络的适用范围

人工神经网络虽然能够解决如联想记忆、图形分类、信号处理、语音和图像处理、字符识别、系统辨识、复杂系统控制等隐含统计规律性的许多应用问题，但像账目收支、数据分析等在数字上有高精度要求的问题，均不适合使用人工神经网络技术来解决。

2. 网络的层数

除 Hopfield 网络是一种全互连接的神经网络，绝大多数人工神经网络模型都有确定的层数，如单层感知器为两层结构，BP 神经网络与 RBF 神经网络为三层或三层以上结构。三层及以上神经网络中，除一个输入层、一个输出层外，都包含有不同数目的隐含层。隐含层具有抽象作用，能够从输入信号中提取特征。

理论上已证明：具有至少一个 S 型隐含层和一个线性输出层的神经网络，能够以较高精度逼近任何复杂函数。增加隐含层数可以提高拟合精度、降低误差，但同时也使网络复杂性提高，从而增加了网络的训练时间。

3. 输入层节点数

输入层主要用作缓冲存储，将源数据加载到神经网络。输入层的节点数目取决于源数据的维数，每一维均对应一个输入节点。如：解决"异或"问题的网络，就对应两个输入节点；区分 6 种属性物体的网络，就对应 6 个输入节点。

4. 隐含层节点数

网络训练精度的提高，既可以通过增加隐含层数来实现，也可以通过采用一个隐含层，而增加神经元数目的方法来获得。通过增加神经元数目来提高误差精度的训练效果，比增加层数更容易观察和调整。在结构实现上，要比增加隐含层数简单得多。所以，一般情况下，应优先考虑增加隐含层中的神经元数。那么究竟选取多少隐含层节点才合适？这在理论上并没有一个明确的结论。在具体设计时，通常根据下列经验公式：

$$p = 2n + 1 \text{ 或 } p = (n+1)q \text{ 或 } p = 3q \text{ 或 } p = \sqrt{nq} \text{ 等}。$$

通常采用试凑法求取最佳隐含层节点数，即先设置较少的隐含层节点训练神经网络，然后逐渐增加隐含层节点数，并使用同一样本进行训练，从中确定神经网络误差最小时对应的隐含层节点数。

5. 输出层节点数

人工神经网络的输出层节点数一般均少于输入层节点数。如何确定输出层节点数，一方面要考虑实际问题的抽象结果，另一方面要考虑神经网络的输出类型。例如，要识别"优、良、中、差"4 种类别，那么，既可以采用 4 个输出节点，此时若某个节点的输出值为 1，则表示输出的是该节点代表的类别，即 1000，0100，0010，0001 分别代表优、良、中、差；也可以采用 2 个输出节点，此时 11，10，01，00 分别代表优、良、中、差。

6. 初始权值的选取

由于系统是非线性的，初始值对于学习是否达到局部最小、是否能够收敛及训练时间的长短关系很大。初始值不宜太大，一般取 $-1 \sim 1$ 之间的随机数。

7. 学习速率

学习速率决定每一次循环训练中所产生的权值变化量。大的学习速率可能导致系统的不稳定；但小的学习速率导致较长的训练时间，可能收敛很慢，但能保证神经网络的误差最终趋于最小值。所以在一般情况下，倾向于选取较小的学习速率，以保证系统的稳定性，通常选取范围为 $0.01 \sim 0.8$。

习题 5

1. 在人工神经元中为什么需要阈值？它的作用是什么？如果不使用阈值，会造成什么后果？

2. 人工神经网络有哪些主要结构形式和学习算法？

3. 人工神经元是如何实现信息处理的？

4. 什么叫有导师学习神经网络？什么叫无导师学习神经网络？它们的应用有何差别？

5. 在应用过程中，构建一个人工神经网络应主要关注哪几方面？

6. 试绘出一个 4 个输入节点、5 个隐层节点、2 个输出节点的无反馈、层内无互连的三层神经网络结构图。

7. 人工神经元与生物神经元有何区别？

8. 简述人工神经网络的结构与主要学习方法。

9. 什么是神经网络的泛化能力？如何提高一个神经网络的泛化能力？

10. 如何选择神经网络的训练集和测试集数据？

第 **6** 章

BP 神经网络

    BP 神经网络是目前应用最为广泛和成功的神经网络模型之一。本章介绍 BP 神经网络的基本概念、模型、学习算法、应用实例及其改进算法。

6.1 BP 神经网络基本概念

    BP（Error Back Propagation Network）神经网络，是由 D. Rumelhart 和 J. McCelland 为首的科学家小组在 1986 年提出的一种误差逆向传播的多层前馈网络。该类网络的显著特点是学习过程由信号（输入模式）的正向传播与误差（期望输出与实际输出之差）的反向传播两个过程组成。BP 网络能学习大量的输入 – 输出模式，并存储其所隐含的映射关系，而无需事前揭示描述这种映射关系的数学方程。该学习规则是使用梯度最速下降法，通过误差反向传播来不断调整网络的权值和阈值，使网络的输出误差平方和最小。

6.2 BP 神经网络基本模型与学习算法

6.2.1 BP 神经网络基本模型

    BP 神经网络是一种典型的前向神经网络模型，其拓扑结构包括输入层（Input Layer）、隐层（Hide Layer）和输出层（Output Layer），具体如图 6-1 所示。

    图 6-1 中：x_j 为输入层第 j 个节点的输入，$j = 1,2,\cdots,M$；w_{ij} 为输入层第 j 个节点到隐含层第 i 个节点之间的权值，$i = 1,2,\cdots,Q$；θ_i 为隐含层第 i 个节点的阈值；$\varphi(x)$ 为隐含层的激励函数；w_{kj} 为隐含层第 i 个节点到输出层第 k 个节点之间的权值，$k = 1,2,\cdots,L$；a_k 为输出层第 k 个节点的阈值；$\psi(x)$ 为输出层的

激励函数；O_k 为输出层第 k 个节点的输出。

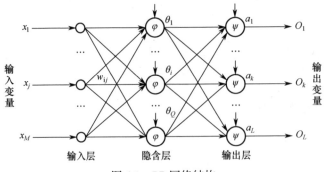

图 6-1　BP 网络结构

这里隐含层与输出层的激励函数通常取为 S 型（Sigmoid）函数。Sigmoid 型激活函数的一般表达式为

$$f(x) = \frac{1}{1 + \exp[-(x + a)/b]} \tag{6-1}$$

式中：参数 a 为偏值，正的 a 使激活函数向左移动；b 的作用是调节 Sigmoid 函数形状，较小的 b 使 Sigmoid 函数逼近一个阶跃限幅函数，而较大的 b 将使 Sigmoid 函数变得较为平坦，如图 6-2 所示。

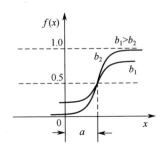

图 6-2　Sigmoid 函数

这里，为了表示简便而又不失一般性，取 $a = 0, b = 1$，即

$$\varphi(x) = \psi(x) = \frac{1}{1 + e^{-x}} \tag{6-2}$$

隐含层激活函数 $\varphi(x)$ 的导数为

$$\varphi'(x) = \psi'(x) = \frac{e^{-x}}{(1 + e^{-x})^2} = \varphi(x)[1 - \varphi(x)] \tag{6-3}$$

6.2.2　BP 神经网络学习算法

BP 神经网络的显著特征是误差反向传播的学习算法，具体包括两个过程，即输入信号的正向传播和误差信号的反向传播。样本中的输入信号从输入层传

入，经隐层处理后传向输出层。若输出层的实际输出与样本中的期望输出不符，则转向误差的反向传播阶段。这种计算实际输出时按从输入到输出方向进行，权值的调整按从输出到输入方向进行的过程交替进行，直至网络达到稳定状态，即误差函数达到最小值。这一权值不断调整的过程，就是网络的学习训练过程，具体分为 4 个阶段：

（1）输入信号（模式）由输入层经隐含层向输出层的前向传播过程，即"模式顺传播"；

（2）网络的期望输出与实际输出之差，即误差信号，是驱动由输出层经隐含层向输入层逐层修正连接权值的"误差逆传播"过程；

（3）由"模式顺传播"过程和"误差逆传播"过程反复交替进行的网络"记忆训练"过程；

（4）网络趋向收敛，即网络的全局误差趋向极小值，达到稳定状态的"学习收敛"过程。

下面围绕前面所述的 BP 神经网络学习的两个过程，来解析 BP 算法的实现流程。

1. 信号的前向传播过程

隐含层第 i 个节点的输入 net_i：

$$\mathrm{net}_i = \sum_{j=1}^{M} w_{ij}x_j + \theta_i \qquad (6\text{-}4)$$

隐含层第 i 个节点的输出 y_i：

$$y_i = \varphi(\mathrm{net}_i) = \varphi\Big(\sum_{j=1}^{M} w_{ij}x_j + \theta_i\Big) \qquad (6\text{-}5)$$

输出层第 k 个节点的输入 out_k：

$$\mathrm{out}_k = \sum_{i=1}^{q} w_{ki}y_i + a_k = \sum_{i=1}^{q} w_{ki}\varphi\Big(\sum_{j=1}^{M} w_{ij}x_j + \theta_i\Big) + a_k \qquad (6\text{-}6)$$

输出层第 k 个节点的输出 O_k：

$$O_k = \psi(\mathrm{out}_k) = \psi\Big(\sum_{i=1}^{q} w_{ki}y_i + a_k\Big) = \psi\Big(\sum_{i=1}^{q} w_{ki}\varphi\Big(\sum_{j=1}^{M} w_{ij}x_j + \theta_i\Big) + a_k\Big) \qquad (6\text{-}7)$$

2. 误差的反向传播过程

误差的反向传播，即首先由输出层开始逐层计算各层神经元的输出误差，然后根据误差梯度下降法来调节各层的权值和阈值，使修改后网络的最终输出能接近期望值。

对于每一个样本 p 的二次型误差准则函数为 E_p：

$$E_p = \frac{1}{2} \sum_{k=1}^{L} (T_k - O_k)^2 \tag{6-8}$$

系统对 P 个训练样本的总误差准则函数为

$$E = \frac{1}{2} \sum_{p=1}^{P} \sum_{k=1}^{L} (T_k^p - O_k^p)^2 \tag{6-9}$$

根据误差梯度下降法依次修正输出层权值的修正量 Δw_{ki}、输出层阈值的修正量 Δa_k、隐含层权值的修正量 Δw_{ij}、隐含层阈值的修正量 $\Delta \theta_i$。

$$\Delta w_{ki} = -\eta \frac{\partial E}{\partial w_{ki}}, \Delta a_k = -\eta \frac{\partial E}{\partial a_k}, \Delta w_{ij} = -\eta \frac{\partial E}{\partial w_{ij}}, \Delta \theta_i = -\eta \frac{\partial E}{\partial \theta_i}$$

输出层权值调整公式为

$$\Delta w_{ki} = -\eta \frac{\partial E}{\partial w_{ki}} = -\eta \frac{\partial E}{\partial \mathrm{out}_k} \frac{\partial \mathrm{out}_k}{\partial w_{ki}} = -\eta \frac{\partial E}{\partial O_k} \frac{\partial O_k}{\partial \mathrm{out}_k} \frac{\partial \mathrm{out}_k}{\partial w_{ki}} \tag{6-10}$$

输出层阈值修正公式为

$$\Delta a_k = -\eta \frac{\partial E}{\partial a_k} = -\eta \frac{\partial E}{\partial \mathrm{out}_k} \frac{\partial \mathrm{out}_k}{\partial a_k} = -\eta \frac{\partial E}{\partial O_k} \frac{\partial O_k}{\partial \mathrm{out}_k} \frac{\partial \mathrm{out}_k}{\partial a_k} \tag{6-11}$$

隐含层权值调整公式为

$$\Delta w_{ij} = -\eta \frac{\partial E}{\partial w_{ij}} = -\eta \frac{\partial E}{\partial \mathrm{net}_i} \frac{\partial \mathrm{net}_i}{\partial w_{ij}} = -\eta \frac{\partial E}{\partial y_i} \frac{\partial y_i}{\partial \mathrm{net}_i} \frac{\partial \mathrm{net}_i}{\partial w_{ij}} \tag{6-12}$$

隐含层阈值调整公式为

$$\Delta \theta_i = -\eta \frac{\partial E}{\partial \theta_i} = -\eta \frac{\partial E}{\partial \mathrm{net}_i} \frac{\partial \mathrm{net}_i}{\partial \theta_i} = -\eta \frac{\partial E}{\partial y_i} \frac{\partial y_i}{\partial \mathrm{net}_i} \frac{\partial \mathrm{net}_i}{\partial \theta_i} \tag{6-13}$$

又因为：

$$\frac{\partial E}{\partial O_k} = -\sum_{p=1}^{P} \sum_{k=1}^{L} (T_k^p - O_k^p)$$

$$\frac{\partial \mathrm{out}_k}{\partial w_{ki}} = y_i, \frac{\partial \mathrm{out}_k}{\partial a_k} = 1, \frac{\partial \mathrm{net}_i}{\partial w_{ij}} = x_j, \frac{\partial \mathrm{net}_i}{\partial \theta_i} = 1$$

$$\frac{\partial E}{\partial y_i} = -\sum_{p=1}^{P} \sum_{k=1}^{L} (T_k^p - O_k^p) \cdot \psi'(net_k) \cdot w_{ki}$$

$$\frac{\partial y_i}{\partial \mathrm{net}_i} = \varphi'(\mathrm{net}_i)$$

$$\frac{\partial O_k}{\partial \mathrm{out}_k} = \psi'(\mathrm{out}_k)$$

所以最后得到以下修正量：

$$\Delta w_{ki} = \eta \sum_{p=1}^{P} \sum_{k=1}^{L} (T_k^p - O_k^p) \cdot \psi'(\mathrm{out}_k) \cdot y_i \tag{6-14}$$

$$\Delta a_k = \eta \sum_{p=1}^{P} \sum_{k=1}^{L} (T_k^p - O_k^p) \cdot \psi'(\mathrm{out}_k) \tag{6-15}$$

$$\Delta w_{ij} = \eta \sum_{p=1}^{P} \sum_{k=1}^{L} (T_k^p - O_k^p) \cdot \psi'(\mathrm{out}_k) \cdot w_{ki} \cdot \varphi'(\mathrm{net}_i) \cdot x_j \tag{6-16}$$

$$\Delta \theta_i = \eta \sum_{p=1}^{P} \sum_{k=1}^{L} (T_k^p - O_k^p) \cdot \psi'(\mathrm{out}_k) \cdot w_{ki} \cdot \varphi'(\mathrm{net}_i) \tag{6-17}$$

BP 神经网络的算法流程如图 6-3 所示。

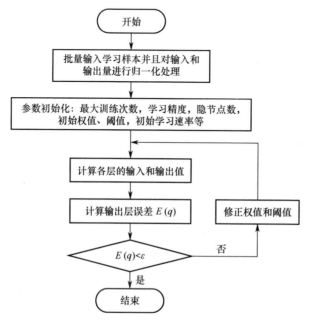

图 6-3　BP 算法程序流程图

6.2.3　BP 神经网络特点

多层前向 BP 网络是目前应用最多的一种神经网络形式，这主要归功于它的学习算法和它所具备的以下重要能力。

（1）非线性映射能力：BP 神经网络实质上实现了一个从输入到输出的映射功能。无需事先了解输入输出模式之间的映射关系，只要能够为 BP 神经网络提供足够多的输入输出模式供其进行学习训练，BP 神经网络就能够学习并存储大量的输入输出映射关系，能够完成由 n 维输入空间到 m 维输出空间的非线性映射。业已证明，三层的 BP 神经网络就能够以任意精度逼近任何非线性连续函数，这使得其特别适合于求解内部机制复杂的问题，并在许多领域得到了应用。

（2）自学习和自适应能力：BP 神经网络在训练时，能够通过学习自动提取输入、输出数据间的"合理规则"，并自适应地将学习内容记忆于网络的权值中。即 BP 神经网络具有高度自学习和自适应的能力。

（3）泛化能力：BP 神经网络在经过样本模式训练后的正常工作阶段，能对训练时未见过的数据输入模式完成由输入模式到输出模式的正确映射，也即 BP 神经网络具有将学习成果应用于新知识的能力。BP 神经网络的泛化能力是衡量 BP 神经网络性能优劣的一个重要指标。

（4）容错能力：BP 神经网络在其局部的或者部分的神经元受到破坏后（如输入层至隐含层的权向量、隐含层至输出层的权向量局部发生异常时），对全局的训练结果不会造成很大的影响。也就是说，即使系统在受到局部损伤时还是可以正常工作的，即 BP 神经网络具有一定的容错能力。鉴于 BP 神经网络的这些优点，国内外不少学者都对其进行了研究，并运用它解决了不少应用问题。但是随着应用范围的逐步扩大，BP 神经网络也暴露出了越来越多的缺点和不足，例如局部极小化问题和 BP 神经网络算法的收敛速度慢问题。

局部极小化问题：从数学角度看，传统的 BP 神经网络为一种局部搜索的优化方法，它要解决的是一个复杂非线性化问题，网络的权值是通过沿局部改善的方向逐渐进行调整的，这样会使算法陷入局部极值，权值收敛到局部极小点，从而导致网络训练失败。加上 BP 神经网络对初始网络权重非常敏感（梯度下降法的固有特点），以不同的权重初始化网络，其往往会收敛于不同的局部极小，这也是很多学者每次训练得到不同结果的根本原因。

BP 神经网络算法的收敛速度慢问题：由于 BP 神经网络算法本质上为梯度下降法，它所要优化的目标函数是非常复杂的，因此，必然会出现"锯齿形现象"，这使得 BP 算法低效；又由于优化的目标函数很复杂，它必然会在神经元输出接近 0 或 1 的情况下，出现一些平坦区，在这些区域内，权值误差改变很小，使训练过程几乎停顿；BP 神经网络模型中，为了使网络执行 BP 算法，不能使用传统的一维搜索法求每次迭代的步长，而必须把步长的更新规则预先赋予网络，这种方法也会引起算法低效。以上种种，导致了 BP 神经网络算法收敛速度慢的现象。

6.3 BP 神经网络的 MATLAB 实现

BP 神经网络使用非常广泛，在 MATLAB 中已经集成了相应的函数，为使用者提供了极大方便。本节为了说明 BP 神经网络的具体实现方式，给出相应的实现代码。其中数据集可以从：https://download.csdn.net/download/99_27914913/9837383 下载。

主函数如下。

```
clear
load sample_ex6.mat;   % load data
[M,N] = size(data);
hidden_layers = 10;
theta = 0.001;
eta = 0.00001;
wkj = -1/(hidden_layers^0.5) + 2/(hidden_layers^0.5) * rand(1,
hidden_layers);
wji = -1/(M^0.5) + 2/(M^0.5) * rand(hidden_layers,M);
% input data normalization
[norm_data,norm_dataps] = mapminmax(data);
% 10 - fold crossing validation
sub_N = N/10;
rates = zeros(1,10);
for i = 1:10
    norm_testdata = data(:,1:sub_N);   % set the first part
    as testdata
    norm_traindata = data(:,sub_N + 1:N);   % set the next nine
    part as traindata

rates(1,i) = Batch_BP_Neural_Network(norm_traindata,norm_testda-
ta,hidden_layers,wji,wkj,theta,eta);
    data = [norm_traindata,norm_testdata];
end
disp('the accuracy of ten validation:')
disp(rates);disp('the average accuracy is:')
ave_rate = sum(rates)/10;
disp(ave_rate);
```

调用函数如下。

```
function
correct_rate = Batch_BP_Neural_Network(train_data,test_data,hid-
den_layers,Wji,Wkj,theta,eta)
% --------------------------------------------------------------------
% Batch back-propagation neural network function which includes input
layer(multiple layers with bias)、
% hiddenlayer(multiple layers) and output(one layer)
% Inputs:
```

```
% train_data     -train data(including samples and its target output)
% test_data      -test data(including samples and its target output)
% hidden_layers -numbers of hidden layers
% Wji              -weights between input layer and hidden layer
% Wkj              -weights between hidden layer and putput layer
% theta           -threhold of target function
% eta             -learnning rate
% Output:
% correct_rate:   -classification correct rate of the test data
% --------------------------------------------------------------------------------
[rows,cols] = size(train_data);
train_input = train_data(1:rows-1,:);
train_target = train_data(rows,:);
test_input = test_data(1:rows-1,:);
test_target = test_data(rows,:);
% augmentation the train and test input
train_bias = ones(1,cols);
test_bias = ones(1,size(test_data,2));
train_input = [train_bias;train_input];
test_input = [test_bias;test_input];
% batch bp algorithm
r = 0;    % initialize the episode
J = zeros(1,1000); % initialize the error function
while(1)        % outer loop

r = r +1;m = 0;DELTA_Wji = zeros(hidden_layers,rows);DELTA_Wkj = ze-
ros(1,hidden_layers);   % initialization
    while(1)      % inner loop
        m = m +1;
        netj = zeros(1,hidden_layers);
        yj = zeros(1,hidden_layers);
        for j =1:hidden_layers
            netj(1,j) = sum(train_input(:,m)'.* Wji(j,:));   % sum
of product
            yj(1,j) = 3.432/(1 + exp(-2* netj(1,j)/3))-1.716;   % ac-
tivation
        end
        netk = sum(yj(1,:).* Wkj(1,:));   % sum of product,output lay-
```

er has only one neutron

```
        zk = netk;  % activation
        J(1,r) = J(1,r) + (train_target(1,m)-zk)^2/2;  % every sample
has a error
        for j = 1:hidden_layers
            delta_k = (train_target(1,m)-zk);  % the sensitivity of
output neutrons
            DELTA_Wkj(1,j) = DELTA_Wkj(1,j) + eta* delta_k* yj(1,
j); % update the DELTA_Wkj
        end
        delta_j = zeros(1,hidden_layers);
        for j = 1:hidden_layers

delta_j(1,j) = Wkj(1,j)* delta_k* (2.288* exp(-2* netj(1,j)/3)/(1 +
exp(-2* netj(1,j)/3)^2));  % the sensitivity of hidden neutrons
            for i = 1:rows
DELTA_Wji(j,i) = DELTA_Wji(j,i) + eta* delta_j(1,j)* train_input(i,
m);  % update the DELTA_Wji
            end
        end
        if(m == cols)  % all samples has been trained(one episode)
            break;  % back to outer loop
        end
    end  % end inner loop
    for j = 1:hidden_layers
        Wkj(1,j) = Wkj(1,j) + DELTA_Wkj(1,j);  % update Wkj
    end
    for j = 1:hidden_layers
        for i = 1:rows
        Wji(j,i) = Wji(j,i) + DELTA_Wji(j,i);  % update Wji
    end
end
J(1,r) = J(1,r)/cols;
if((r > =2) &&abs(J(1,r)-J(1,r-1)) < theta)  % determine when to stop
    % disp('ok! ');disp(r);
    % plot(0:r-1,J(1,1:r));hold on;
    % start to test the model
    correct = 0;
```

```
for i =1:size(test_data,2)
        test_netj = zeros(1,hidden_layers);
        test_yj = zeros(1,hidden_layers);
        for j =1:hidden_layers
            test_netj(1,j) = sum(test_input(:,i)'.* Wji(j,:));
% sum of product
            test_yj(1,j) = 3.432/(1 + exp(-2 * test_netj(1,j)/
3))-1.716;  % activation
        end
        test_netk = sum(test_yj(1,:).* Wkj(1,:));   % sum of prod-
uct,output layer has only one neutron
        test_zk = test_netk;  % activation
        if((test_zk > 0&&test_target(1,i) = =1) ||(test_zk < 0&&test
_target(1,i) = =-1))
                correct = correct +1;
            end
        end
        correct_rate = correct/size(test_data,2);
        break;
    end
end
```

运行该程序，可以获得如下结果。

```
the accuracy of ten validation:
0.9300  0.8767  0.9333  0.9333  0.9033  0.9000  0.9133  0.9000
0.9033  0.8933
the average accuracy is:
    0.9087
```

6.4 应用实例——利用 BP 神经网络进行预测

现给出一药品商店一年中 12 个月的药品销售量（单位：箱）如下：

2056 2395 2600 2298 1634 1600 1873 1487 1900 1500 2046 1556

训练一个 BP 网络，用当前的所有数据预测下一个月的药品销售量。

下面介绍两种实现方法，一种是编写 MATLAB 程序，另一种是使用 nntool 工具箱。

6.4.1 MATLAB 程序实现

我们用前三个月的销售量预测下一个月的销售量，也就是用 1~3 月的销售量预测第 4 个月的销售量，用 2~4 个月的销售量预测第 5 个月的销售量，如此循环下去，直到用 9~11 月预测 12 月份的销售量。这样训练 BP 神经网络后，就可以用 10~12 月的数据预测下一年 1 月的销售量。

实现程序如下。

```
p = [2056 2395 2600;
     2395 2600 2298;
     2600 2298 1634;
     2298 1634 1600;
     1634 1600 1873;
     1600 1873 1478;
     1873 1478 1900;
     1478 1900 1500;
     1900 1500 2046;]
t = [2298 1634 1600 1873 1487 1900 1500 2046 1556];
pmax = max(p);pmax1 = max(pmax);
pmin = min(p);pmin1 = min(pmin);
for i = 1:9                    % 归一化处理
    p1(i,:) = (p(i,:)-pmin1)/(pmax1-pmin1);
end
t1 = (t-pmin1)/(pmax1-pmin1);
t1 = t1';
net = newff([0 1;0 1;0 1],[7 1],{'tansig','logsig'},'traingd');
for i = 1:9
net. trainParam. epochs = 15000;
net. trainParam. goal = 0.01;
LP. lr = 0.1;
net = train(net,p1(i,:)',t1(i));
end
y = sim(net,[1500 2046 1556]');
y1 = y* (pmax1-pmin1) + pmin1;
```

如果神经网络的训练函数使用 trainlm，则仿真步骤会很少，但需要较大的系统内存。经预测，下一年 1 月的销售量（y_1）为 $1.4848e + 003$ 箱（每次运行后的结果可能不同）。

6.4.2　nntool 神经网络工具箱的使用

（1）在 MATLAB 命令窗口键入 nntool 命令打开神经网络工具箱。如图 6-4 所示。

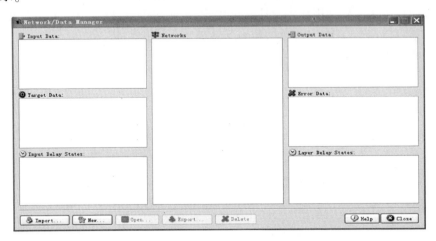

图 6-4　打开神经网络工具箱

（2）单击 Import 按钮两次，分别把输入向量和目标输出加入到对应的窗口（［Inputs］和［Targets］）中，有两种可供选择的加入对象（单击 Import 后可以看见），一种是把当前工作区中的某个矩阵加入，另一种是通过 . mat 文件读入（图 6-5）。

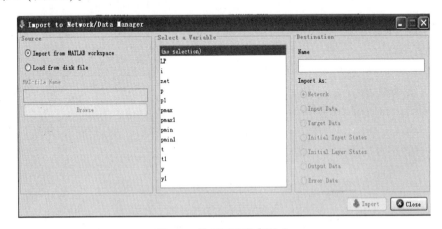

图 6-5　神经网络数据输入

（3）单击 New Network 按钮，填入各参数（以最常用的带一个隐层的 3 层神经网络为例说明，下面没有列出的参数表示使用默认值即可，例如 Network Type 为默认的 BP 神经网络）。

Input Range——通过单击 Get From Input 下拉框选择加入的输入向量便可自动完成，当然也可以自己手动添加。

Training Function——最好使用 TRAINSCG，即共轭梯度法，其好处是当训练不收敛时，它会自动停止训练，而且耗时比其他算法（TRAINLM，TRAINGD）少，也就是收敛很快（如果收敛的话），而且 Train Parameters 输入不多，也不用太多的技巧调整，一般指定迭代次数、结果显示频率和目标误差即可（详见下文）。

Layer 1 Number of Neurons——隐层的神经元个数，这是需要经验慢慢尝试并调整的，大致上由输入向量的维数、样本的数量和输出层（Layer2）的神经元个数决定。一般来说，神经元越多，输出的数值与目标值越接近，但所花费的训练时间也越长，反之，神经元越少，输出值与目标值相差越大，但训练时间会相应地减少，这是由于神经元越多，其算法越复杂造成的，所以需要自己慢慢尝试，找到一个合适的中间点。比如输入是 3 行 5000 列的 0～9 的随机整数矩阵，在一开始选择 1000 个神经元，虽然精度比较高，但是花费的训练时间较长，而且这样神经网络的结构与算法都非常复杂，不容易在实际应用中实现，尝试改为 100 个，再调整为 50 个，如果发现在 50 个以下时精度较差，则可最后定为 50 个神经元等。

Layer 1 Transfer Function——一般用 TANSIG（当然也可以 LOGSIG），即表示隐层输出是 [-1,1] 之间的实数，与 LOGSIG 相比范围更大。

Layer 2 Number of Neurons——输出层的神经元个数，需要与输出的矩阵行数对应，比如设置为 3 等。

Layer 2 Transfer Function——如果是模式识别的两类（或者多类）问题，一般用 LOGSIG，即表示输出层的输出是 [0,1] 之间的实数；如果输出超过 [0,1] 则可选择 PURELIN。

所有参数输入后，可以先单击图 6-6 所示的 View 按钮预览一下，预览界面如图 6-7 所示。没有问题就可以单击 Create 了。另外，网络创建完毕后，如果需要手动设置权重的初始值，单击图 6-6 所示的 View 按钮后有个 Initialize 选项卡，在那里可以设定。当然了，也可以不自行设定，这时候 MATLAB 执行默认的程序进行权重的初始化。

（4）单击 Train 按钮，到达 Training Info 选项卡，在输入向量 [Inputs] 和目标输入向量 [Targets] 下拉框中选择要训练的向量（即第二步加入的对象），如图 6-8 所示。然后到达 Train Parameters 选项卡，填入适当的迭代次数 [epochs]（一般先设置一个较小的数，如 200，然后观察收敛结果，如果结果窗口的收敛曲线衰减较快，则表示之前的参数比较有效，因此可填入 2000 或更大的数目，使得网络收敛，否则修改之前的参数）、结果显示频率 [show]

（例如要每隔50次迭代显示结果窗口，则填50）和目标误差［goal］（这个与第2步中的"Performance Function"有关，如果使用默认的 MSE，则一般满足"goal∗样本数量＜0.5"就可以了），就可以开始训练了（按钮［Train Network］），如果结果收敛即可（例如要求精度很高，尝试填0等）。

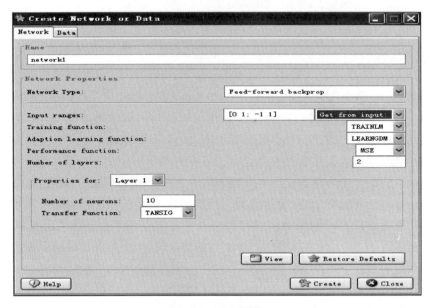

图6-6　创建网络

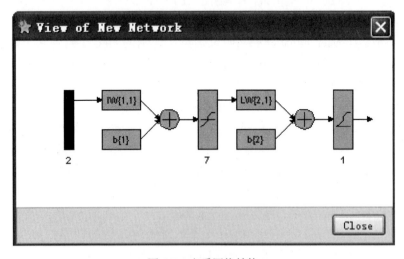

图6-7　查看网络结构

由于神经网络工具箱一次只能输入一组输入数据，所以对于此问题要分9次输入，并没有编程简单。

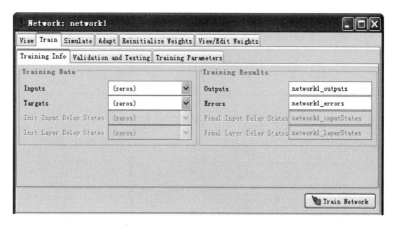

图6-8　网络训练设置

6.5　应用实例——利用 BP 神经网络进行鸢尾花分类

6.5.1　iris 数据集简介

iris 数据集的中文名是安德森鸢尾花卉数据集，英文全称是 Anderson's iris data set。iris 包含 150 个样本，对应数据集的每行数据。每行数据包含每个样本的 4 个特征和样本的类别信息，所以 iris 数据集是一个 150 行、5 列的二维表。

iris 数据集是用来给花做分类的数据集，每个样本包含了花萼长度、花萼宽度、花瓣长度、花瓣宽度 4 个特征（前 4 列），需要建立一个分类器，分类器可以通过样本的 4 个特征来判断样本属于山鸢尾、变色鸢尾还是维吉尼亚鸢尾。数据集的前 4 列分别为与鸢尾花种类相关的 4 个特征值，对应花萼长度、花萼宽度、花瓣长度及花瓣宽度；第 5 列为鸢尾花所属种类，分为 1-山鸢尾、2-变色鸢尾、3-维吉尼亚鸢尾 3 类，部分数据集的数据见表6-1。

表6-1　部分鸢尾花数据

序号	花萼长度/mm	花萼宽度/mm	花瓣长度/mm	花瓣宽度/mm	类型
1	51	35	14	2	1
2	54	37	15	2	1
3	54	34	17	2	1
4	48	31	16	2	1
5	50	35	13	3	1

(续)

序号	花萼长度/mm	花萼宽度/mm	花瓣长度/mm	花瓣宽度/mm	类型
6	70	32	47	14	2
7	50	20	35	10	2
8	59	32	48	18	2
9	55	24	38	11	2
10	55	26	44	12	2
11	63	33	60	25	3
12	65	32	51	20	3
13	69	32	57	23	3
14	74	28	61	19	3
15	67	31	56	24	3

6.5.2　基于 BP 神经网络的鸢尾花分类

利用 MATLAB 自带的神经网络工具箱可以方便地搭建 BP 网络，并实现对鸢尾花的分类。相应的 MATLAB 代码如下。

```
clc
clear all
close all
%% 读取和处理数据
load iris.dat
data = iris(randperm(150),:);% 对样本进行随机排列
traindata = data(1:100,:);% 训练数据
testdata = data(101:150,:);% 测试数据
% f1 f2 f3 f4 是四个特征值
f1 = traindata(:,1);
f2 = traindata(:,2);
f3 = traindata(:,3);
f4 = traindata(:,4);
class = traindata(:,5);
% 特征值归一化
[input,PS] = mapminmax( [f1 , f2 , f3 , f4 ]');
% 构造输出矩阵
```

```
s = length(class) ;
output = zeros(3,s);
for i = 1 : s
    output(class(i),i) =1;
end
```

%% 创建神经网络并训练

```
net = newff(input,output, [10] , { 'logsig' 'purelin' } , 'traingdx') ;
% {
    input:输入矩阵;
    output:输出矩阵;
    [10]:使用一个隐藏层,含有 10 个节点;
    { 'logsig' 'purelin' }:表示每一层相应神经元的激活函数;
```

即:第一层神经元的激活函数为 logsig(线性函数),第二层为 purelin(对数 S 形转移函数)

　　'traingdx':表示学习规则采用的学习方法为 traingdx(梯度下降自适应学习率训练函数)

```
% }
% 设置训练参数
net. trainparam. show = 50 ;% 显示中间结果的周期
net. trainparam. epochs = 500 ;% 最大迭代次数(学习次数)
net. trainparam. goal = 0.001 ;% 神经网络训练的目标误差
net. trainParam. lr = 0.01 ;% 学习速率(Learning rate)
% 开始训练
net = train(net, input , output) ;
```

%% 测试网络

```
% 读取测试数据
t1 = testdata(:,1);
t2 = testdata(:,2);
t3 = testdata(:,3);
t4 = testdata(:,4);
c = testdata(:,5);
% 测试数据归一化
testInput =mapminmax('apply',[t1,t2,t3,t4]',PS);
% 其中 net 为训练后得到的网络,返回的 Y 为
Y = sim(net,testInput);
```

```
% 统计识别正确率
[s1,s2] = size(Y);
hitNum = 0 ;
for i = 1: s2
    [~,ind]=max(Y(:,i));
    if  ind ==c(i)
        hitNum=hitNum + 1 ;
    end
end
%%
sprintf('识别率是 % 3.3f%% ',100 * hitNum/s2 )
```

运行该程序，可以获得如下结果：

'识别率是 96.000% '

利用 BP 神经网络工具箱，可以很方便地查看训练过程中的信息，如图 6-9所示。

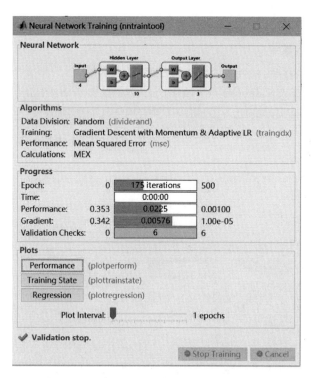

图 6-9　BP 神经网络训练过程的参数显示界面

　　还可以画出训练过程中的各项参数曲线，如均方误差（MSE）随迭代变化的曲线，网络各项参数随迭代次数的变化曲线，以及训练、交叉验证、测试及整体回归曲线，如图 6-10 ~ 图 6-12 所示。

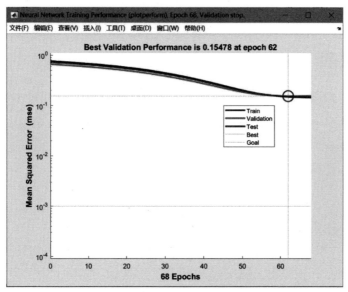

图 6-10　MSE 随迭代变化的曲线

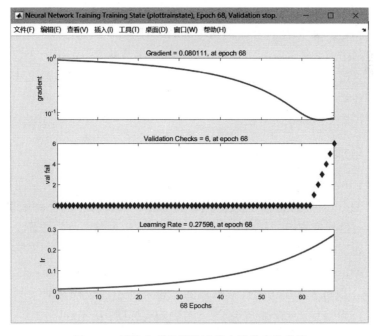

图 6-11　网络各项参数随迭代次数的变化曲线

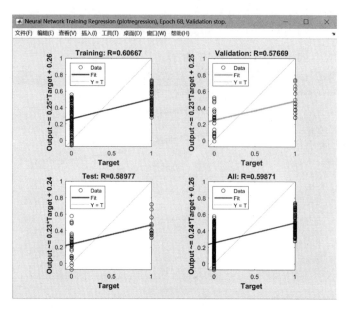

图 6-12　训练、交叉验证、测试及整体回归曲线

6.6　BP 神经网络算法的改进

如上所述，BP 算法具有结构简单易行、计算量小、并行性强等优点，是目前神经网络训练采用最多，也是最成熟的训练算法之一。但由于它采用最速下降方法，按误差函数的负梯度方向修改权值，求解误差函数的最小值，因而通常也存在学习效率低、收敛速度慢、易陷入局部极小状态等问题。为此，人们相应地提出了一些改进方法。

6.6.1　附加动量法

标准 BP 算法实质上是一种简单的最速下降静态寻优算法，在修正权值 $w(k)$ 时，只是按 k 时刻的负梯度方向进行修正，而没有考虑以前积累的经验，即以前时刻的梯度方向，从而常常使学习过程发生振荡，收敛缓慢。为此，有人提出了如下的改进算法，即

$$w(k+1) = w(k) + \eta[(1-\alpha)D(k) + \alpha D(k-1)] \quad (6-18)$$

式中：$w(k)$ 既可表示单个的连接权系数，也可表示连接权向量（其元素为连接权系数）；$D(k) = \partial E/\partial w(k)$，为 k 时刻的负梯度；$D(k-1)$ 为 $k-1$ 时刻的负梯度；η 为学习速率，$\eta > 0$；α 为动量项因子，$0 \leqslant \alpha < 1$。

该方法所加入的动量项实质上相当于阻尼项，它减小了学习过程的振荡趋

势，改善了收敛性，这是目前应用比较广泛的一种改进算法。

6.6.2　自适应学习速率

对于一个特定的问题，要选择适当的学习速率不是一件容易的事情。通常是凭经验或实验获取，但即使这样，对训练初期功效较好的学习速率，不见得对后来的训练始终合适。为了解决这个问题，人们自然想到在训练过程中自动调节学习速率。通常调节学习速率的准则是：检查权值是否真正降低了误差函数，若是，则说明所选学习速率有效，可以适当增加一个量，以提高收敛速度；否则，说明已产生了过调，就应该减小学习速率的值。下面给出了一个自适应学习速率的调整公式：

$$\eta(k+1) = \begin{cases} 1.05\eta(k), E(k+1) < E(k) \\ 0.7\eta(k), E(k+1) > 1.04E(k) \\ \eta(k), 其他 \end{cases} \tag{6-19}$$

式中：$E(k)$ 为第 k 步误差平方和；初始学习速率 $\eta(0)$ 的选取范围可以有很大的随意性。

6.6.3　动量 – 自适应学习速率调整算法

当采用前述的动量法时，BP 算法可以找到全局最优解，而当采用自适应学习速率时，BP 算法可以缩短训练时间。综合利用这两种方法来训练神经网络的方法，称为动量 – 自适应学习速率调整算法。

6.6.4　其他需要探索解决的问题

在应用 BP 神经网络解决实际问题时，通常还会遇到以下一系列难题需要解决。

（1）BP 神经网络结构选择问题：目前在选择 BP 神经网络的结构时，通常由经验选定，缺乏统一而完整的理论指导。网络结构选择过大、训练效率不高，可能出现过拟合现象，造成网络性能低、容错性下降；若选择过小，则又会造成网络可能不收敛，这直接影响网络的逼近能力及泛化能力。因此，应用中如何选择合适的网络结构是一个有待探索的重要问题。

（2）BP 神经网络预测能力和训练能力的矛盾问题：预测能力也称泛化能力或者推广能力，而训练能力也称逼近能力或者学习能力。一般情况下，训练能力差时，预测能力也差；并且一定程度上，随着训练能力地提高，预测能力会得到提高。但这种趋势不是固定的，其有一个极限，当达到此极限时，随着训练能力的提高，预测能力反而会下降，也即出现"过拟合"现象。出现该现象的原因是网络学习了过多的样本细节，学习出的模型已不能反映样本内含的规律，所以如何把握好学习的度，解决网络预测能力和训练能力间矛盾问题也是 BP 神经网络中需要研究的重要内容。

此外，还有 BP 神经网络对样本依赖性问题，应用实例与 BP 网络规模的矛盾问题等，都是日后研究 BP 神经网络的理论与应用时，需要努力解决的问题。

习题 6

1. 描述 BP 神经网络的误差传递过程。
2. 简述 BP 网络学习算法的基本思想。
3. 设计实现一个 BP 神经网络解决"异或"问题。
4. 简述 BP 神经网络的优点和不足。

第 **7** 章

径向基函数神经网络

径向基函数神经网络是一种在现实中得到广泛应用的三层前向神经网络，本章重点介绍它的基本概念，基本原理和典型应用实例。

7.1 RBF 神经网络的基本概念

径向基函数神经网络，就是利用一组具有局部隆起和对称功能的径向基函数（Radial Basis Function，RBF）作为隐含层单元激活函数，构成的一种具有三层结构的前向神经网络，简称为 RBF 神经网络。

RBF 神经网络的基本思想是：用 RBF 作为隐单元的"基"构成隐含层空间，将输入矢量直接（不通过权重调节）映射到隐空间，这种映射关系由 RBF 的中心点确定。而隐含层空间到输出空间的映射是线性的，即网络的输出是隐单元输出的线性加权和。此处的权即为网络可调参数。由此可见，从总体上看，网络由输入到输出的映射是非线性的，而网络输出对可调参数而言却又是线性的。这样，网络的权就可由线性方程直接解出，从而大大加快学习速度并避免局部极小问题。

RBF 神经网络所处理的信息在工作过程中逐层向前流动。虽然它也可以像 BP 网络那样利用训练样本做有导师学习，但是其更典型、更常用的学习方法则与 BP 网络有所不同，它综合利用了有导师学习和无导师学习两种方法。对于某些问题，RBF 神经网络可能比 BP 网络精度更高。

7.2 径向基函数神经网络模型

1985 年，Powell 提出了多变量插值的径向基函数方法，1988 年，Moody 和 Darken 提出了一种 RBF 神经网络。RBF 神经网络是一种典型的三层前向网络，如图 7-1 所示。其第一层为输入层，由信号源节点组成；第二层为隐含层，隐含层单元的激活函数 RBF 是关于中心点径向对称且衰减的非负非线性函数，隐含层单元数视所描述问题的需要而定；第三层为输出层，它对输入模式的作用做出响应。从输入空间到隐含层空间的变换是非线性的，而从隐含层空间到输出层空间变换是线性的。

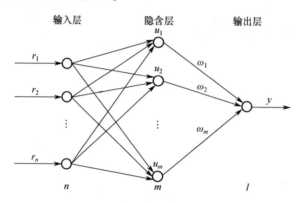

图 7-1　RBF 神经网络结构

　　RBF 神经网络中最为常用的径向基函数是高斯函数，因此径向基神经网络的激活函数可表示为

$$\varphi(x - c_p) = \exp\left(-\frac{1}{2\sigma_p^2} \parallel x - c_p \parallel^2\right) \tag{7-1}$$

式中：$\parallel x - c_p \parallel$ 为欧几里得范数；σ_p 为第 p 个高斯基函数 $\varphi(\boldsymbol{x} - \boldsymbol{c}_p)$ 的"宽度"或"平坦程度"，σ_p 越大，则以 c_p 为中心的等高线越稀疏，$\varphi(\boldsymbol{x} - \boldsymbol{c}_p)$ 曲线越平坦，对其他 $\varphi(\boldsymbol{x} - \boldsymbol{c}_p)$ 的影响也越大。

　　σ_p 的一种选法为

$$\sigma_p^2 = \frac{1}{M_p} \sum_{x \in \theta_p} \parallel x - c_p \parallel^2 \tag{7-2}$$

式中：M_p 为类 θ_p 中样本的个数。可见，θ_p 类所含的样本点与中心 $\boldsymbol{c}_p$ 的平均距离越大，则 $\varphi(\boldsymbol{x} - \boldsymbol{c}_p)$ 应该越平坦。

　　由 RBF 神经网络的结构，可得到网络的输出为

$$g(x) = \sum_{p=1}^{P} w_p \varphi\left(\parallel x - c_p \parallel\right) \tag{7-3}$$

式中：$\boldsymbol{x} \in \mathbf{R}^N$，为模式向量；$\{\boldsymbol{c}_p\}_{p=1}^{P} \subset \mathbf{R}^N$ 为基函数中心向量；w_p 为权系数；φ 为选定的非线性基函数。

　　式（7-3）可以看作一个神经网络，输入层有 N 个单元，输入模式向量 $\boldsymbol{x}$ 由此进入网络；隐层有 P 个单元，第 p 个单元的输入为 $h_p = \parallel x - c_p \parallel$，输

出为 $\varphi(h_p)$；输出层仅有 1 个单元，输出为 $g(x) = \sum_{p=1}^{P} w_p\varphi(h_p)$。

假设给定了一组训练样本 $\{x^j, y^j\}_{j=1}^{J} \subset \mathbf{R}^N \times \mathbf{R}^1$。当 y^j 只取有限个值（例如，取 0，1 或 ±1）时，可以认为是分类问题；而当 y^j 可取任意实数时，视为逼近问题。实际运用经验表明，参数 $\sigma_p(p = 1,2,\cdots,P)$ 常可以取作同一个常数，因此 RBF 神经网络学习（或训练）的任务就是利用训练样本确定隐含层的中心向量 c_p 和隐层到输出层的权系数 w_p，使得

$$g(x_j) = y_j, \quad j = 1,\cdots,J \tag{7-4}$$

为此，当 $J = P$ 时，可以简单地令：

$$x = x^p, \quad p = 1,2,\cdots,P \tag{7-5}$$

这时式（7-5）成为关于 $(w_1, w_2, \cdots, w_P)$ 的线性方程组，其系数矩阵如果可逆，则有唯一解。但在实践中更多的情况是 $J > P$，这时，式（7-5）一般无解，只能求近似解。

RBF 神经网络能以任意精度逼近相当广泛的非线形映射。由式（7-1）可以看出，每一个基函数 $\varphi(\parallel x - c_p \parallel)$ 都可以（以 $P = 2$ 为例）由平面上一族同心圆 $r_h: \{x \in \mathbf{R}^n \mid \parallel x - c_p \parallel = h\}$ 来表示，每一个同心圆 r_h 上的点具有相同的函数值。而整个 RBF 神经网络不外乎是由 P 族同心圆互相影响而形成的 P 族等高线来表示。因此，RBF 神经网络对如图 7-2 所示的分类问题特别有效（$x = (x_1, x_2)$）。

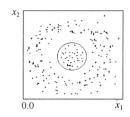

图 7-2 适合于 RBF 神经网络的分类问题

除通常所取的高斯基函数，RBF 还可以选用以下几种非线性基函数：
（1）薄板样条函数：

$$\varphi(x) = x^2 \lg(x) \tag{7-6}$$

（2）多二次函数：

$$\varphi(x) = (x^2 + c)^{\frac{1}{2}}, \quad c > 0 \tag{7-7}$$

（3）逆多二次函数：

$$\varphi(x) = (x^2 + c)^{-\frac{1}{2}}, \quad c > 0 \tag{7-8}$$

一般认为，非线性函数 φ 的具体形式对 RBF 神经网络性能的影响不大。

除了具备多维非线性映射能力、泛化能力、并行信息处理能力等一般神经网络的优点外，RBF 神经网络的独特结构决定了它还具有以下优点。

（1）具有全局逼近性：RBF 神经网络是一种性能优良的前馈型神经网络，RBF 神经网络可以任意精度逼近任意的非线性函数，且具有全局逼近能力。从根本上解决了 BP 网络的局部最优问题，而且拓扑结构紧凑，结构参数可实现分离学习，收敛速度快，其学习速度可以比通常的 BP 算法提高上千倍。

（2）局部接受特性：RBF 神经网络隐层单元的激活函数通常为具有局部接受域的函数，即仅当输入落在输入空间中一个很小的指定区域中时，隐单元才做出有意义的非零响应。因此，RBF 神经网络有时也称为局部接受域网络（Localized Receptive Field Network）。RBF 神经网络容易适应新数据，其隐层节点的数目也即网络的结构，可以根据研究的问题，在训练过程中自适应地调整，网络的适应性更好，并且其收敛性也比 BP 网络易于保证，可以得到最优解。

（3）良好的聚类分析能力：RBF 神经网络的局部接受特性使得其决策时隐含了距离的概念，即只有当输入接近 RBF 神经网络的接受域时，网络才会对之做出响应，这就避免了 BP 神经网络超平面分割所带来的任意划分特性。

（4）隐层函数值与网络输出呈线性关系：尽管隐含层单元函数多是非线性函数，但网络的输出是隐含层单元函数值的线性组合，并由其待定组合系数即连接权值确定。

（5）良好的自适应特性：RBF 神经网络支持有导师训练和无导师训练的综合训练方法，并且很多 RBF 神经网络支持在线和离线训练，可以动态确定网络结构和隐层单元的数据中心和扩展常数，自组织、自适应性能比 BP 算法更好。

RBF 神经网络的优良特性使得其显示出比 BP 神经网络更强的生命力，正在越来越多的领域内替代 BP 神经网络。目前，RBF 神经网络已经成功地用于非线性函数逼近、时间序列分析、数据分类、模式识别、信息处理、图像处理、系统建模、控制和故障诊断等。

7.3　BPF 神经网络设计

7.3.1　隐层单元个数的确定

RBF 神经网络隐层单元个数 P 的确定，与第 6 章中 BP 神经网络的隐层单元个数的确定类似，其原则应该是在满足精度要求的前提下，P 越小越好。这不但减小网络成本，而且使逼近函数 $g(x)$ 减少不必要的震荡。

确定过程像确定 BP 神经网络的隐层单元个数一样，可以从大的单元数 P 出发，逐步减小 P，直到精度要求不再满足为止；也可以从较小的 P 出发，逐步增加单元数，直到满足精度要求。

7.3.2　基函数中心 c_p 的确定

假设 RBF 神经网络中隐单元的个数（基函数的个数）P 已经确定，则决定网络性能的关键就是 P 个基函数中心 c_p 的选取。一种广泛应用的无导师学习算法是如下的 K-均值聚类算法 I：

（1）给定训练样本 $\{x_j\}_{j=1}^{J} \subset \mathbf{R}^N$ （$P < J$）。

（2）将聚类中心 $\{c_p\}$ 初始化（例如可选为 $\{x_i\}_{i=1}^{P}$）。

（3）将 $\{x_j\}_{j=1}^{J}$ 按距离远近向 $\{c_i\}_{i=1}^{P}$ 聚类，分成 P 组 $\{\theta_p\}_{p=1}^{P}$，若 $\| x_j - c_{p*} \| = \min_{1 \leqslant p \leqslant P} \| x_j - c_p \|$，即令 $x_j \in \theta_{p*}$。

（4）计算样本均值，作为新的聚类中心：

$$c_p = \frac{1}{M_p} \sum_{x_j \in \theta_p} x_j, \quad p = 1, 2, \cdots, P \tag{7-9}$$

（5）若新旧 $\{c_p\}_{p=1}^{P}$ 相差很小，则停止，否则转（3）。

K-均值聚类算法是循环地选取聚类中心 c_p 与聚类集合 θ_p 的一个迭代过程。（暂时）选定各中心 c_p 后，在步骤（3）中按距离远近将 x_j 向 c_p 聚类得到 θ_p 应该是十分自然的。而 θ_p 确定后，对新的中心 c_p 与 θ_p 中各个 x_j 的"总的距离"（各个距离的平方和）$\sum_{x_j \in \theta_p} \| x_j - c_p \|^2$ 取极小，便得到确定新 c_p 的式（7-9）。这是一种竞争分类过程。在步骤（3）中竞争 θ_p 类资格获胜的各个 x_j 将对新的聚类中心 c_p 作出贡献。

下面给出另外一种 K-均值聚类算法 II：

（1）将聚类中心 $\{c_p\}$ 初始化。

（2）随机选取样本向量 x_j。

（3）将 x_j 按距离远近向 $\{c_i\}_{i=1}^{P}$ 聚类，若 $\| x_j - c_{p'} \| = \min_{1 \leqslant p \leqslant P} \| x_j - c_p \|$，即令 $x_j \in \theta_{p'}$。

（4）调整样本中心 $c_{p'}$（$\eta > 0$ 是选定的学习速率）：

$$c_p^{\mathrm{new}} = \begin{cases} c_p^{\mathrm{old}} + \eta(x_j - c_p^{\mathrm{old}}), & p = p' \\ c_p^{\mathrm{old}}, & p \neq p' \end{cases} \tag{7-10}$$

（5）若新旧 $\{c_p\}_{p=1}^{P}$ 相差很小，则停止。否则转（2）。

K-均值聚类算法 I 和 II 分别是离线和在线学习算法。

下面考虑隐单元个数 P 的确定。与第 6 章中 BP 网络的隐层单元个数的确定类似，其原则应该是在满足精度要求的前提下，P 越小越好。这不但减小网络成本，而且使逼近函数 $g(x)$ 减少不必要的震荡。

像确定 BP 网络的隐单元个数一样，可以从大的单元数 P 出发，逐步减小 P，直到精度要求不再满足为止。也可以从较小的 P 出发，逐步增加单元数，直到满足精度要求。

7.3.3 基函数宽度（扩展常数）的确定

如前所述，基函数宽度 σ_p 的一种选法是按式（7-2）的方式计算得到，另外还可以根据聚类中心之间的距离确定，即

$$\sigma = \frac{\max\limits_{i,j} \parallel c_i - c_j \parallel}{\sqrt{2M}} \tag{7-11}$$

式中：σ 为常数，即所有基函数的宽度取同一值；M 为聚类中心个数，亦即隐层单元个数。

7.3.4 权系数 w 的确定

确定权系数 w 时，通常要利用训练样本做有导师学习。一个简单办法是在确定 $\{c_p\}$ 之后，求如下误差函数关于 $w = (w_1, w_2, \cdots, w_P)$ 的极小：

$$E(w) = \frac{1}{2} \sum_{j=1}^{J} (y_j - g(x_j))^2 \tag{7-12}$$

这时，可以用最小二乘法、遗传算法、最速下降法等方法来统一地确定 $\{c_p, w_p, \sigma_p\}$ 等参数。

7.4 RBF 神经网络 MATLAB 实现

在 MATLAB 中已经集成了 RBF 神经网络的相关函数，可以直接调用，为了更加直观地表示 RBF 网络的实现方式，给出如下实现代码供参考，其中数据集可以从：https://download.csdn.net/download/qq_27914913/9837383 下载。

```
clear
load sample_ex6.mat;
[M,N] = size(data);
hidden_layers = 10;
theta = 0.01;
eta = 0.01;
wkj = -1/(hidden_layers^0.5) + 2/(hidden_layers^0.5) * rand(1,hidden_layers);
```

```
sigma = zeros (1,hidden_layers);
for i =1:hidden_layers
    sigma (1,i) =2 +2* rand ();   % initialize sigma to 2.0-4.0
end
% input data normalization
% [norm_data,norm_dataps] =mapminmax (data);
% 10-fold crossing validation
sub_N =N/10;
rates = zeros (1,10);
for i =1:10
    testdata =data (:,1:sub_N);   % set the first part as testdata
    traindata =data (:,sub_N +1:N);   % set the next nine part as train-
data
    center_points = zeros (hidden_layers,M-1);
    for j =1:10
        % random initialize center points in train data
        center_points (j,:) =traindata (1:2,ceil (rand* size (trainda-
ta,2)))';
    end


rates (i) =Batch_RBF_Neural_Network (traindata,testdata,hidden_layers,
wkj,center_points,sigma,theta,eta);
    data = [traindata,testdata];
end
disp ('the accuracy of ten validation:')
disp (rates);disp ('the average accuracy is:')
ave_rate = sum (rates) /10;
disp (ave_rate);
```

调用函数如下。

```
function
correct_rate =Batch_RBF_Neural_Network (train_data,test_data,hid-
den_layers,Wkj,c,sigma,theta,eta)
% ------------------------------------------------------------------
% Batch RBF neural network function with only one output neutron
% Inputs:
% train_data      -train data (including samples and its target output)
```

```
% test_data        -test data(including samples and its target output)
% hidden_layers    -numbers of hidden layers
% Wkj                -weights between hidden layer and putput layer
% c                  -array of center points
% sigma             -standard deviation of Gaussian function
% theta             -threhold of delta target function
% eta               -learnning rate
% Output:
% correct_rate:     -classification correct rate of the test data
% -----------------------------------------------------------------
[rows,cols] = size(train_data);
train_input = train_data(1:rows-1,:);
train_target = train_data(rows,:);
test_input = test_data(1:rows-1,:);
test_target = test_data(rows,:);
% batch rbf algorithm
r = 0;   % initialize the episode
J = zeros(1,1000); % initialize the error function
while(1)     % outer loop

r = r + 1; m = 0; DELTA_Wkj = zeros(1,hidden_layers); DELTA_c = zeros
(hidden_layers,size(train_input,1));
        DELTA_sigma = zeros(1,hidden_layers);% initialization
        while(1)      % inner loop
            m = m + 1;
            yj = zeros(1,hidden_layers);
            for j = 1:hidden_layers
                % calculate the output of the hidden layer

yj(1,j) = exp(-sum((train_input(:,m)'-c(j,:)).* (train_input(:,m)'-c
(j,:)))/(2* sigma(1,j)^2));
            end
            zk = sum(yj(1,:).* Wkj(1,:));   % output of the output layer
            error = train_target(1,m)-zk;
            J(1,r) = J(1,r) +error^2/2;   % accumulate every error
            for j = 1:hidden_layers
                % update the DELTA_Wkj,DELTA_c and DELTA_sigma
```

```
                DELTA_Wkj(1,j) =DELTA_Wkj(1,j) +eta* error* yj(1,j);
DELTA_c(j,:) =DELTA_c(j,:) +eta* error* Wkj(1,j)* yj(1,j)* (train_in-
put(:,m)'-c(j,:))/sigma(1,j)^2;
                DELTA_sigma(1,j) =DELTA_sigma(1,j) +eta* error* Wkj
(1,j)* yj(1,j)* ...
                sum((train_input(:,m)'-c(j,:)). * (train_input(:,m)'-c
(j,:)))/sigma(1,j)^3;
            end
            if(m = =cols)  % all samples has been trained(one episode)
                break;  % back to outer loop
            end
        end      % end inner loop
        for j =1:hidden_layers
            Wkj(1,j) =Wkj(1,j) +DELTA_Wkj(1,j);  % update Wkj
            c(j,:) =c(j,:) +DELTA_c(j,:);  % update c
            sigma(1,j) =sigma(1,j) +DELTA_sigma(1,j);  % update sigma
        end
        J(1,r) =J(1,r)/cols;
        if((r > =2) &&abs(J(1,r) - J(1,r -1)) < theta)  % determine when
to stop
            % disp('ok! ');disp(r);
            % plot(0:r -1,J(1,1:r));hold on;
            % start to test the model
            correct =0;
            for i =1:size(test_input,2)
                test_yj =zeros(1,hidden_layers);
                for j =1:hidden_layers
test_yj(1,j) =exp( -sum((test_input(:,i)' -c(j,:)). * (test_input(:,
i)' -c(j,:)))/(2* sigma(1,j)^2));
                end
                test_zk =sum(test_yj(1,:). * Wkj(1,:));
                if((test_zk >0&&test_target(1,i) = =1) ||(test_zk <
0&&test_target(1,i) = = -1))
                    correct =correct +1;
                end
            end
            correct_rate =correct/size(test_data,2);
            break;
```

```
        end
end
```

运行该程序，可以获得如下结果。

```
the accuracy of ten validation:
0.7633  0.8067  0.9933  0.9367  0.9667  0.9433  0.9833  0.9467  0.8233
0.9800
    the average accuracy is:
    0.9143
```

7.5 应用实例——利用 RBF 神经网络解决分类问题

下面给出应用 RBF 网络解决分类问题的应用实例，图7-3 给出了待分类的 4 组数据，MATLAB 数据生成代码如下。

```
close all
clear all
clc
format compact
% number of samples of each cluster
K =100;
% offset of clusters
q =0.6;
% define 2 groups of input data
A = [rand(1,K) - q rand(1,K) +q;
rand(1,K) +q rand(1,K) - q];
B = [rand(1,K) +q rand(1,K) - q;
rand(1,K) +q rand(1,K) - q];
% plot data
plot(A(1,:),A(2,:),'k + ',B(1,:),B(2,:),'b* ')
grid on
hold on
```

定义输出分类的编码如下。

```
% coding (+1/ -1) for 2-class XOR problem
a = -1;
b = 1;
```

将分类数据和分类编码转换为适合网络训练的格式，创建的 RBFN 结构如图 7-4 所示。

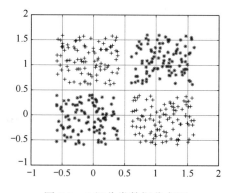

图7-3 4组分类数据分布图

```
% define inputs (combine samples from all four classes)
P = [A B];
% define targets
T = [repmat(a,1,length(A)) repmat(b,1,length(B))];
```

创建 exact RBFN

```
% choose a spread constant
spread = 1;
% create a neural network
net = newrbe(P,T,spread);
% view network
view(net)
```

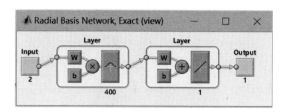

图7-4 创建的 RBFN 结构

网络性能评估如下（图7-5）。

```
% simulate a network on training data
Y = net(P);
% calculate [% ] of correct classifications
correct = 100 * length(find(T.* Y > 0)) / length(T);
fprintf('\nSpread = %.2f \n',spread)
fprintf('Num of neurons = % d \n',net.layers{1}.size)
```

```
fprintf('Correct class = % .2f % % \n',correct)
% plot targets and network response
figure;
plot(T')
hold on
grid on
plot(Y','r')
ylim([-2 2])
set(gca,'ytick',[-2 0 2])
legend('Targets','Network response')
xlabel('Sample No. ')
```

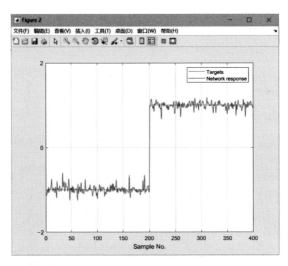

图 7-5　分类性能评估

给出分类结果如下（图 7-6）。

```
% generate a grid
span = -1:0.025:2;
[P1, P2] = meshgrid(span, span);
pp = [P1(:) P2(:)]';
% simualte neural network on a grid
aa = sim(net,pp);
% plot classification regions based on MAX activation
figure(1)
ma = mesh(P1,P2,reshape(-aa,length(span),length(span))-5);
mb = mesh(P1,P2,reshape(aa,length(span),length(span))-5);
set(ma,'facecolor',[1 0.2 .7],'linestyle','none');
```

```
set(mb,'facecolor',[1 1.0.5],'linestyle','none');
view(2)
```

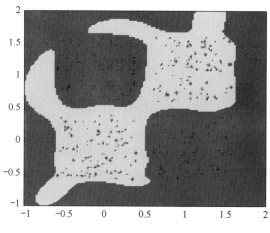

图 7-6 分类结果

画出分类中心（图 7-7）：

```
plot(net.iw{1}(:,1),net.iw{1}(:,2),'gs')
```

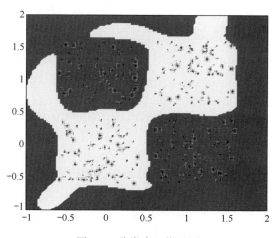

图 7-7 分类中心指示图

7.6 应用实例——利用 RBF 神经网络的目标威胁评估

目标威胁评估是军事领域的重要决策内容之一，威胁评估结果为作战打击决策提供参考依据。由于战场环境非常复杂，目标类型多样，合理的评估目标的威胁度并不容易，尤其是建立合理的目标威胁评估模型。由于神经网络具有学习能力，可以避免建模带来的困难，只需要获得一定的实际样本数据，对神经网络进行训练，就可以通过训练好的神经网络计算出目标威胁度。

目标威胁评估实际上是一种非线性映射，将多指标数据映射到目标威胁度。为了说明基于 RBF 神经网络目标威胁评估的实现方式，首先对 RBF 神经网络的非线性函数的拟合进行测试，验证 RBF 神经网络的非线性映射能力。然后用一个目标威胁评估实例，说明 RBF 神经网络的有效性。

7.6.1 基于 RBF 神经网络的函数拟合

非线性函数的拟合是比较困难的，RBF 神经网络由于增加了核函数，可以有效地处理非线性问题。例如，利用 RBF 神经网络拟合如下函数的值。

$$y = 20 + x_1^2 - 10\cos(2\pi x_1) + x_2^2 - 10\cos(2\pi x_2), x_1, x_2 \in [-2, 2]$$

通过 MATLAB 的神经网络工具箱进行编程，代码如下。

```
clc
clear all
close all
% 设置步长
bc = 0.01;
% 产生 x1,x2
x1 = -2:bc:2;
x2 = -2:bc:2;
% 函数值作为网络的输出
y = 20 + x1.^2-10* cos(2* pi* x1) + x2.^2-10* cos(2* pi* x2);
% % 网络建立和训练
% 建立网络, 输入为 [x1;x2], 输出为 y, spread 使用默认
net = newrbe([x1;x2], y);
% newrbe 用于设计一个精确径向基网络 (exact RBF), 调用格式为:
%    net = newrbe(P,T,SPREAD)
%      其中 P 为 Q 组输入向量组成的 R* Q 维矩阵,
%      T 为 Q 组目标分类向量组成的 S* Q 维矩阵;
%      SPREAD 为径向基函数的扩展速度, 默认为 1
% %    测试网络效果
ty = sim(net, [x1;x2]);
% % 拟合效果
figure
plot3(x1,x2,y,'r >','linewidth',1);
hold on;
plot3(x1,x2,ty,'b-','linewidth',1);
 view(105,12);
```

```
legend('实际值','拟合值')
xlabel('x1')
ylabel('x2')
zlabel('y')
grid on
```

运行该代码，可以获得图 7-8 所示效果。

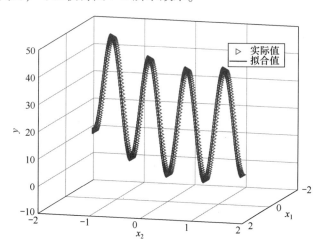

图 7-8　RBF 神经网络拟合效果

由图 7-8 可以看出，函数的拟合值与实际值差距很小，说明 RBF 神经网络能够有效处理非线性函数拟合问题。

7.6.2　目标威胁评估

利用 RBF 神经网络对战场目标进行威胁评估，选取评估指标为目标类型因素（I_1）、距离因素（I_2）、运动因素（I_3）、火力因素（I_4）、地形因素（I_5）、环境因素（I_6）。通过专家评估分析，获得 50 组数据，部分数据见表 7-1。随机选取 40 组数据对 RBF 神经网络进行训练，剩下 10 组数据进行测试。

表 7-1　部分目标威胁评估数据

序号	I_1	I_2	I_3	I_4	I_5	I_6	威胁度
1	0.60	0.85	0.75	0.78	0.75	0.75	0.72
2	0.60	0.73	1.00	0.82	0.81	0.75	0.83
3	0.40	0.73	0.50	0.65	0.67	0.58	0.58
4	0.20	0.79	0.25	0.78	0.23	0.25	0.45

（续）

序号	I_1	I_2	I_3	I_4	I_5	I_6	威胁度
5	0.40	0.81	1.00	0.46	0.39	0.50	0.62
6	0.20	0.56	0.25	0.23	0.41	0.75	0.53
7	0.60	0.54	0.75	0.65	0.43	0.75	0.61
8	0.60	0.71	0.75	0.73	0.54	0.50	0.64
9	0.80	0.36	1.00	0.68	0.87	1.00	0.83
10	0.60	0.52	0.75	0.49	0.79	0.75	0.59

通过 MATLAB 编写相应的代码如下。

```
clc
clear all
close all
% 设置步长
N = 50;
data = [
0.60   0.85   0.75   0.78   0.75   0.75   0.72
0.60   0.73   1.00   0.82   0.81   0.75   0.83
0.40   0.73   0.50   0.65   0.67   0.58   0.58
0.20   0.79   0.25   0.78   0.23   0.25   0.45
0.40   0.81   1.00   0.46   0.39   0.50   0.62
0.20   0.56   0.25   0.23   0.41   0.75   0.53
0.60   0.54   0.75   0.65   0.43   0.75   0.61
0.60   0.71   0.75   0.73   0.54   0.50   0.64
0.80   0.36   1.00   0.68   0.87   1.00   0.83
0.60   0.52   0.75   0.49   0.79   0.75   0.59

0.95   0.85   0.60   0.73   0.88   0.93   0.87
0.23   0.34   0.25   0.30   0.14   0.33   0.27
0.60   0.35   0.85   0.88   0.45   0.65   0.65
0.30   0.33   0.50   0.42   0.21   0.15   0.23
0.22   0.43   0.50   0.45   0.37   0.55   0.41
0.20   0.79   0.25   0.78   0.23   0.25   0.45
0.80   0.88   0.92   1.00   0.89   0.97   0.92
0.90   0.86   1.00   0.93   0.91   0.95   0.93
0.70   0.58   0.75   0.55   0.63   0.85   0.64
0.50   0.61   0.78   0.73   0.64   0.59   0.67
```

```
    0.87    0.66    1.00    0.78    0.89    1.00    0.88
    0.80    0.72    0.85    0.49    0.69    0.77    0.65
    0.15    0.15    0.20    0.13    0.18    0.13    0.15
    0.13    0.24    0.25    0.32    0.24    0.43    0.28
    0.66    0.65    0.79    0.71    0.70    0.70    0.70
    0.78    0.57    0.88    0.82    0.77    0.63    0.73
    0.30    0.43    0.55    0.45    0.67    0.58    0.49
    0.95    0.99    0.95    0.98    1.00    1.00    1.00
    0.85    0.89    0.76    0.76    0.69    0.77    0.75
    0.22    0.36    0.35    0.43    0.45    0.25    0.33

    0.40    0.44    0.65    0.58    0.42    0.33    0.43
    0.50    0.41    0.65    0.53    0.44    0.50    0.50
    0.10    0.14    0.05    0.08    0.07    0.02    0.08
    0.04    0.00    0.00    0.03    0.07    0.05    0.00
    0.55    0.45    0.50    0.53    0.48    0.43    0.47
    0.13    0.35    0.35    0.40    0.24    0.23    0.31
    0.65    0.75    0.65    0.75    0.65    0.80    0.70
    0.90    0.83    1.00    0.88    0.91    0.85    0.89
    1.00    1.00    0.95    0.95    0.85    1.00    0.97
    0.27    0.59    0.45    0.68    0.33    0.35    0.43

    0.60    0.51    0.48    0.36    0.65    0.58    0.52
    0.89    0.96    0.95    1.00    0.97    0.94    0.96
    0.70    0.64    0.75    0.85    0.63    0.75    0.71
    0.50    0.61    0.65    0.73    0.44    0.62    0.54
    0.55    0.66    0.74    0.63    0.57    0.81    0.63
    0.80    0.82    0.85    0.89    0.89    0.85    0.85
    0.35    0.45    0.51    0.43    0.48    0.53    0.47
    0.93    0.84    0.95    0.90    0.84    0.83    0.87
    0.75    0.65    0.70    0.83    0.68    0.73    0.71
    0.53    0.54    0.75    0.80    0.64    0.63    0.62
];

p = randperm(N);
% 随机选择训练数据
trainx = data(p(1:40),1:6)';
trainy = data(p(1:40),7)';
% 随机选择测试数据
```

```
testx = data(p(41:50),1:6)';
testy = data(p(41:50),7)';
%% 网络建立和训练
% 网络建立
net = newrbe(trainx,trainy);
% newrbe 用于设计一个精确径向基网络(exact RBF),调用格式为:
%    net = newrbe(P,T,SPREAD)
%       其中 P 为 Q 组输入向量组成的 R* Q 维矩阵,
%       T 为 Q 组目标分类向量组成的 S* Q 维矩阵;
%       SPREAD 为径向基函数的扩展速度,默认为 1
%%      测试网络效果
pre_y = sim(net,testx);
%% 拟合效果
figure
plot(testy,'r > ','linewidth',2);
hold on
plot(pre_y,'gp','linewidth',2);
  legend('实际值','预测值')
xlabel('测试组')
ylabel('威胁度')
disp('预测的均方误差为')
sum((pre_y-testy).^2)/10
```

运行以上代码,可以获得预测的均方误差为 0.0017,实际值与预测值的比较结果如图 7-9 所示。

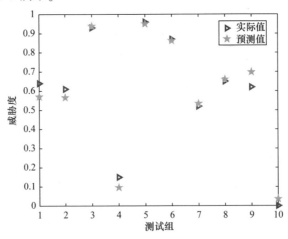

图 7-9   基于 RBF 神经网络的目标威胁评估结果

7.7 RBF 神经网络的改进

7.7.1 RBF 神经网络的不足

如上所述，RBF 神经网络可以根据具体问题确定相应的网络拓扑结构，具有自学习、自组织、自适应功能。它对非线性连续函数具有一致逼近性，学习速度快，可以并行高速地处理数据，可以进行大范围的数据融合。但它并非完美，还存在如下不尽人意的缺点。

（1）对大范围函数的逼近效率低下：高斯型 RBF 决定了它只对输入空间的一个很小的局部区域做出有效响应。因此，RBF 对刻画函数的局部性质较为有效，这既是它的优点也是它的缺点。如要用它很好地逼近一个如图 6-2 所示的 Sigmoid 型函数，显然需要无穷多个 RBF，即不适合于对函数的大范围逼近。

（2）基函数中心选取的局限性：RBF 神经网络的非线性映射能力体现在隐层基函数上，而基函数的特性主要由基函数的中心确定。在实际应用中，隐层基函数的中心大多是在输入样本集中选取的，这在许多情况下难以反映出系统真正的输入输出关系，并且初始中心点数太多。

（3）网络模型对样本数据的依赖性：RBF 神经网络用于非线性系统建模需要解决的关键问题是样本数据的选择。在实际工程系统中，系统的信息往往只能从系统运行的操作数据中分析得到，因此如何从系统运行的操作数据中提取系统运行状况信息，以降低网络对训练样本的依赖，在实际应用中具有重要的价值。

（4）对数据的强烈依赖性：RBF 神经网络把一切问题的特征都变为数字，把一切推理都变为数值计算，其结果势必会丢失部分难以用数据表示的信息，而且当数据不充分时，神经网络就无法工作。

7.7.2 RBF 神经网络改进算法

对于 RBF 神经网络的上述不足，人们提出了一些有益的改进方法。

1. 特殊情况下的径向基函数（RBF）设计

典型的径向基函数（RBF）只对输入空间的一个很小的局部区域做出有效响应（当 $\| x - c_p \|^2$ 较大时，$\varphi_p(x)$ 接近于零），而 Sigmoid 函数的响应域则是无穷大。因此，RBF 对刻画函数的局部性质较为有效，而不适合于对函数的大范围逼近。例如，两个 Sigmoid 函数（例如图 7-10（a）中 $f_1(x)$ 和 $f_2(x)$）就

可以很好地逼近图 7-10（b）中的函数 $r(x)$。而显然需要无穷多个 RBF，才能很好地逼近一个 Sigmoid 型函数。

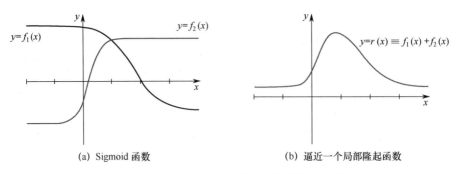

(a) Sigmoid 函数　　　　　　　　　　(b) 逼近一个局部隆起函数

图 7-10　用 Sigmoid 型函数逼近局部隆起函数

为了综合 RBF 和 Sigmoid 函数的优点，人们构造了高斯条函数，将式（7-1）改为

$$R_p(x) = \sum_{n=1}^{N} w_{pn} \exp\left[-\frac{1}{2}\left(\frac{x - c_{pn}}{\sigma_{pn}}\right)^2\right] \tag{7-13}$$

式中：w_{pn} 为待定权系数；$c_p = (c_{p1}, c_{p2}, \cdots, c_{pn})$ 为第 p 个中心；σ_{pn} 为第 p 个中心基函数的沿第 n 个坐标轴的"宽度"。作为比较，可以将式（7-1）中的高斯函数写为

$$R_p(x) = \exp\left[-\frac{1}{2}\sum_{n=1}^{N}\left(\frac{x_n - c_{pn}}{\sigma_p}\right)^2\right] = \prod_{n=1}^{N} \exp\left[-\frac{1}{2}\left(\frac{x_n - c_{pn}}{\sigma_p}\right)^2\right] \tag{7-14}$$

因此，在式（7-13）中，只要输入的向量 x 与中心 c_p 的任一坐标接近，则网络做出有效响应；而在式（7-1）中，只有当 x 与 c_p 的每一个坐标都接近时，网络才做出有效响应。在式（7-13）中，还可以加上一个阈值（常数项）来进一步改善性能。以地形图为例，高斯函数适合于描述凸起的山包或凹下的坑，而高斯条函数还可以描述狭长的山谷或山脊。

为优化网络结构，既可以采用逐步增加隐单元个数的办法，也可以先采用较多的隐单元，然后在不影响精度的情况下，对网络进行修剪。如对式（7-13）所定义的高斯条函数网络来说，具体可以采取：

（1）w_{pn} 变为零。

（2）去掉 c_{pn}。

（3）σ_{pn} 收缩为零。

作为对比，利用 Sigmoid 函数的 BP 网络修剪只能利用（1）。式（7-1）若像（2）或（3）那样去掉 c_p 或 σ_p 收缩为零，则第 p 个隐单元完全失效。而高斯条基函数网络则可以只使第 p 个隐单元的部分连接失效，而其他连接仍起作用。因此，就网络修剪来说，高斯条函数有更多的可调节参数，高斯条函数更为灵活。高斯条函数综合了 Sigmoid 型函数和高斯函数的优点，对许多问题显示了优越性。

2. 基于云理论的改进方法

将 RBF 聚类中心和带宽的确定问题转换为正态云参数的确定问题，进而使得 RBF 隐层的输出结果同时具有了模糊性和随机性的特性，网络训练用样本数据原有的随机因素被顺利地传递至输出层，同时保留了 RBF 的自学习功能，从而避开了云理论应用中模糊规则提取的问题。

3. 基于遗传算法的学习算法改进方法

利用遗传算法多初值群体寻优功能，可以方便求取 RBF 网络输出层的连接权值等相关参数。

习题 7

1. 比较 RBF 神经网络与 BP 神经网络的优缺点。

2. 简述 RBF 神经网络的学习过程。

3. 设计一个具有 4 个隐含层神经元的 RBF 神经网络，解决"异或"问题，每个 RBF 函数的中心由每一个数据点决定。4 个输入模式分别为 (0，0)、(0，1)、(1，0) 和 (1，1)。

4. 简述 RBF 神经网络的优点和不足。

第 8 章

卷积神经网络

卷积神经网络（Convolutional Neural Networks，CNN）发展于一种称作神经认知机的能够体现视觉系统神经机制的神经网络模型，它的局部连接、权值共享等特点，使之更类似于生物神经网络，降低了网络模型的复杂度，减少了权值的数量。特别是，当输入为多维图像时，其优势更为明显，使图像可以直接作为网络的输入，避免了传统识别算法中复杂的特征提取和数据重建过程，现已在目标检测、图像分类、语音识别等方面取得极大成功，成为当今深度学习领域中极受关注的一种人工神经网络模型。本章将重点介绍卷积神经网络的基本概念、基本原理、算法模型和典型应用实例。

8.1　卷积神经网络模型

卷积神经网络是近年发展起来，并引起广泛重视的一种高效识别方法。20世纪 60 年代，Hubel 和 Wiesel 在研究猫脑皮层中用于局部敏感和方向选择的神经元时发现其独特的网络结构可以有效地降低反馈神经网络的复杂性，继而提出了卷积神经网络。K. Fukushima 在 1979 年提出的神经认知机是卷积神经网络的第一个实现网络。随后，更多的科研工作者对该网络进行了改进。1990年，Lecun 等在研究手写字识别问题时，首先提出了使用梯度反向传播算法训练的卷积神经网络模型，并在 MNIST 手写数字数据集上表现出了相对于当时其他方法更好的性能。梯度反向传播算法和卷积神经网络的成功给机器学习领域带来了新的希望，开启了基于统计学习模型的机器学习浪潮，同时也带动了人工神经网络进入蓬勃发展的新阶段。

本质上，卷积神经网络是一种为了处理格状输入数据而特殊设计的多层感知器网络。这种网络结构对平移具有高度不变性，对比例缩放、倾斜或者其他形式的变形也具有一定的不变性。从前馈网络的角度看，CNN 是一种特殊的前馈神经网络，通常具有较深的结构（隐含层层数较多），但其基本结构仍可分为输入层、隐含层、输出层，如图8-1所示。其隐含层主要由两种功能层组成：其一为特征提取层，每个神经元的输入与前一层的局部接受域相连，并提取该局部的特征，一旦该局部特征被提取后，它与其他特征间的位置关系也随之确定下来；其二是特征映射层，网络的每个计算层由多个特征映射组成，每个特征映射是一个平面，平面上所有神经元的权值相等。特征映射结构采用Sigmoid函数作为卷积网络的激活函数，使得特征映射具有位移不变性。此外，由于一个映射面上的神经元共享权值，因而减少了网络自由参数的个数。卷积神经网络中的每一个卷积层都紧跟着一个用来求局部平均与二次提取的计算层，这种特有的两次特征提取结构减小了特征分辨率。

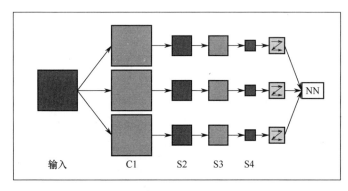

图 8-1　卷积神经网络通用模型

CNN 的输入可以是经过预处理的图像，也可以是原始图像，CNN 主要用来识别位移、缩放及其他形式扭曲不变性的二维图形。由于 CNN 的特征检测层通过训练数据进行学习，所以在使用 CNN 时，避免了显式的特征抽取，而隐式地从训练数据中进行学习；再者由于同一特征映射面上的神经元权值相同，所以网络可以并行学习，这也是卷积网络相对于神经元彼此相连网络的一大优势。卷积神经网络以其局部权值共享的特殊结构在语音识别和图像处理方面有着独特的优越性，其布局更接近于实际的生物神经网络，权值共享降低了网络的复杂性，特别是多维输入向量的图像可以直接输入网络这一特点避免了特征提取和分类过程中数据重建的复杂度，同时也使其更加适合并行计算。

8.2　卷积神经网络主要特征

早期的时延神经网络（Time-Delay Neural Network，TDNN），通过在时间维度上共享权值来降低网络训练过程中的计算复杂度，适用于处理语音信号和时间序列信号。CNN 受到 TDNN 的启发，采用了权值共享网络结构，使之更类似于生物神经网络，同时模型的容量可以通过改变网络的深度和广度来调整。

8.2.1 局部感知

卷积神经网络通过两种方式降低参数数目，第一种方式称为局部感知野。一般认为人对外界的认知是从局部到全局的，而图像的空间联系也是局部的像素联系较为紧密，而距离较远的像素相关性则较弱。因而，每个神经元其实没有必要对全局图像进行感知，只需要对局部进行感知，然后在更高层将局部的信息综合起来就得到了全局的信息。网络部分连通的思想也是受启发于生物学里面的视觉系统结构。视觉皮层的神经元就是局部接受信息的（这些神经元只响应某些特定区域的刺激）。如图8-2（a）所示为全连接，图8-2（b）所示为局部连接。

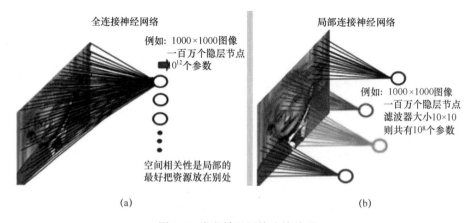

图 8-2 卷积神经网络连接关系

在图 8-2 中，输入图像的大小为 1000×1000，设输入神经元为 1000×1000（这里假设神经元的数量和图像大小相同），如果每个神经元只和 10×10 个像素值相连，那么权值数据为 1000000×100 个参数，减少为原来的 $1/1000$。而那 10×10 个像素值对应的 10×10 个参数，则相当于卷积操作。

8.2.2 参数共享

仅仅利用局部感知参数仍然过多，则需要通过第二种方式权值共享来减少参数。在图 8-2 局部连接中，每个神经元都对应 100 个参数，一共 10^6 个神经元，如果这 10^6 个神经元的 100 个参数都是相等的，则参数数目降为 100。这 100 个参数（也就是卷积操作）可以看成特征提取方式，该方式与位置无关。这其中隐含的原理则是：图像一部分的统计特性与其他部分是一样的，也意味着这一部分学习的特征也能用在另一部分上，所以对于这个图像上的所有位置，都可以使用同样的学习特征。例如，从一个大尺寸图像中随机选取一个 8×8 小块作为样本，并且从这个小块样本中学习到了一些特征，这时可以把从这个 8×8 小块的样本中学习到的特征作为探测器，应用到这个图像的任意地方中去。特别是可以用从 8×8 小块的样本中所学习到的特征跟原本的大尺寸图像做卷积，从而对这个大尺寸图像上的任一位置获得一个不同特征的激活值。

图 8-3 所示为一个 3×3 的卷积核在 5×5 的图像上做卷积的过程。每个卷积都是一种特征提取方式，就像一个筛子将图像中符合条件（激活值越大越符合条件）的部分筛选出来。

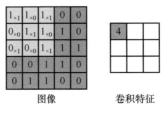

图像   卷积特征

图 8-3　卷积过程

8.2.3　多卷积核

上面所述只有 100 个参数时，表明只有 1 个 100×100 的卷积核，显然，特征提取是不充分的，可以添加多个卷积核，例如 32 个卷积核，可以学习 32 种特征。在有多个卷积核时，其卷积计算过程如图 8-4 所示。

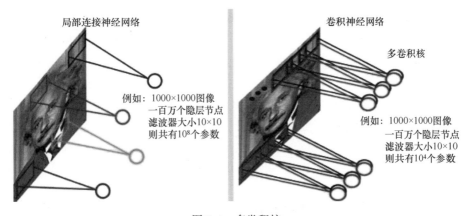

图 8-4　多卷积核

图 8-4 中，每个卷积核都会将图像生成为另一幅图像。如 2 个卷积核就可以生成 2 幅图像，而这 2 幅图像可以看作一张图像的不同的通道。

图 8-5 所示为 4 个通道上的卷积操作，有 2 个卷积核，生成 2 个通道。其中，4 个通道上每个通道对应一个卷积核，先将 w_2 忽略，只看 w_1，那么在 w_1

的某位置 (i,j) 处的值，是由 4 个通道上 (i,j) 处的卷积结果相加然后再取激活函数值得到的。由 4 个通道卷积得到 2 个通道的过程中，参数的数目为 $4 \times 2 \times 2 \times 2$ 个，其中 4 表示 4 个通道，第一个 2 表示生成 2 个通道，最后的 2×2 表示卷积核大小。

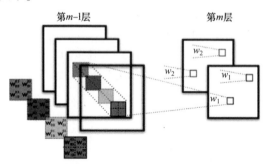

图 8-5　4 个通道卷积过程

8.2.4　池化

在通过卷积获得了特征（Features）后，可利用这些特征进行分类。理论上可以用所有提取得到的特征去训练分类器，例如 softmax 分类器，但这样会面临巨大的计算量。例如：对于一个 96×96 像素的图像，假设已经学习得到了 400 个定义在 8×8 输入上的特征，每一个特征和图像卷积都会得到一个 $(96 - 8 + 1) \times (96 - 8 + 1) = 7921$ 维的卷积特征，由于有 400 个特征，所以每个样例都会得到一个 $7921 \times 400 = 3,168,400$ 维的卷积特征向量。学习一个拥有超过 3 百万特征输入的分类器十分不便，并且容易出现过拟合（Over-fitting）。

因为图像具有一种"静态性"的属性，这也就意味着在一个图像区域有用的特征极有可能在另一个区域同样适用。因此，为了描述大的图像，可以对不同位置的特征进行聚合统计。例如，可以计算图像一个区域上的某个特定特征的平均值（或最大值）。这些概要统计特征不仅具有低得多的维度（相比使用所有提取得到的特征），同时还会改善结果（不容易过拟合）。这种聚合的操作称为池化（Pooling），有时也称为平均池化或者最大池化（取决于计算池化的方法）。池化过程如图 8-6 所示。

图 8-6　池化过程

8.3 卷积神经网络的数学描述

如图 8-7 所示，典型的卷积神经网络主要由输入图像、卷积层、采样层（池化层）、全连接层和输出层组成。下面首先对卷积计算进行介绍，然后介绍卷积神经网络各层相关的数学算法，最后介绍卷积神经网络的训练算法。

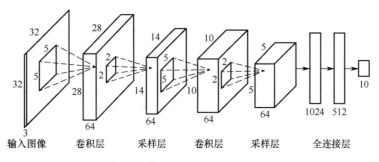

图 8-7 典型的卷积神经网络结构

8.3.1 卷积运算

在数学上，卷积是一种重要的分析运算。它是通过两个函数 f 和 g 生成第三个函数的一种数学算子，表征函数 f 与经过翻转或平移的函数 g 的重叠部分的面积，其计算式通常为

$$z(t) \overset{\text{def}}{=} f(t) * g(t) = \sum_{\tau=-\infty}^{+\infty} f(\tau)g(t-\tau) \tag{8-1}$$

其积分形式为

$$z(t) = f(t) * g(t) = \int_{-\infty}^{+\infty} f(\tau)g(t-\tau)\mathrm{d}\tau = \int_{-\infty}^{+\infty} f(t-\tau)g(\tau)\mathrm{d}\tau \tag{8-2}$$

在图像处理中，一幅数字图像可以看作一个二维空间的离散函数，记为 $f(x,y)$。假设存在二维卷积函数 $g(x,y)$，则会生成输出图像 $z(x,y)$，可用式（8-3）表示：

$$z(x,y) = f(x,y) * g(x,y) \tag{8-3}$$

这样，便可以利用卷积运算实现对图像特征的提取。同样在深度学习应用中，当输入是一幅包含 RGB 的彩色图像，图像由每一个像素点组成，则这样的输入便是一个 3×图宽度×图长度的三维数组；相应地，将卷积核作为计算参数，同样是一个三维数组。那么，在二维图像作为输入时，相应地，卷积运算可以表示为

$$z(x,y) = f(x,y) * g(x,y) = \sum_t \sum_h f(t,h)g(x-t,y-h) \quad (8\text{-}4)$$

其积分形式为

$$z(x,y) = f(x,y) * g(x,y) = \iint f(t,h)g(x-t,y-h)\,\mathrm{d}t\mathrm{d}h \quad (8\text{-}5)$$

如果给定一个尺寸为 $m \times n$ 的卷积核，则：

$$z(x,y) = f(x,y) * g(x,y) = \sum_{t=0}^{m} \sum_{h=0}^{n} f(t,h)g(x-t,y-h) \quad (8\text{-}6)$$

式中：f 为输入图像；g 为卷积核；m，n 为核的大小。

在计算机中，卷积运算的实现，通常由矩阵的乘积来表示。假设一幅图像的尺寸为 $M \times M$，卷积核的尺寸为 $n \times n$。在计算时，卷积核与图像的每个 $n \times n$ 大小的图像区域相乘，相当于把该 $n \times n$ 的图像区域提取出来，表示成一个长度为 $n \times n$ 的列向量。在 0 个零填充，步进为 1 的滑动操作中，一共可以得到 $(M - n + 1) \times (M - n + 1)$ 个计算结果。不失一般性，假定卷积核的个数为 K，则原始图像经上述卷积操作后得到的输出为 $K \times (M - n + 1) \times (M - n + 1)$，即输出为：卷积核的个数 × 卷积后的图像宽度 × 卷积后的图像长度。

8.3.2 激活运算

从早期的人工神经网络开始，相互连接的神经节点之间通过激活函数建立起从输入到输出的映射关系，其本质是一种函数映射，对输入数据进行映射变换，提供网络的非线性建模能力。在运算过程中，逐元素计算，不改变原始数据的尺寸，即输入和输出的数据尺寸是相等的。

1. Sigmoid 类激活函数

Logistic-Sigmoid 函数、Tanh-Sigmoid 双曲正切函数作为传统神经网络中最常用的激活函数，其函数形式分别为

$$f(x) = \frac{1}{1 + \mathrm{e}^{-x}} \quad (8\text{-}7)$$

$$\tanh(x) = \frac{1 - \mathrm{e}^{-2x}}{1 + \mathrm{e}^{2x}} \quad (8\text{-}8)$$

这两个激活函数都具有软饱和性，Tanh-Sigmoid 函数的输出均值比 Logistic-Sigmoid 更接近于 0，使得在手写体字符识别任务中 Tanh-Sigmoid 网络的收敛速度比 Logistic-Sigmoid 网络的收敛速度更快。但这两个激活函数及其导数都呈现幂指数形式，相应地加大了网络的计算量；当采用反向传播算法训练神经网络时，其导数向后传递，先计算输出层对应的损失，然后将损失同样以导数形式不断向上一层网络传递，这两个函数的导数逐渐趋近于零，使得参数无法被更新，出现一定程度的梯度消失/弥散问题，模型的训练速度减缓，因此在

深度神经网络中逐渐被淘汰。

2. ReLU 函数

随着深度学习理论的发展，更多的非线性激活函数在卷积神经网络中表现出色。在这些非线性激活函数中，线性校正单元（Rectified Linear Unit, ReLU）在卷积神经网络中能够较好地克服梯度弥散问题，减少模型训练时间，极大地加快了模型的收敛速度，从而提高了算法的性能，因此也得到了广泛使用。其函数形式为

$$y = \begin{cases} x & (x \geqslant 0) \\ 0 & (x < 0) \end{cases} \tag{8-9}$$

ReLU 函数在 $x < 0$ 时具有硬饱和性；当 $x > 0$ 时，其函数导数为 1，所以 ReLU 能够在 $x > 0$ 时保持梯度不衰减，从而缓解梯度消失问题。但随着训练过程的迭代推进，函数中的部分输入会落入硬饱和区，导致对应权重无法更新，这种现象被称为"神经元死亡"。面对这种问题，可以设置较小的学习率或者使用自动调节学习率的优化算法规避"神经元死亡"带来的问题。

3. PReLU 函数

在 ReLU 函数的基础上，He Kaiming 等提出了 PReLU 函数（Parametric Retified Linear Unit），并证明了其在 ImageNet 图像分类任务中是一个关键因素。PReLU 函数是 ReLU 的改进版本，同样具有非饱和性，其函数形式为

$$f(y_i) = \begin{cases} y_i & (y_i > 0) \\ \alpha_i y_i & (y_i \leqslant 0) \end{cases} \tag{8-10}$$

与 ReLU 函数相比，PReLU 函数中在负半轴中加入可学习的斜率 α 而非固定值，当 $\alpha_i = 0$ 时，PReLU 退化为 ReLU；当 α_i 是一个较小的固定值时（如 $\alpha_i = 1$），则 PReLU 退化为 LeakyReLU 函数，因此 PReLU 可解释为带参数的 ReLU。尽管 PReLU 引入了少量的额外参数，但得益于 PReLU 函数的输出总是更趋近于零均值，使得梯度下降等算法优化的结果更接近于自然梯度，收敛速度更快。

4. ELU 函数

ELU 函数融合了 sigmoid 函数和 ReLU 函数的优点，是为解决 ReLU 存在的问题而提出，具有左侧软饱性。其函数形式为

$$f(x) = \begin{cases} x & (x > 0) \\ \alpha(e^x - 1) & (x \leqslant 0) \end{cases} \tag{8-11}$$

当 $x > 0$ 时，ELU 函数呈现线性形式，且此处导数为零，使得 ELU 能够缓解梯度消失问题；当 $x < 0$ 时，其左侧软饱性对不同的输入变化具有更强的鲁棒性，不会产生"神经元死亡"问题。此外，ELU 的输出均值趋近于零，近

似以零为中心（Zero-centered），所以收敛速度更快。同样，由于添加了额外的计算参数 α，增加了训练过程中的计算量。

5. MPELU 函数

MPELU 函数在 ELU 函数的基础上引入了参数 β，其函数形式为

$$f(y_i) = \begin{cases} y_i & (y_i > 0) \\ \alpha(e^{\beta}y_i - 1) & (y_i \leqslant 0) \end{cases} \tag{8-12}$$

式中：参数 α 和 β 可以使用正则化约束。当 $\alpha = 1$，$\beta = 1$ 时，MPELU 函数退化为 ELU 函数；当 β 固定为较小的固定值时，MPELU 函数近似为 PReLU 函数；当 $\alpha = 0$，MPELU 函数等价于 ReLU 函数。这样使得 MPELU 函数可以同时具备 ReLU 函数、PReLU 函数和 ELU 函数的优点，具备更强的推广能力。如，MPELU 函数具有 ELU 函数的收敛性质，能够使几十层网络在无正则化约束条件下收敛。

综上所述，面对形式各异的激活函数，如何做出选择目前尚无统一定论，仍需依靠实验指导。一般来说，在分类问题上首先尝试使用 ReLU 函数，其次可考虑使用 ELU 函数，这是两类不引入额外参数的激活函数；然后可考虑使用具备自学习能力的 PReLU 函数和 MPELU 函数，并使用正则化技术，如在网络中增加 Batch Normalization 层等。

8.3.3 池化运算

一般情况下，卷积神经网络经常在连续的卷积层之间周期性地插入池化层。基于对"一块区域有用的图像特征极有可能在另一块区域同样适用"的认识，池化层把在语义上相似的特征合并起来，通过池化操作减少卷积层输出的特征向量，同时防止过拟合。池化单元计算特征图中一个局部块的值，相邻的池化单元通过移动一行或者一列从一小块区域上读取数据，降低了数据表达的维度，保证了数据的平移不变性，极大地减少了参数数量和网络中的计算量。

最大化池化（Max Pooling）、平均池化（Mean Pooling）和随机池化方法是目前最常见的池化方法，如图 8-8 所示。

最大化池化操作计算图像区域的最大值作为该区域池化后的结果值；而平均池化则计算图像区域的平均值作为该区域池化后的结果；随机池化方法的响应值则按照概率矩阵计算得到。图 8-8 中 3 种池化方法均使用尺寸为 2×2 的过滤器，步进为 2，遍历整个输入，得到的结果是原始尺寸的 1/4，经过池化操作丢弃了 75% 的结果值，节省了网络的计算开销。

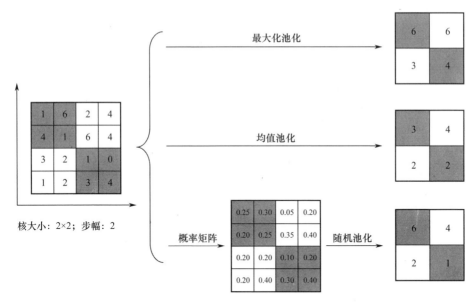

图 8-8　池化计算

8.3.4　全连接计算

全连接层出现在网络结构的最后，是一种传统的多层感知器网络。全连接层的每一个神经元与前一层的每一个神经元全连接，这也是全连接层名字的来源。全连接层的网络与 BP 网络的连接方式相同。网络最后输出的是经过分类器计算的所对应类别标签的概率。Softmax 回归分类模型常作为全连接层的最后一层，输出值为 0 ~ 1 之间的每个类别的概率。在计算机中，全连接层相当于神经节点之间做内积运算，主要涉及前向计算和后向计算两种运算。前向计算使用式（8-13）计算每个神经元的输出值，而后向计算使用式（8-14）计算每个神经元的误差项。

$$y = W^{\mathrm{T}}x + b \tag{8-13}$$

$$\frac{\partial l}{\partial x} = W \times \frac{\partial l}{\partial y}, \frac{\partial l}{\partial w} = x \times \left(\frac{\partial l}{\partial y}\right)^{\mathrm{T}} \tag{8-14}$$

式中：$y \in R^{m \times 1}$，为神经元的输出；$x \in R^{n \times 1}$，为神经元的输入；$W \in R^{n \times m}$，为该神经元的权值；b 为偏置项；l 为该层神经元。

8.3.5　Softmax 回归

通常来说，在卷积神经网络的末尾是一个 Softmax 回归分类器。Softmax 回归是逻辑回归由二分类推广到多分类得到的。在多分类问题中，标签一般有 k 个，如对于 cifar10 图像数据，一共有 10 个类别，即 $k = 10$。由于 Softmax 回归是逻辑回归在多分类情况下的推广，我们先给出逻辑回归的介绍。

假设有 m 个训练样本的训练集 $\{(x^{(1)},y^{(1)}),(x^{(2)},y^{(2)}),\cdots,(x^{(m)},y^{(m)})\}$，对于二分类的问题，$y^{(i)} \in \{0,1\}$，有如下表达式：

$$p(y = 1|\boldsymbol{x};\boldsymbol{\theta}) = h_\theta(\boldsymbol{x}) \tag{8-15}$$

$$p(y = 0|\boldsymbol{x};\boldsymbol{\theta}) = 1 - h_\theta(\boldsymbol{x}) \tag{8-16}$$

式中：p 为概率值；θ 为需要优化的参数向量；$h_\theta(\boldsymbol{x})$ 为假设函数，由于在逻辑回归中，激励函数一般为 Sigmoid 函数，所以：

$$h_\theta(\boldsymbol{x}) = g(\boldsymbol{\theta}^{\mathrm{T}}\boldsymbol{x}) = \frac{1}{1 + \mathrm{e}^{-\boldsymbol{\theta}^{\mathrm{T}}\boldsymbol{x}}} \tag{8-17}$$

将式（8-15）和式（8-16）合并，得到如下等式：

$$p(y|\boldsymbol{x};\boldsymbol{\theta}) = [h_\theta(x)]^y [1 - h_\theta(x)]^{1-y} \tag{8-18}$$

然后使用极大似然估计，计算关于参数的似然函数：

$$l(\boldsymbol{\theta}) = \prod_{i=1}^m [h_\theta(x^{(i)})]^{y^{(i)}} [1 - h_\theta(x^{(i)})]^{1-y^{(i)}} \tag{8-19}$$

取对数，得

$$\log l(\boldsymbol{\theta}) = \sum_{i=1}^m [y^{(i)}\log h_\theta(x^{(i)}) + (1 - y^{(i)})\log(1 - h_\theta(x^{(i)}))] \tag{8-20}$$

所以，损失函数为

$$J(\boldsymbol{\theta}) = -\frac{1}{m}\sum_{i=1}^m [y^{(i)}\log h_\theta(x^{(i)}) + (1 - y^{(i)})\log(1 - h_\theta(x^{(i)}))] \tag{8-21}$$

采用梯度下降法求解 $\boldsymbol{\theta}$ 的值。对 θ_j 求偏导：

$$\begin{aligned}\frac{\partial J(\boldsymbol{\theta})}{\partial\theta_j} &= -\sum_{i=1}^m\Big\{\Big[y^{(i)}\frac{1}{g(\boldsymbol{\theta}^{\mathrm{T}}x^{(i)})} - (1 - y^{(i)})\frac{1}{1 - g(\boldsymbol{\theta}^{\mathrm{T}}x^{(i)})}\Big]\cdot \\ &\quad g(\boldsymbol{\theta}^{\mathrm{T}}x^{(i)})(1 - g(\boldsymbol{\theta}^{\mathrm{T}}x^{(i)}))\cdot x^{(i)}\Big\} \\ &= -\sum_{i=1}^m\{[y^{(i)}(1 - g(\boldsymbol{\theta}^{\mathrm{T}}x^{(i)})) - (1 - y^{(i)})g(\boldsymbol{\theta}^{\mathrm{T}}x^{(i)})]\cdot x^{(i)}\} \\ &= -\sum_{i=1}^m\{[y^{(i)} - g(\boldsymbol{\theta}^{\mathrm{T}}x^{(i)})]\cdot x^{(i)}\}\end{aligned} \tag{8-22}$$

所以参数向量的更新公式为

$$\theta_j = \theta_j - \alpha\Big(-\frac{1}{m}\sum_{i=1}^m\{[y^{(i)} - g(\boldsymbol{\theta}^{\mathrm{T}}x^{(i)})]\cdot x^{(i)}\}\Big) \tag{8-23}$$

可以写为

$$\theta_j = \theta_j - \alpha\frac{1}{m}\Big(\sum_{i=1}^m\{[g(\boldsymbol{\theta}^{\mathrm{T}}x^{(i)}) - y^{(i)}]\cdot x^{(i)}\}\Big) \tag{8-24}$$

式中：α 为学习率。

由于逻辑回归是针对二分类问题的，如果遇到了多分类的问题，那么就要使用 Softmax 回归来解决。假设有 k 个类别，则有 $y^{(i)} \in \{1, 2, \cdots, k\}$，例如在 cifar10 数据中，一共有 $k = 10$ 个不同的类别。

对于给定的输入 $\boldsymbol{x}$，需要计算它属于每一个类别 j 的概率值 $p(y = j | x)$，所以在 Softmax 回归中，假设函数 $h_{\boldsymbol{\theta}}(\boldsymbol{x})$ 将会输出一个 k 维的向量来表示输入属于每一个类别的概率。定义假设函数 $h_{\boldsymbol{\theta}}(\boldsymbol{x})$ 式（8-25）所示。

$$h_{\boldsymbol{\theta}}(x^{(i)}) = \begin{bmatrix} p(y^{(i)} = 1 | x^{(i)}; \boldsymbol{\theta}) \\ p(y^{(i)} = 2 | x^{(i)}; \boldsymbol{\theta}) \\ \vdots \\ p(y^{(i)} = k | x^{(i)}; \boldsymbol{\theta}) \end{bmatrix} = \frac{1}{\sum_{j=1}^{k} \exp(\boldsymbol{\theta}_j^{\mathrm{T}} x^{(i)})} \begin{bmatrix} \exp(\boldsymbol{\theta}_1^{\mathrm{T}} x^{(i)}) \\ \exp(\boldsymbol{\theta}_2^{\mathrm{T}} x^{(i)}) \\ \vdots \\ \exp(\boldsymbol{\theta}_k^{\mathrm{T}} x^{(i)}) \end{bmatrix} \quad (8\text{-}25)$$

式中：$\boldsymbol{\theta}_1, \boldsymbol{\theta}_2, \cdots, \boldsymbol{\theta}_k$ 为需要学习的模型参数向量；$\dfrac{1}{\sum_{j=1}^{k} \exp(\boldsymbol{\theta}_j^{\mathrm{T}} x^{(i)})}$ 为归一化系数，保证所有概率值之和为 1。

定义如下的示性函数：

$$1\{\text{表达式的值为真}\} = 1, 1\{\text{表达式的值为假}\} = 0$$

逻辑回归的损失函数可以做如下变形：

$$J(\boldsymbol{\theta}) = -\frac{1}{m} \sum_{i=1}^{m} \left[y^{(i)} \log h_{\boldsymbol{\theta}}(x^{(i)}) + (1 - y^{(i)}) \log(1 - h_{\boldsymbol{\theta}}(x^{(i)})) \right]$$

$$= -\frac{1}{m} \left[\sum_{i=1}^{m} \sum_{j=0}^{1} 1\{y^{(i)} = j\} \log p(y^{(i)} = j | x^{(i)}; \boldsymbol{\theta}) \right] \quad (8\text{-}26)$$

式中：$\log p(y^{(i)} = j | x^{(i)}; \boldsymbol{\theta}) = \dfrac{e^{\boldsymbol{\theta}_j^{\mathrm{T}} x^{(i)}}}{\sum_{l=1}^{k} e^{\boldsymbol{\theta}_l^{\mathrm{T}} x^{(i)}}}$。

将其推广到多分类，则 Softmax 回归的损失函数如下：

$$J(\boldsymbol{\theta}) = -\frac{1}{m} \left[\sum_{i=1}^{m} \sum_{j=0}^{k} 1\{y^{(i)} = j\} \log \frac{e^{\boldsymbol{\theta}_j^{\mathrm{T}} x^{(i)}}}{\sum_{l=1}^{k} e^{\boldsymbol{\theta}_l^{\mathrm{T}} x^{(i)}}} \right] \quad (8\text{-}27)$$

计算梯度：

$$\nabla_{\boldsymbol{\theta}_j} J(\boldsymbol{\theta}) = -\frac{1}{m} \sum_{i=1}^{m} \left[x^{(i)} (1\{y^{(i)} = j\}) - \frac{e^{\boldsymbol{\theta}_j^{\mathrm{T}} x^{(i)}}}{\sum_{l=1}^{k} e^{\boldsymbol{\theta}_l^{\mathrm{T}} x^{(i)}}} \right] \quad (8\text{-}28)$$

根据上面的梯度表达式，可以使用梯度下降法来最小化损失函数，参数的更新规则为 $\boldsymbol{\theta}_j = \boldsymbol{\theta}_j - \alpha \nabla_{\boldsymbol{\theta}_j} J(\boldsymbol{\theta})$，其中 $j = 1, 2, \cdots, k, \alpha$ 为学习率。

8.3.6 反向传播算法

假设有 m 个训练样本的训练集 $\{(x^{(1)}, y^{(1)}), (x^{(2)}, y^{(2)}), \cdots, (x^{(m)}, y^{(m)}\}$、神经网络的需要学习的参数为权值向量 $\boldsymbol{W}$ 和偏置项 b，对于单独的一个训练样本 (x, y)，损失函数的定义如下：

$$J(\boldsymbol{W}, \boldsymbol{b}, \boldsymbol{x}, \boldsymbol{y}) = \frac{1}{2} \parallel h_{\boldsymbol{W}, \boldsymbol{b}}(\boldsymbol{x}) - \boldsymbol{y} \parallel^2 \tag{8-29}$$

式中：y 为真实结果；$h_{\boldsymbol{W}, b}(\boldsymbol{x})$ 为神经网络的预测输出。对于包含 m 个样本的训练数据，定义整体损失函数为

$$J(\boldsymbol{W}, \boldsymbol{b}) = \frac{1}{m} \sum_{i=1}^{m} J(\boldsymbol{W}, \boldsymbol{b}, x^{(i)}, y^{(i)}) = \frac{1}{m} \sum_{i=1}^{m} \left(\frac{1}{2} \parallel h_{\boldsymbol{W}, b}(x^{(i)}) - y^{(i)} \parallel^2 \right)$$

$$\tag{8-30}$$

需要通过优化参数 $\boldsymbol{W}, \boldsymbol{b}$ 来小化损失函数 $J(\boldsymbol{W}, \boldsymbol{b})$。在梯度下降算法中，按下式对参数进行更新：

$$\boldsymbol{W}_{ij}^{(l)} = \boldsymbol{W}_{ij}^{(l)} - \alpha \frac{\partial}{\partial \boldsymbol{W}_{ij}^{(l)}} J(\boldsymbol{W}, \boldsymbol{b}) \tag{8-31}$$

$$b_i^{(l)} = b_i^{(l)} - \alpha \frac{\partial}{\partial b_i^{(l)}} J(\boldsymbol{W}, \boldsymbol{b}) \tag{8-32}$$

由于输出结果和真实值之间有一定的误差，需要计算输出值和真实值之间的误差，然后将该误差向输入层反向传播，并且根据误差来调整参数向量的值。最后不断重复上述式（8-31）、式（8-32）的过程，直至收敛或达到指定的训练步数。

反向传播算法的推导过程如下。

设 J 为损失函数，L 为神经网络的总层数，$\boldsymbol{W}_{jk}^{(l)}$ 为连接第 $(l-1)$ 层第 k 个神经元到第 l 层第 j 个神经元之间的权值向量，$b_j^{(l)}$ 代表的是第 l 层的第 j 个神经元的偏置项，$a_j^{(l)}$ 表示第 l 层的第 j 个神经元的激励输出结果，即：$a_j^{(l)} = f(\sum_k \boldsymbol{W}_{jk}^{(l)} a_k^{(l-1)} + b_j^{(l)})$，其中 f 为激励函数，所以最后一层的预测输出为 $a_j^{(l)}$。$z_j^{(l)}$ 表示第 l 层的第 j 个神经元的输入值，即：$z_j^{(l)} = \sum_k \boldsymbol{W}_{jk}^{(l)} a_k^{(l-1)} + b_j^{(l)}$。$\delta_j^{(l)}$ 表示第 l 层第 j 个神经元的残差（真实值与预测值之间的误差），即：$\delta_j^{(l)} = \frac{\partial J}{\partial z_j^{(l)}}$。

下面计算第 l 层第 j 个神经元的残差 $\delta_j^{(l)}$，推导过程如下：

$$\delta_j^{(l)} = \frac{\partial J}{\partial z_j^{(l)}} = \sum_k \frac{\partial J}{\partial z_k^{(l+1)}} \cdot \frac{\partial z_k^{(l+1)}}{\partial a_j^{(l)}} \cdot \frac{\partial a_j^{(l)}}{\partial z_j^{(l)}}$$

$$= \sum_k \delta_k^{(l+1)} \cdot \frac{\partial(W_{kj}^{(l+1)} a_j^{(l)} + b_k^{(l+1)})}{\partial a_j^{(l)}} \cdot f'(z_j^{(l)}) \tag{8-33}$$

$$= \sum_k \delta_k^{(l+1)} \cdot W_{kj}^{(l+1)} \cdot f'(z_j^{(l)})$$

计算权重参数 $W_{jk}^{(l)}$ 的偏导数：

$$\frac{\partial J}{\partial W_{jk}^{(l)}} = \frac{\partial J}{\partial z_j^{(l)}} \cdot \frac{\partial z_j^{(l)}}{\partial W_{jk}^{(l)}} = \delta_j^{(l)} \cdot \frac{\partial(W_{jk}^{(l)} a_j^{(l-1)} + b_j^{(l)})}{\partial W_{jk}^{(l)}} = a_k^{(l-1)} \delta_j^{(l)} \tag{8-34}$$

计算偏置计算偏置：

$$\frac{\partial J}{\partial b_j^{(l)}} = \frac{\partial J}{\partial z_j^{(l)}} \cdot \frac{\partial z_j^{(l)}}{\partial b_j^{(l)}} = \delta_j^{(l)} \cdot \frac{\partial(W_{jk}^{(l)} a_k^{(l-1)} + b_j^{(l)})}{\partial b_j^{(l)}} = \delta_j^{(l)} \tag{8-35}$$

有了这两个偏导数，就可以按式（8-31）和式（8-32）权值向量和偏置进行更新。

8.4 应用实例——手写数字识别

8.4.1 问题描述

手写数字识别在现代生活中的应用非常广泛，因此研究手写数字识别的人也很多。经过学者们多年的研究与实践，提出了各种方法，其中基于神经网络的手写数字识别方法取得了较好的识别效果。手写数字如图 8-9 所示，手写数字识别可以看作一个图像分类问题，将手写数字图像作为输入，输出共分为10 类，对应数字 0 ~ 9。

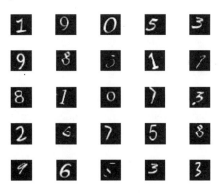

图 8-9 手写数字

8.4.2 基于 LeNet-5 网络结构的数字识别方法

Lecun 等提出的 LeNet-5 模型采用了交替连接的卷积层和下采样层对输入

图像进行前向传导，如图 8-10 所示，并且最终通过全连接层输出概率分布的结构是当前普遍采用的卷积神经网络结构的原型。

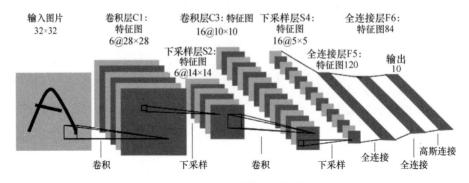

图 8-10　LeNet-5 神经网络结构

LeNet-5 神经网络结构的特点如下。

（1）输入图像大小为 32×32，局部滑动窗大小为 5×5，由于不考虑对图像的边界进行拓展，则滑动窗将有 28×28 个不同的位置，也就是 C1 层的大小为 28×28。这里设定有 6 个不同的 C1 层，每一个 C1 层内的权值是相同的。

（2）S2 层是一个下采样层。由 4 个点下采样为 1 个点，也就是 4 个数的加权平均。但在 LeNet-5 系统，下采样层比较复杂，因为这 4 个加权系数也需要学习得到，这显然增加了模型的复杂度。

（3）根据对 C1 层同样的操作，容易得到 C3 层的大小为 10×10。C3 层变成了 16 个 10×10 网络，如果 S2 层只有 1 特征图，那么由 S2 层得到 C3 就和由输入层得到 C1 层是完全一样的。对于 S2 层有多层的特点，只需要按照一定的顺利组合这些层即可。

（4）S4 层是在 C3 层基础上下采样。

8.4.3　MATLAB 程序实现

新版本的 MATLAB 软件增加了对卷积神经网络的支持，可以很方便地搭建自己的网络结构，并且可以利用 GPU 进行网络训练，提高训练速度。利用 MATLAB 软件的神经网络工具箱（版本 MATLAB2016a）进行手写字符的识别，代码如下。

```
load digitTrainSet% 加载手写字符训练数据
% 网络结构定义
  layers = [imageInputLayer([28 28 1],'Normalization','none'); %
输入图像定义28 * 28
          convolution2dLayer(5,20);% 第一个卷积层
          reluLayer();% relu 激活方式
```

```
maxPooling2dLayer(2,'Stride',2);% 最大池化
convolution2dLayer(5,16);% 第二个卷积层
reluLayer();% relu 激活方式
maxPooling2dLayer(2,'Stride',2);% 最大池化
fullyConnectedLayer(256);% 全连接层
reluLayer();% relu 激活方式
fullyConnectedLayer(10);% 全连接层
softmaxLayer();% softmax 回归
classificationLayer()];% 分类层
opts = trainingOptions('sgdm');% 具有动量的随机梯度下降
net = trainNetwork(XTrain,TTrain,layers,opts);% 网络训练
load digitTestSet;% 加载手写字符测试数据
YTest = classify(net,XTest);% 利用训练的网络进行分类
accuracy = sum(YTest = = TTest)/numel(TTest);% 计算分类精确度
```

程序运行结果见表 8-1，获得的识别率为 accuracy ＝0.9580。

表 8-1　手写字符识别结果

训练回合	迭代次数	时间消耗/s	最小批－损失	最小批－精度/%	基础学习率
2	50	3.39	2.3022	13.28	0.010000
3	100	6.71	2.3022	8.59	0.010000
4	150	10.04	2.3006	12.50	0.010000
6	200	13.36	2.2989	14.84	0.010000
7	250	16.66	2.3012	13.28	0.010000
8	300	19.98	2.3035	10.94	0.010000
9	350	23.29	2.3042	10.94	0.010000
11	400	26.61	2.3032	10.94	0.010000
12	450	29.92	2.2994	10.94	0.010000
13	500	33.24	2.3041	7.03	0.010000
15	550	36.55	2.3004	10.16	0.010000
16	600	39.87	2.3022	10.16	0.010000
17	650	43.19	2.3020	8.59	0.010000
18	700	46.50	2.2999	11.72	0.010000
20	750	49.82	2.2994	10.16	0.010000

（续）

训练回合	迭代次数	时间消耗/s	最小批－损失	最小批－精度/%	基础学习率
21	800	53.14	2.2857	20.31	0.010000
22	850	56.45	2.1512	31.25	0.010000
24	900	59.77	1.3115	55.47	0.010000
25	950	63.11	1.0282	62.50	0.010000
26	1000	66.46	0.4410	84.38	0.010000
27	1050	69.80	0.4076	85.16	0.010000
29	1100	73.18	0.2256	92.97	0.010000
30	1150	76.53	0.1201	99.22	0.010000

　　最新版本的 MATLAB 软件（如 MATLAB2018a）加强了对卷积神经网络的支持，可以调用预训练好的网络，相关内容可查看帮助文档。应用其进行手写字符识别程序的程序与上述程序有少许差别，代码如下。

```
% 导入数据
digitDatasetPath = fullfile(MATLABroot,'toolbox','nnet',…
'nndemos','nndatasets','DigitDataset');% 文件路径
imds = imageDatastore(digitDatasetPath,'IncludeSubfolders',…
true, 'LabelSource','foldernames');% 导入图像
numTrainingFiles = 750;% 训练样本
[imdsTrain, imdsTest] = splitEachLabel (imds, numTrainingFiles, '
randomize');
% 训练和测试样本划分
layers = [...% 定义网络结构
    imageInputLayer([28 28 1])% 图像输入
    convolution2dLayer(5,20)% 卷积层
    reluLayer% 激活函数
    maxPooling2dLayer(2,'Stride',2)% 池化
    fullyConnectedLayer(10)% 全连接
    softmaxLayer% 分类器
classificationLayer];% 分类层
% 网络训练选项设置
options = trainingOptions('sgdm',...% 具有动量的随机梯度下降
    'MaxEpochs',20,...% 最大训练次数
    'InitialLearnRate',1e-4,...% 初始学习率
    'Verbose',1,...% 训练数据命令窗显示控制
```

```
'Plots','training-progress');% 画出训练过程
net = trainNetwork(imdsTrain,layers,options);% 网络训练
YPred = classify(net,imdsTest);% 测试样本分类
YTest = imdsTest.Labels;% 测试样本标签
accuracy = sum(YPred = = YTest)/numel(YTest); % 计算分类精确度
```

运行该程序，可以获得 accuracy ＝0.9920，算法运行过程中获得的结果见表 8-2。

表 8-2　算法迭代过程中的识别结果

训练回合	迭代次数	时间消耗/（hh:mm:ss）	最小批－精度/%	最小批－损失	基础学习率
1	1	00:00:00	14.06	2.7669	1.0000e-04
1	50	00:00:02	64.06	1.1389	1.0000e-04
2	100	00:00:03	67.97	0.8714	1.0000e-04
3	150	00:00:04	79.69	0.5170	1.0000e-04
4	200	00:00:06	85.94	0.4309	1.0000e-04
5	250	00:00:07	90.63	0.3470	1.0000e-04
6	300	00:00:08	93.75	0.2263	1.0000e-04
7	350	00:00:10	98.44	0.1263	1.0000e-04
7	400	00:00:11	96.09	0.1077	1.0000e-04
8	450	00:00:12	99.22	0.0903	1.0000e-04
9	500	00:00:13	98.44	0.0888	1.0000e-04
10	550	00:00:15	100.00	0.0556	1.0000e-04
11	600	00:00:16	100.00	0.0381	1.0000e-04
12	650	00:00:17	100.00	0.0260	1.0000e-04
13	700	00:00:18	100.00	0.0279	1.0000e-04
13	750	00:00:19	100.00	0.0321	1.0000e-04
14	800	00:00:21	100.00	0.0261	1.0000e-04
15	850	00:00:22	99.22	0.0313	1.0000e-04
16	900	00:00:23	100.00	0.0223	1.0000e-04
17	950	00:00:24	100.00	0.0188	1.0000e-04
18	1000	00:00:26	100.00	0.0144	1.0000e-04
19	1050	00:00:27	100.00	0.0200	1.0000e-04

（续）

训练回合	迭代次数	时间消耗/（hh:mm:ss）	最小批－精度/%	最小批－损失	基础学习率
19	1100	00:00:29	100.00	0.0226	1.0000e-04
20	1150	00:00:30	100.00	0.0141	1.0000e-04
20	1160	00:00:30	100.00	0.0143	1.0000e-04

识别精度和损失函数值随迭代变化的曲线如图 8-11 所示。

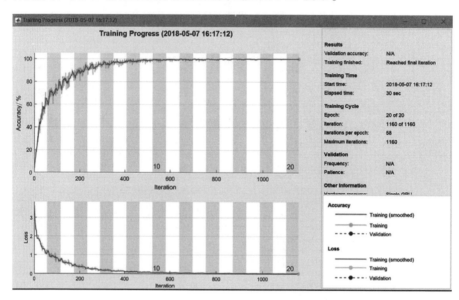

图 8-11　识别精度和损失函数值随迭代变化的曲线

8.5　应用实例——基于 GoogleNet 的图片分类

对目标图片分类是深度神经网络的一个重要应用，下面通过基于 GoogleNet 的两个实例，说明深度神经网络的使用方法。GoogleNet 在 ImageNet 数据集上进行训练，GoogleNet 的训练图片超过 100 万张，能够分类 1000 个目标，如鼠标、键盘、笔、各种动物等。

8.5.1　基于 GoogleNet 进行图片分类

基于 MATLAB 的 GoogleNet 图片分类代码如下。

```
clc
clear all
```

```
close all
% % 导入 googelnet,可以从 mathwork 网站下载后安装
net = googlenet;
% %
inputSize = net. Layers(1). InputSize
classNames = net. Layers(end). ClassNames;
numClasses = numel(classNames);
disp(classNames(randperm(numClasses,10)))% 显示随机的 10 个标签

I = imread('peppers. png');
figure
imshow(I)% 显示图片
size(I)
I = imresize(I,inputSize(1:2));% 调整大小
figure
imshow(I)
% % Classify Image
[label,scores] = classify(net,I);% 分类
label
figure
imshow(I)
title(string(label) + ", " + num2str(100* scores(classNames = = la-
bel),3) + "% ");
% % Display Top Predictions
[~,idx] = sort(scores,'descend');% 降序排列
idx = idx(5:-1:1);
classNamesTop = net. Layers(end). ClassNames(idx);
scoresTop = scores(idx);

figure
barh(scoresTop)
xlim([0 1])
title('Top 5 Predictions')
xlabel('Probability')
yticklabels(classNamesTop)
```

运行该程序，可以获得如下结果。

输入尺度为

```
inputSize =
```

```
224    224       3
```

随机的 10 个标签为

```
'speedboat'
'window screen'
'isopod'
'wooden spoon'
'lipstick'
'drake'
'hyena'
'dumbbell'
'strawberry'
'custard apple'
```

待检测的图片尺寸为

```
384      512       3
```

分类结果为

```
bell pepper
```

基于 GoogelNet 的图片识别结果如图 8-12 所示。

类型：bell pepper精度，95.5%

图 8-12　基于 GoogelNet 的图片识别结果

预测的 Top5 类型的概率分布如图 8-13 所示。

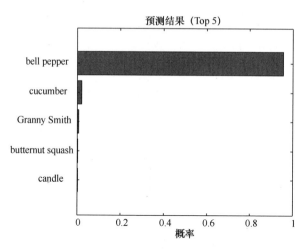

图 8-13 预测的 Top5 类型的概率分布

8.5.2 基于 GoogleNet 迁移学习的图片分类

　　网络将图像作为输入，然后输出图像中对象的标签以及每个对象类别的概率。迁移学习通常用于深度学习应用程序，可以使用预训练网络并将其作为学习新任务的起点。

　　对于深度神经网络的训练，开始网络学的是通用的特征，之后才越来越细化，学习与任务相关的特征。因此，迁移学习就是利用预训练好网络的一部分，利用任务数据集训练新的网络部分，从而减少训练难度，获得更好的训练效果。一般的迁移学习按照如下步骤进行。

　　（1）训练好一个网络，称之为基础网络。

　　（2）把它的前 n 层复制到目标网络的前 n 层。

　　（3）目标网络剩下的其他层随机初始化。

　　（4）开始训练目标网络。

　　其中，在进行反向传播计算的时候，有两种方法：①把迁移过来的前 n 层冻结起来，即在训练目标网络的时候，不改变这 n 层的值；②不冻结这前 n 层，而是不断调整它们的值，称为微调。这个主要取决于目标数据集的大小和前 n 层的参数个数，如果目标数据集很小，而参数个数很多，为了防止过拟合，通常采用冻结的方法；反之，采用微调的方法。

　　例如，基于 GoogleNet 需要对一个新图片数据集进行分类，新的数据集包含 5 类共 75 张图片，部分图片如图 8-14 所示。

图 8-14 待分类数据集部分图片

基于 MATLAB 的迁移学习代码如下。

```
clc
clear all
close all
%% 加载数据
unzip('MerchData.zip');% 解压缩并将新图像作为图像数据存储加载,数据集只
包含 75 个图像。
imds = imageDatastore('MerchData',...
    'IncludeSubfolders',true,...
    'LabelSource','foldernames');
% 使用 70% 的图像进行训练,30% 进行验证。
[imdsTrain,imdsValidation] = splitEachLabel(imds,0.7,'randomized');
```

```
%% 加载预训练网络
net = googlenet;

%% 从预训练的网络中提取图层图并绘制图层图。
lgraph = layerGraph(net);
figure('Units','normalized','Position',[0.1 0.1 0.8 0.8]);
plot(lgraph)
 net.Layers(1)
 inputSize = net.Layers(1).InputSize;
 lgraph = removeLayers(lgraph,{'loss3-classifier','prob','output
'});% 移除分类层

%% 替换最终图层
numClasses = numel(categories(imdsTrain.Labels));% 数据标签数
newLayers = [

fullyConnectedLayer(numClasses,'Name','fc','WeightLearnRateFactor',
10,'BiasLearnRateFactor',10)
     softmaxLayer('Name','softmax')
     classificationLayer('Name','classoutput')];
 lgraph = addLayers(lgraph,newLayers);% 添加新分类层

%%
lgraph = connectLayers(lgraph,'pool5-drop_7x7_s1','fc');
figure('Units','normalized','Position',[0.3 0.3 0.4 0.4]);
plot(lgraph)
ylim([0,10])
%% 冻结初始图层
layers = lgraph.Layers;
connections = lgraph.Connections;
% edit(fullfile(matlabroot,'examples','nnet','main','freezeWeights.m'))
%
edit(fullfile(matlabroot,'examples','nnet','main','createLgraphUs-
ingConnections.m'))
 layers(1:110) = freezeWeights(layers(1:110));
 lgraph = createLgraphUsingConnections(layers,connections);
%% 训练网络
pixelRange = [-30 30];
```

```matlab
    imageAugmenter = imageDataAugmenter(...
        'RandXReflection',true,...
        'RandXTranslation',pixelRange,...
        'RandYTranslation',pixelRange);
    augimdsTrain = augmentedImageDatastore(inputSize(1:2),imdsTrain,...
        'DataAugmentation',imageAugmenter);
    augimdsValidation
augmentedImageDatastore(inputSize(1:2),imdsValidation);
    options = trainingOptions('sgdm',...
        'MiniBatchSize',10,...
        'MaxEpochs',6,...
        'InitialLearnRate',1e-4,...
        'ValidationData',augimdsValidation,...
        'ValidationFrequency',3,...
        'ValidationPatience',Inf,...
        'Verbose',false ,...
        'Plots','training-progress');

    net = trainNetwork(augimdsTrain,lgraph,options);

    %% 对验证图像进行分类
    [YPred,probs] = classify(net,augimdsValidation);
    accuracy = mean(YPred == imdsValidation.Labels);

    %%
    function layers = freezeWeights(layers)
    for ii = 1:size(layers,1)
        props = properties(layers(ii));
        for p = 1:numel(props)
            propName = props{p};
            if ~isempty(regexp(propName, 'LearnRateFactor$', 'once'))
                layers(ii).(propName) = 0;
            end
        end
    end

    end

    function lgraph = createLgraphUsingConnections(layers,connections)
    lgraph = layerGraph();
```

```
for i = 1:numel(layers)
    lgraph = addLayers(lgraph,layers(i));
end
for c = 1:size(connections,1)
    lgraph
connectLayers(lgraph,connections. Source{c},connections. Destination{c});
end
end
```

运行上述代码，可以获得如图 8-15～图 8-17 所示结果。

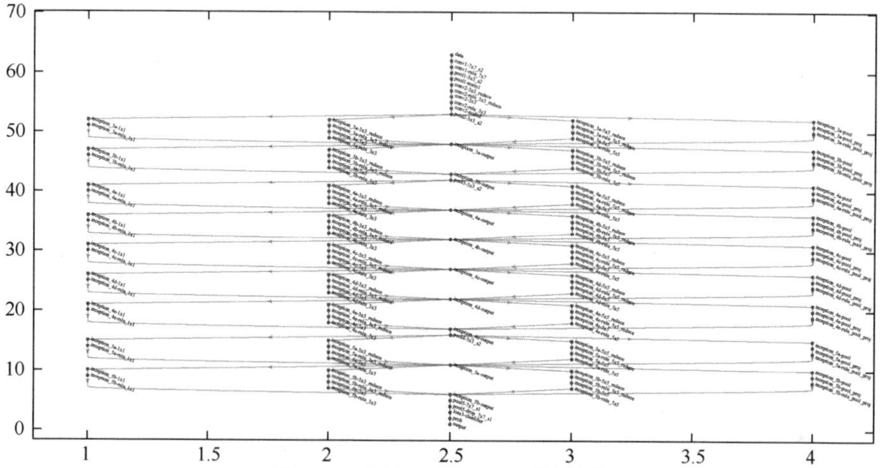

图 8-15　迁移 GoogleNet 网络结构

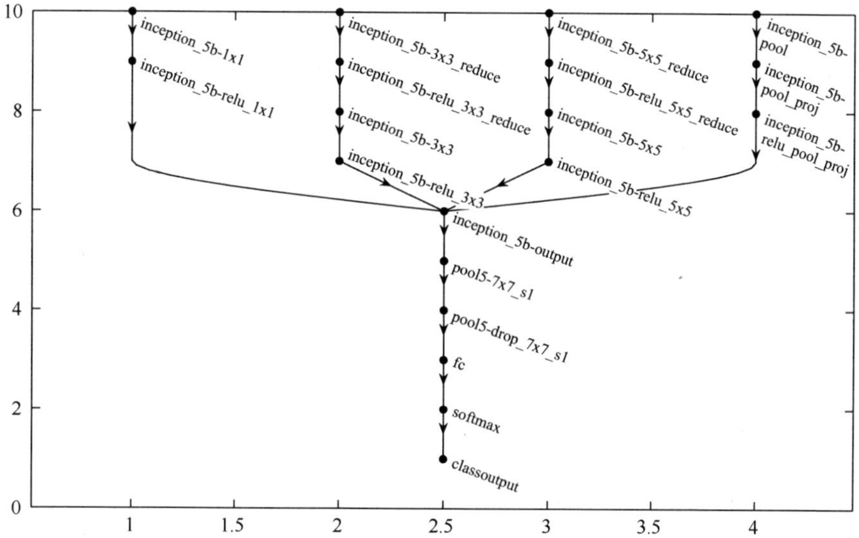

图 8-16　新增网络结构

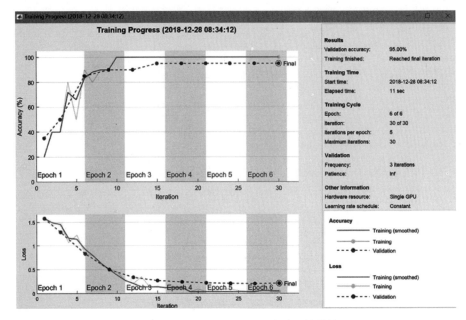

图 8-17　基于 GoogleNet 迁移学习的训练

8.6　几种改进的卷积神经网络

卷积神经网络的相关研究已经进行得如火如荼，学术成果层出不穷。自 LeNet-5 模型的提出标志着 CNN 的正式成型，到目前，卷积神经网络已经广泛运用到多个方面。针对面临的新问题，许多新的卷积神经网络结构被提出。

AlexNet 是在 2012 年被发表的一个典型的深度神经网络模型，并在当年取得了 ImageNet 最好成绩。其官方提供的数据模型，准确率达到 57.1%，top1 ~ 5 达到 80.2%。这项对于传统的机器学习分类算法而言，已经相当的出色。

VGGNet 是牛津大学计算机视觉组（Visual Geometry Group）和 Google DeepMind 公司的研究员一起研发的的深度卷积神经网络，在 ILSVRC 2014 上取得了第二名的成绩，将 Top-5 错误率降到 7.3%。

2014 年，Christian Szegedy 等设计的 GoogleNet 深度卷积神经网络在当年的 ILSVRC 比赛中，将 top-5 误差降到 6.67%，比 2013 年的效果好了将近一倍。该模型共有 22 层，虽然层数相比于 Alexnet 更深，但参数量却少了 12 倍，准确率也更高。

在 2015 年，来自微软的何凯明团队，给出了一种前所未有的卷积神经网络——残差神经网络（ResNet），ResNet 引入了残差网络结构（Residual Network），通过残差网络，可以把网络结构拓展到 1000 多层，最终的网络分类的效果也是非常好。其主要方法是通过在输出个输入之间引入一个 Shortcut Connection，而不是简单地堆叠网络，这样可以解决网络由于很深出现梯度消失的问题，如图 8-18 所示。

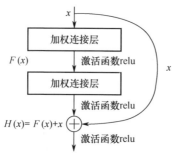

图 8-18　残差网络

近年来，随着计算机技术的发展，卷积神经网络突破了计算量的限制，在图像识别领域取得了快速的发展。作为 AI 技术的重要基础之一，通过无数的科研工作者为之做出的贡献，卷积神经网络的运用将更加广泛。

习题 8

1. 简述深度学习的理论基础和基本思想。
2. 简述深度学习的发展与应用现状。
3. 卷积神经网络是通过哪些措施提高其训练效率的？
4. 简述用深度学习方法进行手写体识别的一般流程。

第 **9** 章

神经计算的发展与展望

　　神经网络的研究，最早可追溯至 1890 年的一部关于人脑结构及功能的专著——《心理学原理》（*Principles of Psychology*），人工神经网络的研究则始于 1943 年的 MP 人工神经元模型。其后，1949 年的神经网络 Hebb 学习规则、1958 年的感知器（Perceptron）模型等激发了人们对人工神经网络的热情。1969 年，分析了以感知器模型为代表的神经网络系统局限性的《感知器》一书出版，加之同时期人们在神经网络研究与运用遇到了一些难以解决的困惑，以及人们对计算机迅速发展的热切期待，关于神经网络的研究由此开始经历了十多年的冷遇期。1982 年的 Hopfield 网络及其后的波尔兹曼（Boltzmann）机、径向基函数（RBF）网络、多层前馈神经网络的误差反向传播的 BP 算法等一系列重要成果的推出，再次激发了人们的研究热情。进入 21 世纪，关于人工神经网络的研究更是在理论和应用上齐头并进，2006 年，基于多隐含层神经网络结构的深度学习概念被提出，它模仿人脑机制来处理图像、语音和文本的数据信息；2009—2012 年，瑞士人工智能研究所的 J. Schmidhuber 教授运用递归神经网络和深度神经网络在模式识别和机器学习领域取得了骄人成绩；同时期其他关于深度神经网络的学习方法和应用研究也如火如荼。时至今日，多种人工神经网络模型、学习（训练）算法被提出，并应用于众多领域，解决了许多实际问题。

　　目前，人们对人工神经网络的研究热情远未结束，并将随着人们对生物神经网络的再认识而向纵深发展。未来的神经网络仍将沿着应用研究和由应用需求牵引的理论研究两个方向发展。

　　神经网络应用研究可分为以下两类。

　　（1）工程应用。神经网络毕竟只是一个算法模型，真正发挥其价值需要跟各个领域中的应用相结合，常见的领域包括：模式识别、信号处理、知识工程、专家系统、优化组合、智能控制等。随着神经网络理论本身以及相关理论、相关技术的不断发展，神经网络的应用定将更加深入。

（2）软硬件。大部分的神经网络研究模式都遵循着理论先行先试原则，因此需要强有力的软件模拟和硬件实现；目前常用的软件框架有 TensorFlow、Caffe、Theano、Keras 等；专用硬件实现的方法和技术包括 FPGA 实现、GPU 实现、神经芯片、DSP 加速板以及 TPU 实现等。

目前，人工神经网络已经在一些特定领域取得了举世瞩目的成绩，可它的学习和训练往往是一个艰难的过程。首先网络的设计没有严格确定的方法（一般凭经验），所以选择训练方法和所需网络结构没有统一标准。而且脱机训练往往需要很长时间，为了获得最佳效果，常常要重复试验多次，最后网络收敛性的问题也很难保证。不过随着越来越多科研工作者的投入，未来人工神经网络的理论和应用均会越来越成熟，其用武之地不可想象。

神经网络理论研究主要包括以下 3 个方面。

（1）利用神经生理与认知科学研究人类思维以及智能机理，进一步丰富对人脑结构和思维机理的认识。

（2）希望在理论上寻找新的突破，深入研究网络算法和性能，如稳定性、收敛性、容错性、鲁棒性等；开发新的网络数理理论，如深度神经网络、卷积神经网络、神经网络动力学、非线性神经场等。

（3）在神经网络结构有所改进，以适应智能化社会对处理大数据、模式识别等对深度学习的需要。

第3篇 进化计算

环境多样性决定了生物多样性，生物多样性是生物被动或主动适应周围环境的结果，这一漫长的自适应过程，称为进化。受生物自然选择和遗传变异等进化行为的启发，人们发明了一系列进化计算技术，称为进化算法（Evolutionary Algorithms）。进化算法是一类具有选择、交叉、变异等生物进化特征算子的、模拟生物进化原理和遗传变异理论的优化算法的总称。该类算法是受生物进化过程中"优胜劣汰"的自然选择机制和遗传信息的传递规律的影响，把要解决的问题的可行解集看作"生存环境"，并在其中随机选取一部分组成初始种群，通过程序迭代模拟生物自然演化过程，寻求最优解。

在进化算法的初始群体中，每个个体均是给定问题可行解空间中的一点。按照一定的规则，通过选择、交叉、变异等过程，使群体进化到可行解空间中越来越好的区域。选择过程使群体中适应性好的个体比适应性差的个体有更多的参与进化的机会，交叉算子将父辈信息结合在一起并将它们传到子代个体，变异在群体中引入了新的变种。

进化算法的两大特点是群体搜索策略和群体中个体之间的信息交换。其优越性主要表现在：首先，进化算法在搜索过程中容易找到全局最优解。如在多峰（谷）优化问题中，通常包含多个局部最优解，而全局最优解只是其中一个局部最优解。从单点出发，往往只会得到一个局部最优解。而从多点出发，沿着多个方向搜索，虽然每个点最后收敛于一个局部最优解，但这些局部最优解中可能就包含全局最优解。其次，进化算法采用自然进化机制来描述复杂的现象，是对问题的整个参数空间给出一种编码方案，而不是直接对问题的具体参数进行处理，即编码方案不受具体问题性质的限制，能有效地解决传统优化算法难以解决的大规模复杂优化问题。再者，由于算法固有的并行性，大大节省了寻优时间。

经过半个多世纪的发展，人们已经提出了近 10 种进化计算及其改进方法，具体包括遗传算法（Genetic Algorithms）、遗传规划（Genetic Programming）、进化策略（Evolution Strategies）和进化规划（Evolution Programming）等经典方法，以及差分进化算法（Differential Evolution）、人工免疫算法（Artificial Immune System）、量子进化算法（Quantum-inspired Evolutionary Algorithm）等人们近期提出的一系列算法。

本篇主要介绍遗传算法、差分进化算法和人工免疫算法等常见进化算法的基本概念、基本原理和典型应用实例。

第 10 章

遗传算法

遗传算法（Genetic Algorithm，GA）是模拟生物进化论中自然选择和遗传学机理的生物进化过程的计算模型，是一种通过模拟自然进化过程搜索最优解的方法。它最初由美国 Michigan 大学 J. H. Holland 教授于 1975 年首先提出，现已成为智能计算的关键技术之一。其主要特点是直接对结构对象进行操作，不存在可导和函数连续性的限定；具有内在的隐并行性和更好的全局寻优能力；采用概率化的寻优方法，能自动获取和指导优化的搜索空间，自适应地调整搜索方向，不需要确定的规则。遗传算法的这些性质，已被人们广泛地应用于组合优化、机器学习、信号处理、自适应控制和人工生命等领域。目前，它是进化计算中发展最成熟、应用面最广的一种方法。本章将介绍遗传算法的基本概念、基本原理及其应用实例。

10.1　遗传算法的生物学基础

遗传算法的生物学基础就是孟德尔的遗传学和达尔文的进化论。子代与父代之间存在相似性，是由承载遗传基因的染色体的分离与自由组合所决定，"种瓜得瓜，种豆得豆"是自然界生物繁衍所遵循的一个普遍规律，即遗传律；子代与父代之间存在差异性，是由为适应生存环境而产生的遗传基因改变所决定，"适者生存"是自然界中生物进化过程中所遵循的又一个普适规律，即进化律。生物的遗传特性是其染色体决定的，或者说是由染色体中的基因及其排列方式（即基因编码）决定的，生物种群的进化过程就是为适应周围自然环境而不断改变其遗传特性的过程。在历史长河中能够生存下来的生物，绝大多数都具备适合其周围环境的"优秀"基因，即符合"适者生存"的基本规律。

遗传算法是通过对生物遗传和进化过程中选择、交叉、变异机理的模拟，来完成对问题最优解的概率搜索过程，是一种最有代表性的仿生算法。

10.2 遗传算法的基本理论

10.2.1 遗传算法的基本原理

遗传算法在仿生过程中通常抛开要解决问题的具体表现形式，直接将要求解的问题的参数，按照一定的规则编排在一起作为染色体，直接代表"生物个体"，并在待求解问题的参数空间内，随机选择一定数量的染色体作为参与遗传进化的初始群体，即父代个体群。然后根据具体问题设计相应的评价规则，即构造适应度函数，来评价初始群体中的个体，选择出有资格繁衍后代者，以及经过交叉、变异等操作后新生成的个体。然后让适应度高的"优秀"个体以大概率保留下来，继续参与遗传变异操作，优生后代。循环往复，直至选出"最优个体"，即待求解问题的最优解。

10.2.2 全局优化问题

全局优化问题是最优化领域中最为普遍的问题，而遗传算法则是解全局优化问题的最有力工具。

全局优化问题的定义：给定非空集合 S 作为搜索空间，$f: S \rightarrow R$ 为目标函数，全局优化问题作为任务 $\max_{x \in S} f(x)$ 给出，即在搜索空间中找到至少一个使目标函数最大化的点。

全局最大值（点）的定义：函数值 $f^* = f(x^*) < +\infty$ 称为一个全局最大值，当且仅当 $\forall x \in S \Rightarrow f(x) \leqslant f(x^*)$ 成立时，$x^* \in S$ 被称为一个全局最大值点（全局最优解）。

10.2.3 遗传算法的实现流程

遗传算法是一种通用的全局搜索和优化算法，它根据"适者生存，优胜劣汰"等自然进化规则来实施搜索和优化操作，可用于许多传统数学方法难以解决的复杂问题。它的运算遵循如图 10-1 所示的流程。

上述流程包含算法初始化、个体评价、群体进化过程、算法终止判断 4 部分。具体可分为以下基本步骤：

（1）选择编码策略，把参数集合 X 转换为位串结构空间 S；

（2）定义适应度函数 $f(x)$；

（3）确定遗传策略，包括群体规模，选择、交叉、变异算子及其概率；

（4）随机生成初始种群 P，初始化进化代数 $t = 0$；

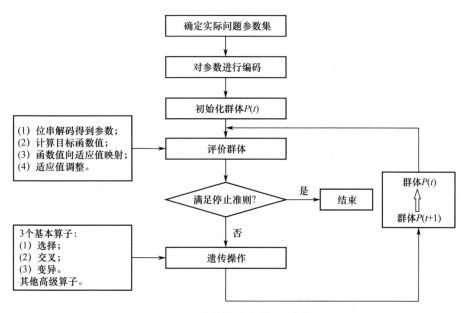

图 10-1 遗传算法实现流程框图

（5）确定算法终止条件；

（6）计算群体中各个体的适应度值；

（7）按照遗传策略，将遗传算子作用于种群，产生下一代种群 ；

（8）$t = t + 1$，迭代终止判定。

上述步骤涉及六大要素，即参数编码、初始群体的设定、适应度函数的设计、遗传操作的设计、控制参数设定和迭代终止条件设定。

10. 2. 4 遗传算法基本要素

由上可见，作为进化算法之一的遗传算法，其求解过程摒弃了传统优化方法需要的严密数学推导，整个过程就是由以下的松散要素构成。

1. 空间

对于给定的优化问题，首先需要构造两个空间，即问题的表现型个体所组成的空间称为问题空间（搜索空间、参数空间）；由 GA 的基因型个体所组成的空间称为遗传空间（编码空间、基因空间）。这是两个"等价"空间，遗传算子将在 GA 编码空间中对位串个体进行操作，完成算法求解的绝大部分工作。

2. 个体（染色体）

将待求解的问题空间的参数，或者说问题空间中的任一可行解，按一定规则编排在一起所形成的一维排列，称作个体或染色体。它是遗传空间中的点

（形式解），是遗传运算的对象。

3. 基因

基因是构成染色体的基本单位，是遗传算子操作的基本粒子。

4. 编码

编码是将问题空间的可行解形式映射为遗传空间的形式解的过程。由于GA 计算过程的鲁棒性，它对编码的要求并不苛刻。原则上任何形式的编码都可以，只要存在合适的对其进行操作的遗传算子，使得它满足模式定理和积木块假设。在处理实数域问题时，人们最常使用的是二进制编码。具体过程如下。

设某问题抽象为 n 维连续函数

$$y = f(x), x = (x_1, x_2, \cdots, x_n), x_i \in [u_i, v_i], i = 1, 2, \cdots, n \tag{10-1}$$

问题的参数空间为

$$P^n = \{x_1, x_2, \cdots, x_n\} \tag{10-2}$$

假设各维变量的精度为小数点后 m 位，则 x_i 的二进制编码位串的长度为 L_i：

$$L_i = \left\lceil \log_2 \left(\frac{v_i - u_i}{10^{-m}} \right) \right\rceil \tag{10-3}$$

式中：$\lceil \ \rceil$ 为上取整。

表示精度为

$$\Delta x_i = (v_i - u_i) / (2^{L_i} - 1) \tag{10-4}$$

那么 x 的编码从左到右依次构成总长度为 $L = \sum\limits_{i=1}^{n} L_i$ 的二进制编码位串。相应的 GA 编码空间为

$$S^L = \{a_1, a_2, \cdots, a_n\} \tag{10-5}$$

式中：$a_i = a_{i1} a_{i2} \cdots a_{iL_i}; a_{ij} \in \{0, 1\}, i = 1, 2, \cdots, n$。

该空间上的个体位串结构为

$$s = a_{11} a_{12} \cdots a_{1L_1} a_{21} a_{22} \cdots a_{2L_2} \cdots a_{i1} a_{i2} \cdots a_{iL_i} \cdots a_{n1} a_{n2} \cdots a_{nL_n} \tag{10-6}$$

式中：$a_{ij} \in \{0, 1\} (i = 1, 2, \cdots, n; j = 1, 2, \cdots, L_i)$。

采用二进制编码的 GA 进行数值优化时，可以通过改变编码长度，协调搜索精度和搜索效率之间的关系。

关于组合问题的二进制编码：在很多组合优化问题中，目标函数和约束函数均为离散函数，采用二进制编码往往具有直接的语义，可以将问题空间的特征与位串的基因相对应。

除上述的二进制编码外，还可以根据要求解的具体问题和个人偏好，选择实数编码、浮点数编码等。但不管采用哪种形式的编码，问题编码一般应满足以下 3 个原则。

完备性（Completeness）：问题空间中的所有点都能能成为 GA 编码空间中的点的表现型，即编码应能覆盖整个问题空间。

健全性（Soundness）：GA 编码空间中的染色体位串必须对应问题空间中的某一潜在解，即每个编码必须是有意义的。

非冗余性（Non-redundancy）：染色体和潜在解必须一一对应。

5. 译码

将遗传空间的最优形式解映射为搜索空间的最优解的过程，它是编码的逆过程。

例如，对于式（10-6）给定的二进制编码位串，其第 i 位段的译码形式为

$$x_i = u_i + \frac{v_i - u_i}{2^{L_i} - 1}\Big(\sum_{j=1}^{L_i} a_{ij} 2^{L_i - j}\Big), i = 1, 2, \cdots, n \qquad (10\text{-}7)$$

6. 种群

多个个体组成种群，遗传操作之初的最原始种群称作初始种群。

初始群体的设定，特别是群体规模的设定，对遗传算法性能有着重要的影响。

1）初始群体的设定

遗传算法中初始群体中的个体是按一定规则随机产生的，通常可采用以下方法。

（1）根据问题固有知识，估计最优解所占空间在整个问题空间中的分布范围，然后，在此分布范围内设定初始群体。

（2）先随机生成一定数目的个体，然后从中挑出最好的个体加入初始群体中。这一过程不断重复，直到初始群体中个体数达到了预定的规模。

2）群体规模的设定

群体规模越大，群体中个体的多样性越高，算法陷入局部最优解的危险就越小。但是，从计算效率来看，群体规模越大，其适应度评价次数越多，计算量也就越大，从而影响算法的效率。

如果群体规模太小，会使遗传算法的搜索空间分布范围有限，因而搜索有可能停止在未成熟阶段，引起未成熟收敛（Premature Convergence）现象。

经验表明，在二进制编码且个体串不太大的前提下，为了满足隐并行性，群体个体数只要设定为 $2^{L/2}$ 即可，L 为个体串长度。当这个数比较大时，实际应用中群体规模一般取几十~几百。

7. 适应度函数

适应度函数是根据问题的目标函数所构建的能够评价个体优劣的准则函数。

遗传算法在进化搜索过程中基本不使用特定问题的信息，仅以目标函数即适应度函数为依据。适应度函数在遗传进化过程中不仅是区别群体中个体好坏的唯一方法，而且还在选择、交叉、变异等遗传操作过程中作为关键参数，决定着种群的进化方向，直接影响着遗传算法的收敛速度和效率。但是，适应度函数的定义没有一个统一标准。通常来讲，适应度函数取为待优化目标函数，或由待优化目标函数转换而来的单调、连续、非负、最大化实函数。

对最小化问题，建立如下适应函数和目标函数的映射关系：

$$\text{fit}(x) = \begin{cases} c_{\max} - f(x) & (f(x) < c_{\max}) \\ 0 & (\text{其他}) \end{cases} \tag{10-8}$$

式中：$c_{\max}$ 可以是一个较大的输入值或是理论上的最大值。

对于最大化问题，一般采用以下映射：

$$\text{fit}(x) = \begin{cases} f(x) - c_{\min} & (f(x) - c_{\min} > 0) \\ 0 & (\text{其他}) \end{cases} \tag{10-9}$$

式中：$c_{\min}$ 可以是一个输入值，或者是当前所有代或最近 K 代中 $g(x)$ 的最小值。

但选取的适应度函数通常应该满足以下原则。

（1）一致性：适应度值能反映解的优劣程度，这种意义上适应度函数也称为评价函数。

（2）计算量小：适应度函数设计应该尽可能简单，以降低计算成本。

（3）通用性强：对某类具体问题尽可能通用。

8. 选择算子

选择是从当前群体中按照一定概率选出优良个体，使他们有机会作为父代繁殖下一代个体的过程。它是一个尽可能保留群体中优胜个体、淘汰劣质个体的操作，即大概率地从当前群体中选择适应度值高的个体以生成配对池（Mating Pool）的过程。选择算子有时又称为再生算子（Reproduction Operator）或复制算子。

在遗传算法中，遗传算子有多种操作方法，最常使用的是与适应度成比例的轮盘赌（Roulette Wheel）选择方式，如图 10-2 所示。这种方式首先计算每个个体的适应度值，然后计算出此适应度值在群体适应度值总和中所占的比例，表示该个体在选择过程中被选中的概率。具体过程如下。

步骤 1　对于给定的规模为 N 的群体，个体 s_i 的适应度值为 fit（s_i）。

步骤 2　计算每个个体适应度 $\text{fit}(s_i)$ 占群体适应度总和 $\sum_{i=1}^{N} \text{fit}(s_i)$ 的比例，即

$$p_j = \frac{\mathrm{fit}(s_j)}{\sum\limits_{i=1}^{n} \mathrm{fit}(s_i)}, \quad j = 1, 2, \cdots, N \qquad (10\text{-}10)$$

步骤3 从第一个个体开始，依次计算适应度比例的累加和，即

$$P_0 = 0, P_1 = p_1, P_2 = p_1 + p_2, \cdots, P_i = \sum_{j=1}^{i} p_j, \cdots, P_N = \sum_{j=1}^{N} p_j = 1$$

$$(10\text{-}11)$$

步骤4 参数一个 $[0,1]$ 上的随机数 r，如果 $P_j < r \leqslant P_k, 0 \leqslant j < k \leqslant N$，则选择一个个体 s_k。

上述步骤重复 N 次，选择出 N 个个体，构成遗传进化的群体集合。可见该选择过程很好地体现了生物进化过程中"适者生存，优胜劣汰"的思想。

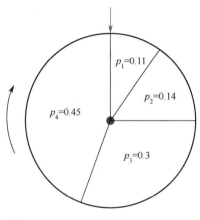

图 10-2　轮盘赌示意图

9. 交叉算子

交叉就是对染色体对进行基因重组的操作。

交叉算子模仿自然界有性繁殖的过程，即通过基因重组将父代具有的优良基因遗传给子代个体，生成含有更复杂基因结构的新个体的过程。交叉操作一般分为以下几个步骤：

（1）根据交叉概率从配对池中随机取出要交配的一对个体；

（2）根据位串长度 L，对要交叉的一对个体，随机选取 $[1, L-1]$ 中一个或多个整数作为交叉位置；

（3）在配对个体交叉位置处，相互交换各自的部分内容，从而形成新的一对个体。

常见的交叉算子有单点交叉、两点交叉。

1) 单点交叉（One-point Crossover）

单点交叉就是将由一定概率选择出的染色体对及交叉点位的右侧部分基因串进行交换，生成两个新个体。

位串 A：1 1 0 1 | 1 0 1 0

位串 B：1 0 1 1 | 0 1 0 1

位串 A'：1 1 0 1 0 1 0 1

位串 B'：1 0 1 1 1 0 1 0

2) 两点交叉（Two-point Crossover）

两点交叉就是将由一定概率选择出的染色体对及两个交叉点位之间的基因串进行交换，生成两个新个体。

位串 A：1 1 | 0 1 1 | 0 1 0

位串 B：1 0 | 1 1 0 | 1 0 1

位串 A'：1 1 | 1 1 0 | 0 1 0

位串 B'：1 0 | 0 1 1 | 1 0 1

单点交叉是由 Holland 提出的最基础的一种交叉方式。单点交叉操作的信息量比较小，交叉点位置的选择可能带来较大的偏差（Position Bias）。按照 Holland 的思想，一点交叉算子不利于长距模式的保留和重组，而且位串末尾的重要基因总是被交换（尾点效应，End-point Effect）。故实际应用中采用较多的是两点交叉。

交叉算子的设计一般与所求解的具体问题有关，任何交叉算子需满足交叉算子的评估准则，即交叉算子需保证前一代中优秀个体的性状能在下一代的新个体中尽可能得到遗传何继承。此外，交叉算子设计和编码设计需协调操作。

10. 变异算子

变异是对按一定概率选择出的染色体及基因点位进行改变的操作，根据变异概率将染色体中的某一位或几位基因值用其他基因值来替代，从而生成新个体。对于二进制编码而言，就是将染色体中的某些基因位进行取反操作：即从"1"变为"0"，从"0"变为"1"。

变异算子的主要作用是维持群体的多样性。相对于交叉操作来讲，变异操作是产生新个体的辅助方法，但它实现了遗传算法的局部搜索能力。

11. 循环终止条件

关于 GA 迭代过程如何终止，一般采用设定最大代数的方法。该方法简单易行，但不准确，容易造成计算资源浪费。其次，可以利用某种判定准则，当判定出群体已经进化成熟且不再有进化趋势时，就可终止算法的运行过程。如连续几代个体平均适应度的差异或方差小于某一个极小的值；或者群体中个体多样性降低到某个预先指定的阈值等。第三，可以根据群体的收敛程度来判断，通过计算种群中的基因多样性测度，即所有基因位的相似性程度来进行控制等。

12. 控制参数

在遗传算法的运行过程中，存在一组对其性能产生重大影响的参数。在设计遗传算法时需要合理地选择和控制这组参数，以使遗传算法以最佳的搜索轨迹达到最优解。这组参数主要包括群体规模 N、交叉概率 p_c、变异概率 p_m 以及终止代数 T 等。许多学者进行了大量实验研究，给出了最优参数建议。

（1）**群体规模 N**：如前所述，当 N 取值较大时，个体的多样性好，可以改进 GA 搜索的质量，防止成熟前收敛。但大群体增加了个体适应性评价的计算量，从而使收敛速度降低；当 N 取值较小时，可提高遗传算法的运算速度，但却降低了群体的多样性，有可能会引起遗传算法的早熟现象。一般情况下专家建议 $N = 20 \sim 200$。

（2）**交叉概率 p_c**：交叉概率控制着交叉算子的应用频率，在每一代新的群体中，需要对 $p_c \cdot N$ 个个体的染色体结构进行交叉操作。交叉概率越高，群体中新结构的引入越快，已获得的优良基因结构的丢失速度也相应升高。而交叉概率太低则可能导致搜索阻滞。一般取 $p_c = 0.60 \sim 0.8$。

（3）**变异概率 p_m**：变异操作是保持群体多样性的有效手段，交叉结束后，交配池中的全部个体位串上的每位等位基因按变异率 p_m 随机改变，因此每代中大约发生 $p_m \cdot N \cdot L$ 次变异。变异概率太小，可能使某些基因位过早丢失的信息无法恢复；而变异概率过高，则遗传搜索将变成随机搜索。一般取 $p_m = 0.005 \sim 0.01$。

（4）**终止代数 T**：终止代数 T 式表示遗传算法运行结束条件的一个参数，它表示遗传算法运行到指定的进化代数之后就停止运行，并将当前群体中的最佳个体作为所求问题的最优解输出。一般视具体问题而定，建议的取值范围是 $100 \sim 5000$。

实际上，上述参数与问题的类型有着直接的关系。问题的目标函数越复杂，参数选择就越困难。从理论上来讲，不存在一组适用于所有问题的最佳参数值，随着问题特征的变化，有效参数的差异往往非常显著。如何设定遗传算法的控制参数以使遗传算法的性能得到改善，还需要结合实际问题深入研究，以及有赖于遗传算法理论研究的新进展。

10.3　遗传算法的 MATLAB 实现

GA 算法是一种应用非常广泛的进化算法，相应的函数已经集成到 MAT-LAB 软件中，可以直接调用。为了说明遗传算法的具体实现过程，以一个边界约束的连续函数的极值问题进行说明。

$$\max y = 10\sin(5x) + 7|x - 5| + 10, x \in [0,10]$$

```
function [bestx,bestval] =GA_opt(popsize,chromlength,pc,pm,maxcycle)
% 参数设置
clc
clear all
close all
popsize =100;% 种群大小
chromlength =10;% 二进制编码长度
pc = 0.6;% 交叉概率
pm = 0.001;% 变异概率
pop = initpop(popsize,chromlength);% 初始种群
 fitvalue = cal_objvalue(pop);% 计算适应度值(函数值)
 [bestval,ind] =max(fitvalue);
 bestx = binary2decimal(pop(ind,:));
maxcycle =100;
ybestfit =zeros(1,maxcycle);
for i = 1:maxcycle
    newpop = selection(pop,fitvalue);% 选择操作
    newpop = crossover(newpop,pc);% 交叉操作
    newpop = mutation(newpop,pm);% 变异操作
    pop = newpop;% 更新种群
    fitvalue = cal_objvalue(pop);% 计算适应度值(函数值)
    % 寻找最优解
    [bestindividual,bestfit] = best(pop,fitvalue);
    if bestfit >bestval
    bestx = binary2decimal(bestindividual);
    bestval =bestfit;
    end
  ybestfit(i) =bestval;

    x1 = binary2decimal(newpop);
    y1 = cal_objvalue(newpop);
```

```
        if mod(i,10) = = 0
            figure;
            fplot(@ (x)10.* sin(5.* x) +7.* abs(x -5) +10,[0 10])
            hold on;
            plot(x1,y1,'* ');
            title(['迭代次数为 n = ' num2str(i)]);
            xlabel('x 值')
            ylabel('y 值')
        end
    end
    figure
    plot(ybestfit,'r - ','linewidth',2)
    xlabel('迭代次数')
    ylabel('最优值')
end


function pop = initpop(popsize,chromlength)
% popsize:种群大小
% chromlength:染色体长度 - - > >转化的二进制长度
% 输出变量:pop:种群
pop = round(rand(popsize,chromlength));% 初始化种群大小
end


function pop2  = binary2decimal(pop)
% 输入变量:二进制种群
% 输出变量:十进制数值
[px,py] = size(pop);
 pop1 = zeros(px,py);
for i = 1:py
        pop1(:,i) = 2.^(py - i).* pop(:,i);
end
% sum(.,2)对行求和,得到列向量
temp = sum(pop1,2);
pop2 = temp* 10/1023;% 约束范围【0,10】
end


function [objvalue] = cal_objvalue(pop)
% 计算函数目标值
```

```
% 输入变量:二进制数值
% 输出变量:目标函数值
x = binary2decimal(pop);% 转化二进制数为 x 变量的变化域范围的数值
objvalue =10* sin(5* x) +7* abs(x -5) +10;
end


function [newpop] = selection(pop,fitvalue)
% 如何选择新的个体
% 输入变量:pop 二进制种群,fitvalue:适应度值
% 输出变量:newpop 选择以后的二进制种群
[px,py] = size(pop);
totalfit = sum(fitvalue);
p_fitvalue = fitvalue/totalfit;
p_fitvalue = cumsum(p_fitvalue);% 累加
ms = sort(rand(px,1));% 从小到大排列
fitin = 1;
newin = 1;
newpop = zeros(px,py);
while newin < =px % 构造轮盘
    if ms(newin) <p_fitvalue(fitin)   % 先比较最小的随机数
        newpop(newin,:) =pop(fitin,:);
        newin = newin +1;     % 小于最小的随机数则新种群加一
      else
        fitin =fitin +1;   % 如果大于,则对累加的概率向量加一,即与后一
个进行比较
      end
end   % 直到比较完
end


function [newpop] = crossover(pop,pc)
% 交叉变换
% 输入变量:pop:二进制的父代种群数,pc:交叉的概率
% 输出变量:newpop:交叉后的种群数
[px,py] = size(pop);
newpop = pop;
for i = 1:2:px -1
```

```
            if rand < pc
                    cpoint = ceil(rand* py);% 随机选择一个位置
                    newpop(i,:) = [pop(i,1:cpoint),pop(i +1,cpoint +1:py)];
                    newpop(i +1,:) = [pop(i +1,1:cpoint),pop(i,cpoint +1:
py)];
            end
    end
end


function [newpop] = mutation(pop,pm)
% 输入变量:pop:二进制种群,pm:变异概率
% 输出变量:newpop 变异以后的种群
[px,py] = size(pop);
newpop = pop;
for i = 1:px
        if rand < pm
                mpoint = ceil(rand* py);% 变异的位置
                if  pop(i,mpoint) = = 0
                    newpop(i,mpoint) = 1;
                else
                    newpop(i,mpoint) = 0;
                end
        end
end
end


function [bestindividual, bestfit] = best(pop,fitvalue)
% 求最优适应度函数
% 输入变量:pop:种群,fitvalue:种群适应度
% 输出变量:bestindividual:最佳个体,bestfit:最佳适应度值
[bestfit,ind] =max(fitvalue);
bestindividual =pop(ind,:);
end
```

运行该程序可以得到如下结果。

（1）不同迭代次数的解分布（图 10-3）。

（2）解的收敛曲线（图 10-4）。

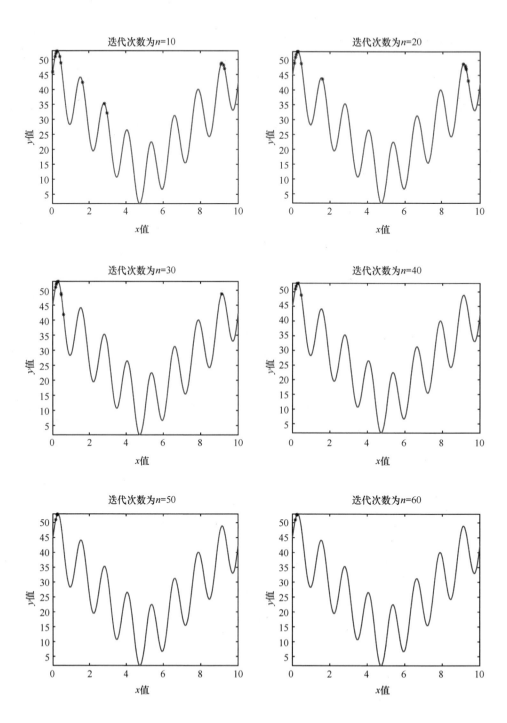

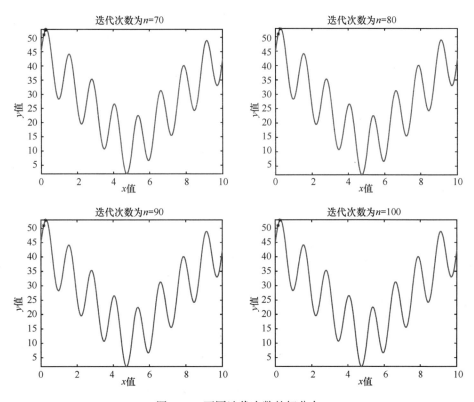

图 10-3　不同迭代次数的解分布

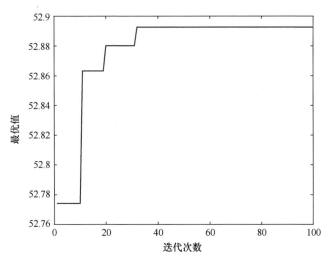

图 10-4　解的收敛曲线

10.4　应用实例——利用遗传算法求解规划问题

如下所示的非线性规划问题，求其最优解。

$$y = 200 \times \exp(-0.05x) \times \sin(x)$$

$$\text{s. t.} \quad -2 < x < 2$$

利用 MATLAB 遗传算法工具箱进行计算。

```
% 主程序代码,
clc
close all
clear all
% 设置参数
options = optimoptions('ga', 'PlotFcn', {@ gaplotbestf, @ gaplot-
bestindiv, @ gaplotexpectation, @ gaplotstopping});
% 利用 ga 进行计算
% [x, fval, exitflag, output] = ga(fitnessfun, nvars, A,b, Aeq, beq,
LB,UB, nonlcon, options)
% fitnessfun——适应度函数;
% nvars——变量的个数;
% A b——表达式 A* X < =b;
% Aeq beq——线性等式约束矩阵 Aeq* X = beq;
% LB——变量的下界;
% UB——变量的上界;
% nonlcon——非线性约束;
% options——设置参数;
% x——最优值
% fval——最优值适应度
% exitflag——算法结束标志;
% output——输出参数;
[x,fval,exitflag,output] = ga(@ fitnessfun,1,[],[],[],[],[],[],[],
options);
% 适应度函数
function f = fitnessfun(x)
    if x < -2 |x >2
        f =100;
    else
        f = -200* exp(-0.05* x)* sin(x);
    end
end
```

运行该段代码，可以获得最优值 $x = 1.5213$，并可以获得迭代过程中的最优值变化图像（图10-5）。

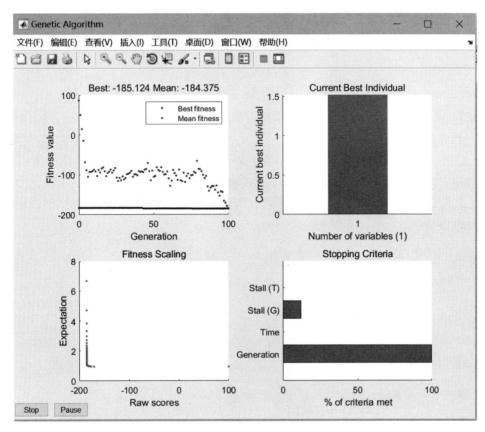

图 10-5　GA 算法的迭代参数图像

10.5　应用实例——利用遗传算法求解
物流配送路径优化问题

10.5.1　物流配送路径优化问题

物流配送是现代化物流系统的一个重要环节，它是指按用户的订货要求，在配送中心进行分货、配货，并将配好的货物及时送交收货人的活动。在物流配送业务中，需要解决物流配送路径优化问题。

物流配送路径优化问题可以描述为：从某物流中心用多台配送车辆向多个客户送货，每个客户的位置和货物需求量一定，每台配送车辆的载重量一定，其一次配送的最大行驶距离一定，要求合理安排车辆配送路线，使目标函数得到优化，并满足以下条件：

(1) 每条配送路径上各客户的需求量之和不超过配送车辆的载重量；

(2) 每条配送路径的长度不超过配送车辆一次配送的最大行驶距离；

(3) 每个客户的需求必须满足，且只能由一台配送车辆送货。

设物流中心有 K 台配送车辆，每台车辆的载重量为 $Q_k(k = 1,2,\cdots,K)$，其一次配送的最大行驶距离为 D_k，需要向 L 个客户送货，每个客户的货物需求量为 $q_i(i = 1,2,\cdots,L)$，客户 i 到 j 的运距为 $d_{ij}(i,j = 1,2,\cdots,L)$，物流中心到各客户的距离为 $d_{0j}(j = 1,2,\cdots,L)$，再设 n_k 为第 k 台车辆配送的客户数（$n_k = 0$ 表示未使用第 k 台车辆），用集合 R_k 表示第 k 条路径，其中的元素 r_{ki} 表示客户 r_{ki} 在路径 k 中的顺序为 i（不包括物流中心），令 $r_{k0} = 0$ 表示物流中心，若以配送总里程最短为目标函数，则可建立如下物流配送路径优化问题的数学模型：

$$\min Z = \sum_{k=1}^{K} \left(\sum_{i=1}^{n_k} d_{r_{k(i-1)}r_{ki}} + d_{r_{kn_k}r_{k0}} \cdot \text{sign}(n_k) \right)$$

$$\text{s. t. } (1) \ \sum_{i=1}^{n_k} q_{r_{ki}} \leqslant Q_k$$

$$(2) \ \sum_{i=1}^{n_k} d_{r_{k(i-1)}r_{ki}} + d_{r_{kn_k}r_{k0}} \cdot \text{sign}(n_k) \leqslant D_k$$

$$(3) \ 0 \leqslant n_k \leqslant L$$

$$(4) \ \sum_{k=1}^{K} n_k = L$$

$$(5) \ R_k = \{r_{ki} | r_{ki} \in \{1,2,\cdots,L\}, i = 1,2,\cdots,n_k\}$$

$$(6) \ R_{k_1} \cap R_{k_2} = \phi \ \forall k_1 \neq k_2$$

$$(7) \ \text{sign}(n_k) = \begin{cases} 1 & n_k \geqslant 1 \\ 0 & \text{其他} \end{cases}$$

上述模型中：式（1）保证每条路径上各客户的货物需求量之和不超过配送车辆的载重量；式（2）保证每条配送路径的长度不超过配送车辆一次配送的最大行驶距离；式（3）表明每条路径上的客户数不超过总客户数；式（4）表明每个客户都得到配送服务；式（5）表示每条路径的客户组成；式（6）限制每个客户仅能由一台配送车辆送货；式（7）表示当第 k 辆车服务的客户数 1 时，说明该台车参加了配送，则取 $\text{sign}(n_k) = 1$，当第 k 辆车服务的客户数 <1 时，表示未使用该台车辆，因此取 $\text{sign}(n_k) = 0$。

10.5.2 基于 GA 进行求解

某物流中心有 2 台配送车辆，其载重量均为 8t，车辆每次配送的最大行驶距离为 50km，配送中心（其编号为 0）与 8 个客户之间及 8 个客户相互之间的距离 d_{ij}、8 个客户的货物需求量 $q_j(j=1,2,\cdots,8)$ 均见表 10-1。要求合理安排车辆配送路线，使配送总里程最短。

表 10-1　客户之间的距离和货物需求

客户	0	1	2	3	4	5	6	7	8
0	0	4	6	7.5	9	20	10	16	8
1	4	0	6.5	4	10	5	7.5	11	10
2	6	6.5	0	7.5	10	10	7.5	7.5	7.5
3	7.5	4	7.5	0	10	5	9	9	15
4	9	10	10	10	0	10	7.5	7.5	10
5	20	5	10	5	10	0	7	9	7.5
6	10	7.5	7.5	9	7.5	7	0	7	10
7	16	11	7.5	9	7.5	9	7	0	10
8	8	10	7.5	15	10	7.5	10	10	0
q_j	—	1	2	1	2	1	4	2	2

采用实数编码方式，变量共 9 位，前 8 位的排序值作为客户的顺序，第 9 位为第 1 辆车服务客户数。前 8 位设定为 [0,1] 区间，第 9 位设定为 [0,8] 区间。例如，变量 x 为

[0.7549　0.2267　0.1770　0.1499　0.3641　0.7510　0.9671　0.2045　4.5177]

对前 8 位进行排序，第 9 位取整，可得

$$[4\ 3\ 8\ 2\ 5\ 6\ 1\ 7\ 5]$$

其对应的方案为 [4 3 8 2 5] 和 [6 1 7]。

按照上述编码方式，利用 GA 算法进行求解，相应的 MATLAB 代码如下：

```
% GA 求解车辆路径优化问题
clc
close all
clear all
K = 2;       % 车辆数
L = 8;       % 客户数量
LB = [zeros(1,L),0];  % 下界
```

```
UB = [ones(1,L),L];    % 上界
% ga 设置
options = optimoptions('ga','PlotFcn', @ gaplotbestf);
options. Display = 'iter';
options. MaxGenerations = 100;
options. MaxStallGenerations = 100;
options. PopulationSize = 200;
% [x,fval,exitflag,output]  = ga(fitnessfun,nvars,A,b,Aeq,beq,LB,
UB,nonlcon,options)
[x,fval,exitflag,output] = ga(@ fitnessfun,L+1,[],[],[],[],LB,UB,
[],options);
%%
[f,ys1,ys2,x1,x2] = fitnessfun(x);
disp('最优适应值为')
disp(fval)
disp('第一辆车最优路径')
[0, x1]
disp('第二辆车最优路径')
[0, x2]


%% 适应度函数
function [f,ys1,ys2,x1,x2] = fitnessfun(x)
K = 2;     % 车辆数
L = 8;       % 客户数量
ZZ = 8;      % 车辆载重
D = 50;    % 车辆最大行驶距离
d = [0   4   6   7.5   9   20   10   16   8
     4   0   6.5   4   10   5   7.5   11   10
     6   6.5   0   7.5   10   10   7.5   7.5   7.5
     7.5   4   7.5   0   10   5   9   9   15
     9   10   10   10   0   10   7.5   7.5   10
     20   5   10   5   10   0   7   9   7.5
     10   7.5   7.5   9   7.5   7   0   7   10
     16   11   7.5   9   7.5   9   7   0   10
     8   10   7.5   15   10   7.5   10   10   0];
q = [1   2   1   2   1   4   2   2];   % 客户的货物需求量
[m,n] = size(x);
f = zeros(1,m);
```

```
for i =1:m
    x0 =x(i,:);
    [~,ind] =sort(x0(1:L));
    nx =round(x0(end));
    x1 =ind(1:nx); % 两车的路径
    x2 =ind(nx +1:end);
    % 路径1
    s1 =0;
    if ~isempty(x1)
        s1 =s1 +d(1,x1(1));
        for j =1:length(x1)-1
            s1 =s1 +d(1 +x1(j),1 +x1(j +1));
        end
        s1 =s1 +d(1 +x1(end),1);
    end
    % 路径2
    s2 =0;
    if ~isempty(x2)
        s2 =s2 +d(1,x2(1));
        for j =1:length(x2)-1
            s2 =s2 +d(1 +x2(j),1 +x2(j +1));
        end
        s2 =s2 +d(1 +x2(end),1);
    end
    %% 约束
    ys1 =max(sum(q(x1))-ZZ,0) +max(sum(q(x2))-ZZ,0);
    ys2 =max(s1-D,0) +max(s2-D,0);
    f(i) =s1 +s2 +100* ys1 +100* ys2;   % 基于罚函数的方法
end
end
```

运行上述代码，可得如下结果。

最优适应值为：62

第一辆车最优路径：[0 4 7 6]

第二辆车最优路径：[0 1 3 5 8 2]

迭代优化曲线如图10-6所示。

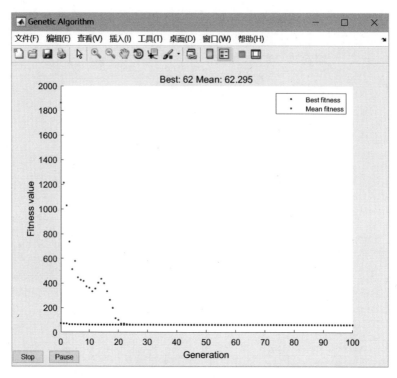

图 10-6 GA 求解车辆路径优化问题迭代优化曲线

每一代的优化数据见表 10-2。

表 10-2 GA 求解车辆路径优化问题的迭代数据

迭代次数	评价次数	最优值适应值	平均适应值	解无改进搜索次数
1	400	68	1222	0
2	600	65.5	864	0
3	800	65.5	707.2	1
4	1000	64	497.5	0
5	1200	64	481.8	1
6	1400	63.5	396.5	0
7	1600	63.5	258.9	1
8	1800	62	263.8	0
9	2000	62	240.4	1
10	2200	62	199.6	2
11	2400	62	203.5	3

（续）

迭代次数	评价次数	最优值适应值	平均适应值	解无改进搜索次数
12	2600	62	153.8	4
13	2800	62	118.3	5
14	3000	62	109.8	6
15	3200	62	83.69	7
16	3400	62	81.44	8
17	3600	62	75.56	9
18	3800	62	71.47	10
19	4000	62	71.39	11
20	4200	62	69.37	12
21	4400	62	67.62	13
22	4600	62	63.8	14
23	4800	62	62.02	15
24	5000	62	62.09	16
25	5200	62	62.11	17
26	5400	62	62.05	18
27	5600	62	62.05	19
28	5800	62	62.09	20
29	6000	62	62.02	21
30	6200	62	62.05	22
31	6400	62	62.05	23
32	6600	62	62.05	24
33	6800	62	62.07	25
34	7000	62	62.05	26
35	7200	62	62.05	27
36	7400	62	62.07	28
37	7600	62	62.09	29
38	7800	62	62.02	30
39	8000	62	62.02	31
40	8200	62	62.02	32
41	8400	62	62	33

（续）

迭代次数	评价次数	最优值适应值	平均适应值	解无改进搜索次数
42	8600	62	62	34
43	8800	62	62.05	35
44	9000	62	62.09	36
45	9200	62	62.07	37
46	9400	62	62.09	38
47	9600	62	62.07	39
48	9800	62	62.07	40
49	10000	62	62.02	41
50	10200	62	62.02	42
51	10400	62	62.09	43
52	10600	62	62.05	44
53	10800	62	62.05	45
54	11000	62	62.07	46
55	11200	62	62.05	47
56	11400	62	62.07	48
57	11600	62	62.13	49
58	11800	62	62.02	50
59	12000	62	62.05	51
60	12200	62	62.02	52
61	12400	62	62.02	53
62	12600	62	62.07	54
63	12800	62	62.05	55
64	13000	62	62.02	56
65	13200	62	62.02	57
66	13400	62	62.05	58
67	13600	62	62.02	59
68	13800	62	62.05	60
69	14000	62	62.02	61
70	14200	62	62.05	62
71	14400	62	62.02	63

（续）

迭代次数	评价次数	最优值适应值	平均适应值	解无改进搜索次数
72	14600	62	62.02	64
73	14800	62	62.02	65
74	15000	62	62	66
75	15200	62	62.02	67
76	15400	62	62	68
77	15600	62	62.05	69
78	15800	62	62	70
79	16000	62	62	71
80	16200	62	62	72
81	16400	62	62	73
82	16600	62	62.09	74
83	16800	62	62.05	75
84	17000	62	62.09	76
85	17200	62	62.09	77
86	17400	62	62.07	78
87	17600	62	62.09	79
88	17800	62	62.02	80
89	18000	62	62	81
90	18200	62	62.05	82
91	18400	62	62.05	83
92	18600	62	62.02	84
93	18800	62	62	85
94	19000	62	62.07	86
95	19200	62	62.02	87
96	19400	62	62.02	88
97	19600	62	62.05	89
98	19800	62	62.07	90
99	20000	62	62.05	91
100	20200	62	62.05	92

10.6 遗传算法特点及其改进算法

相比于其他传统优化搜索算法，遗传算法具有以下显著特点：

（1）利用概率随机搜索技术，在适应度的引导下，对编码的可行解空间进行搜索，便于遗传算子操作；

（2）采用群体搜索策略，同时对搜索空间的多个解进行评估和改进处理，搜索过程具有全局性和并行性，提高了算法收敛效率和所得解的质量；

（3）进化方向仅靠能正确评价个体优劣的适应度函数来指引，且对适应度无连续、可导的要求，拓展了遗传算法的应用范围。

遗传算法的上述优点，也不能掩盖其存在的不足，如有时初始解群分布不均匀时易趋于未成熟收敛，陷入局部极优。究其原因，在于遗传算子的变异概率较小，没能保持群体的多样性。另外，在其他情况下也可能出现局部搜索能力差、不收敛等现象。为此，人们提出了一系列的改进算法，以提高算法运行效率和求解质量。如：

（1）采用显性与隐性两个染色体同时进化的双倍体遗传算法，该方法延长了低适应度染色体中有用基因块的寿命，提高了算法的收敛能力和低变异概率情况下的个体多样性；

（2）使用两个群体同时进化，并交换两个群体之间优秀个体所带遗传基因的双群体遗传算法，该方法可以打破种群的平衡状态以达到更高的平衡态，有利于算法跳出局部最优，达到全局最优；

（3）使交叉概率和变异概率能够随群体中个体适应度的情况而自动改变的自适应遗传算法，该方法既能保持群体的多样性，又能保证算法的收敛性。

此外，还有关于编码机制、选择策略、交叉算子等方面的改进方法，以及与免疫算法等其他算法结合，构成混合遗传算法的改进方法。

1. 编码方式的改进

除二进制编码外，还存在以下各具特色的编码方式：

1）格雷码编码

格雷码，连续的两个整数所对应的编码值之间只有一个码位不相同。格雷码有这样一个特点：任意两个整数的差是这两个整数所对应的海明距离（Hamming Distance）。这个特点是遗传算法中使用格雷码进行个体编码的主要原因。格雷码编码方法的主要优点是：

（1）便于提高遗传算法的局部搜索能力；

（2）交叉、变异等遗传操作易于实现；

（3）符合最小字符集编码原则；

（4）便于用模式定理对算法进行理论分析。

2）浮点数编码

浮点数编码方法：指个体的每个基因值用某一范围内的一个浮点数来表示，个体的编码长度等于其决策变量的个数，个体变量的长度等于决策变量的真实值，所以也叫真值编码方法。它有以下几个优点：

（1）适合于在遗传算法中表示范围较大的数；

（2）适合于精度较高的遗传算法；

（3）便于较大空间的遗传搜索；

（4）改善了遗传算法的复杂性，提高了运算效率；

（5）便于遗传算法与经典优化方法的混合使用；

（6）便于设计针对问题的专门知识的知识型遗传算子；

（7）便于处理复杂的决策变量约束条件。

3）符号编码

符号编码方法是指个体染色体编码串中的基因值取自一个无数值含义，而只有代码含义的符号集。它的主要优点如下：

（1）符合有意义积木块编码原则；

（2）便于在遗传算法中利用所求解问题的专门知识；

（3）便于遗传算法与相近似算法之间的混合使用。

但对于使用符号编码方法的遗传算法，一般需要认真设计交叉、变异等遗传运算的操作方法，以满足问题的各种约束要求，这样才能提高算法的搜索性能。

4）参数编码

参数编码方法：对含有多个变量的个体进行编码的方法，包含两种编码方法。多参数级联编码方法：将各个参数分别以某种编码方法进行编码，然后再将它们的编码按一定顺序联接在一起就组成了表示全部参数的个体编码。多参数交叉编码方法：将各个参数中起主要作用的码位集中在一起。

2. 选择算子的改进

轮盘赌选择方法是选择算子最常用的方法，但需要注意的是，当群体中个体适应度值的差异非常大时，最佳个体与最差个体被选择的概率之比（选择压力）也将按指数增长。最佳个体在下一代的生存机会将显著增加，而最差个体的生存机会将被剥夺。当前群体中的最佳个体将快速充满整个群体，导致群体的多样性迅速降低，GA 也就过早地丧失了进化能力。这是轮盘赌选择方式容易出现的问题。

为此，人们提出了以下改进方法。

1）Boltzmann 选择

在群体进化过程中，不同阶段需要不同地选择压力。早期阶段选择压力较小，希望较差的个体也有一定生存机会，使得群体保持较高的多样性；后期阶段，选择压力较大，希望 GA 缩小搜索邻域，加快当前最优解的改善速度。为了动态调整群体进化过程中的选择压力，Goldberg 设计了 Boltzmann 选择方法。个体选择概率为

$$p_s(a_j) = \frac{e^{f(a_j)/T}}{\sum\limits_{i=1}^{n} e^{f(a_i)/T}}, \quad j = 1, 2, \cdots, n \tag{10-12}$$

式中：$T > 0$ 为退火温度。T 随着迭代的进行逐渐缩小，选择压力将随之升高。T 是控制群体进化过程中选择压力的关键，一般 T 的选择需要考虑预计最大进化代数。

2）排序选择

排序选择方法是将群体中个体按其适应度值由大到小的顺序排成一个序列，然后将事先设计好的序列概率分配给每个个体。显然，排序选择与个体的适应度值的绝对值之间无直接关系，仅仅与个体之间适应度值的相对大小有关。排序选择不利用个体适应度值绝对值的信息，可以避免群体进化过程中的适应度标度变换。由于排序选择概率比较容易控制，所以在实际计算过程中经常采用，特别是适用于动态调整选择概率，根据进化效果适时改变群体的选择压力。最常用的排序选择方法是采用线性函数将队列序号映射为期望的选择概率，即线性排序选择（Linear Ranking Selection）。

对于给定的规模为 n 的群体 $P = \{a_1, a_2, \cdots, a_n\}$，并且满足个体适应度值降序排列 $f(a_1) \geq f(a_2) \geq \cdots \geq f(a_n)$。假设当前群体最佳个体 a_1 在选择操作后的期望数量为 η^+，即 $\eta^+ = n \times p_1$；最差个体 a_n 在选择操作后的期望数量为 $\eta^- = n \times p_n$。其他个体的期望数量按等差序列计算：

$$\Delta\eta = \eta_j - \eta_{j-1} = \frac{\eta^+ - \eta^-}{n - 1}$$

则

$$\eta_j = \eta^+ - \Delta\eta(j-1) = \eta^+ - \frac{(\eta^+ - \eta^-)}{n-1}(j-1)$$

故现在排序选择概率为

$$p_s(a_j) = \frac{1}{n}\left(\eta^+ - \frac{(\eta^+ - \eta^-)}{n-1}(j-1)\right) \quad (j = 1, 2, \cdots, n) \tag{10-13}$$

由 $\sum\limits_{j=1}^{n} \eta_j = n$ 可以导出 $\eta^+ + \eta^- = 2$。要求 $p_i \geq 0, \eta^- \geq 0$，故 $1 \leq \eta^+ \leq 2$。当 $\eta^+ = 2, \eta^- = 0$ 时，即最差个体在下一代生存的期望数量为 0，群体选择压力最

大；当 $\eta^+ = \eta^- = 1$ 时，选择方式为按均匀分布的随机选择，群体选择压力最小。

3）联赛选择（Tournament Selection）

联赛选择的基本思想是从当前群体中随机选择一定数量的个体（放回或者不放回），将其中适应值最大的个体放入配对池中。反复执行这一过程，直到配对池中的个体数量达到设定的值。联赛规模用 q 表示，也称 q-联赛选择。联赛选择与个体的适应度值由间接关系，注重适应度值大小的比较。根据大量实验总结，联赛规模一般取 $q=2$。

联赛选择的选择概率也是比较容易控制的，实际计算中也经常采用，适用于在 GA 迭代过程中动态调整选择概率，将进化效果与群体选择压力联系起来。

研究证明，当群体规模比较大时，联赛选择与排序选择的个体选择概率基本相同。

4）精英选择

从 GA 的整个选择策略来讲，精英选择是群体收敛到优化问题全局最优解的一种基本保障。如果下一代群体的最佳个体适应度值小于当前群体最佳个体的适应度值，则将当前群体最佳个体或者适应度值大于下一代最佳个体适应度值的多个个体直接复制到下一代，随机替代和替代最差的下一代群体中的相应数量的个体。这样，可以加快算法收敛速度。

5）稳态选择

稳态选择操作中，仅有少量个体按适应度值比例选择方法被选择，通过遗传操作生成新的个体。新个体放回到群体中时，随机替代等量的旧个体，或者替代等量的最差的旧个体。Holland 将稳态选择方法应用于分类器规则学习中，最大程度继承已获得的规则，实现增量学习。

3. 交叉算子的改进

除了上述的一点交叉和二点交叉方式外，还有多点交叉（Multi-point Crossover）、一致交叉等多种基本交叉算子。

1）多点交叉（Multi-point Crossover）

位串 A：11 | 01 | 10 | 10

位串 B：10 | 11 | 01 | 01

位串 A'：11 | 11 | 10 | 01

位串 B'：10 | 01 | 01 | 10

多点交叉是上述两种交叉的推广，有时又被称为广义交叉，它可以大大增加个体的多样性。但多点交叉既影响遗传算法的在线和离线性能，又不利于有效保存重要的模式。

2）一致交叉

一致交叉即染色体位串上的每一位按相同概率进行随机均匀交叉。一致交叉算子生成的新个体位：$s'_1 = a'_{11}a'_{12}\cdots a'_{1L}$，$s'_2 = a'_{21}a'_{22}\cdots a'_{2L}$，操作描述如下：

$$O(p_c,x):a'_{1i} = \begin{cases} a_{1i} & (x > 1/2) \\ a_{2i} & (x \leq 1/2) \end{cases}$$

$$a'_{2i} = \begin{cases} a_{2i} & (x > 1/2) \\ a_{1i} & (x \leq 1/2) \end{cases}$$

x 是取值为 $[0,1]$ 上符合均匀分布的随机变量。

Spears 和 De Jong 认为一致交叉算子不存在多点交叉算子操作引起的位置偏差，任意基因位的重要基因在一致交叉作用下均可以重组，并遗传给下一代个体。

4. 与人工免疫算法结合形成免疫遗传算法

（1）结合细胞免疫理论对选择算法改进：将目标函数看作抗原，问题可行解看作抗体，抗体与抗原的亲和力看作可行解的适应度，对亲和力高且浓度小的抗体，加大选择概率，从而抑制群体中浓度抗体，保持群体多样性，增强全局寻优能力。详见第 11 章。

（2）增加免疫算子（接种疫苗和免疫选择）：提高算法收敛速度并防止群体退化。详见第 11 章。

习题 10

1. 遗传算法有哪几种主要算子？
2. 在遗传算法中，什么时候高的变异概率是一个优势？
3. 适应度函数在进化算法中有什么重要性？
4. 简述遗传算法的基本原理与主要求解步骤。
5. 遗传算法的常见编码方法有几种？
6. 简述各遗传算子在遗传算法求解过程中的基本作用。
7. 应用遗传算法时，需要考虑哪几种参数的设定？
8. 编程实现用遗传算法求函数 $f(x,y) = 4\sin(xy) + x^2 + y^2, x \in [-2,2]$，$y \in [-2,2]$ 的最大值。

第 11 章

人工免疫算法

人工免疫算法是模仿生物免疫系统的免疫机制，结合生物进化机理，构造出的一种新型仿生优化算法。它具有一般进化算法的群体搜索、迭代计算、最终以较大概率收敛到问题最优解的典型特征，是一种并行、自适应、全局收敛的进化算法。现已在模式识别、数据挖掘、信息安全、机器学习、组合优化等众多领域获得成功应用。本章介绍人工免疫算法的基本概念、基本原理和典型应用实例。

11.1　人工免疫算法的生物学机理

人工免疫算法（Artificial Immune Algorithm，AIA）是在免疫学尤其是理论免疫学的基础上发展起来的，因此离不开对生物免疫系统的理解和研究，也与免疫学的发展密不可分。下面首先介绍生物免疫系统的基本概念、组成和功能。

11.1.1　生物免疫系统的基本概念

生物免疫系统是高等脊椎动物体内能够识别和排除抗原性异物，保护机体免受损害及维持体内环境稳定的极为复杂的生物学系统。抗原性异物简称为抗原，它包括外源性的细菌、病菌和内源性的病变细胞（如肿瘤细胞）、异常代谢产物等"非己"物质。但不管是曾经遇到过的"非己"物质，还是未曾遇到过的"非己"物质，免疫系统均能识别并产生一种抵抗该"非己"物质的特殊蛋白质——抗体，将其清除。抗体将抗原物质消灭后，仍留在生物体内。免疫系统强大的识别能力和免疫功能，即来源于抗体的多样性。

（1）抗原是指能够刺激和诱导机体产生免疫应答，并能与应答产物在体内或体外发生特异性反应的物质。

（2）抗体是指免疫系统受抗原刺激后，免疫细胞转化为浆细胞并产生能与抗原发生特异性结合的免疫球蛋白。

（3）亲和度表征免疫细胞与抗原的结合强度。

（4）免疫是指生物机体在受到抗原刺激后所产生的识别和排除抗原、维持机体平衡的一系列复杂的生理过程。

（5）T 细胞是一种源于骨髓的多潜能干细胞。T 细胞受到抗原刺激后，开始进行一系列的增殖、分化，形成效应 T 细胞和小部分记忆 T 细胞。效应 T 细胞与被抗原入侵的宿主细胞（即靶细胞）密切接触，激活靶细胞内的溶酶体酶，使靶细胞的通透性改变，渗透压发生变化，最终导致靶细胞裂解死亡。细胞内的抗原也因失去藏身之所而被抗体粘附，失去反抗之力，接着被吞噬系统的细胞所吞噬。当同一种抗原再次进入机体时，记忆 T 细胞就会迅速增殖、分化，形成大量的效应 T 细胞，继而产生更强的特异性免疫反应。

11.1.2 生物免疫系统的组成与功能

生物免疫系统是由免疫分子、免疫组织和免疫细胞组成的复杂系统，这些组成免疫系统的组织和器官就是人们熟知的淋巴器官和淋巴组织，它们分布在生物体各处，用来完成各种免疫防卫功能。

生物免疫系统的功能包括免疫防御、免疫稳定和免疫监视，可以维持机体免疫系统的稳定，并降低肿瘤、持续性感染等疾病发生的可能性，特别是在检测和消除感染方面显示出精确的调节能力。

（1）免疫防御即抗感染免疫，是机体免疫系统排斥抗原性异物的一种免疫保护功能。

（2）免疫稳定是机体免疫系统及时清除体内损伤、衰老、变性的血细胞、抗原–抗体复合物，维持机体内环境相对稳定的一种生理功能。

（3）免疫监视是免疫系统及时识别、清除体内变异细胞和病毒干扰细胞的一种生理保护功能。

（4）免疫识别 是免疫系统的主要功能，识别的本质是区分"自己"和"非己"。免疫识别是通过淋巴细胞上的抗原受体与抗原的结合来实现的。未成熟的免疫细胞首先要经历一个审查环节，只有那些不能与"自己"（即机体本身组织）发生应答的免疫细胞才可以成熟，执行免疫应答的任务，从而防止免疫细胞对机体造成错误攻击。该过程称为否定选择，是免疫识别的一种主要方式。

（5）免疫调节。在免疫反应过程中，大量抗体的产生降低了抗原对免疫细胞的刺激，从而抑制抗体的分化和增殖，同时产生的抗体之间也存在相互刺激与抑制的关系，以保持机体的免疫平衡。

（6）免疫记忆。当免疫系统在首次识别抗原后，以最优抗体的形式保留对该抗原的记忆信息。而当免疫系统再次遇到相同或者结构相似的抗原时，在联想记忆的作用下，其应答速度大大提高。

（7）免疫应答是免疫系统学习、识别、记忆外部入侵异物特性，并杀死入侵异物的过程。

（8）分布式和自适应性。免疫系统的分布式特性首先取决于抗原的分布式特性，即抗原是分散在机体内部的。分散于机体各部分的淋巴细胞采用学习的方式实现对特定抗原的识别，完成识别的抗体以正常细胞变异概率的 10 倍左右进行变异，使得其亲和度提高的概率大大增加，并通过分化为效应细胞和记忆细胞分别实现对抗原的有效清除和记忆信息保留，这个过程实际上是一个适应性的应答过程。由于免疫应答机制是通过局部细胞的交互作用而不存在集中控制，所以系统的分布式进一步增强了其自适应特性。

从信息处理的角度看，免疫系统具有并行处理、学习、记忆、模式识别、自组织、自适应和保持多样性的能力，它是与遗传系统、神经系统并列的生物体三大信息系统之一。

11. 2　人工免疫算法的基本概念

人工免疫算法是基于生物免疫机理和人工免疫系统提出的一类高效的智能优化算法，简称为免疫算法（Immune Algorithm，IA）。它模拟生物免疫系统识别抗原、产生抗体、抗原与抗体结合及最终消灭抗原的过程，是对免疫系统多样性和记忆机理的抽象。生物免疫系统的信息处理机制的多样性，决定了人工免疫算法的模型和算法结构的多样性。目前常见的人工免疫模型有独特型免疫网络模型、免疫联想记忆模型、多值免疫网络模型等，常见的人工免疫算法有克隆选择算法、免疫遗传算法、反向选择算法、疫苗免疫算法等。因此，与免疫算法相关的基本概念也特别多。

（1）算法抗原。待解决的优化问题或问题的答案（最优解）。

（2）算法抗体。用编码表示的优化问题的可行解个体，它是优化问题的候选答案。

（3）初始抗体群。在优化问题的可行解空间中，随机或依据某些规则产生的 N 个候选解。在大多数问题中，N 的合适取值范围为 $10 \sim 100$。具体可根据抗体的编码维数确定：抗体的维数高，可取大些；抗体的维数低，可取小些。

（4）算法疫苗。根据待求解问题的先验知识或进化环境所得到的最佳个体基因或基因片断。

（5）亲和度函数。通常是根据待求解问题的目标函数和约束条件来构造的一个函数：$\mathrm{aff}(x), x \in S$。本质上，它是问题解（抗体）的评估函数，抗体的亲和度越高，说明抗体越接近问题的最优解。这里，x 为抗体（可行解），S 为问题的可行解集。

通常，$\mathrm{aff}(x)$ 可以选为优化问题的目标函数本身或其简单变换。

（6）抗体浓度指抗体在抗体群中与其相似的抗体所占的比例。

$$\mathrm{den}(x_i) = \frac{1}{N} \sum_{j=1}^{N} S(x_i, x_j) \tag{11-1}$$

式中：$S(x_i, x_j)$ 表示抗体 x_i 与抗体 x_j 的相似度，可表示为

$$S(x_i, x_j) = \begin{cases} 1 & (D(x_i, x_j) < \delta) \\ 0 & (D(x_i, x_j) \geqslant \delta) \end{cases} \tag{11-2}$$

式中：$D(x_i, x_j)$ 表示抗体 x_i 与抗体 x_j 的距离；δ 为距离阈值。

当抗体为实数编码时：

$$D(x_i, x_j) = \sqrt{\sum_{k=1}^{L} (x_{ik} - x_{jk})^2} \tag{11-3}$$

式中：x_{ik}、x_{jk} 分别为第 i 个抗体与第 j 个抗体的第 k 维；L 为抗体编码的维数。

当抗体为二进制编码时：

$$D(x_i, x_j) = \sum_{i=1}^{L} d_i, \ d_i = \begin{cases} 1 & (x_{ik} \neq x_{jk}) \\ 0 & (x_{ik} = x_{jk}) \end{cases} \tag{11-4}$$

（7）激励度是对抗体应答抗原和被其他抗体激活的综合能力，需要综合考虑抗体亲和度和抗体浓度。通常具有较高适应度和较低浓度的抗体，即与抗原结合强、与抗体结合弱的抗体，具有较高的激励度。可用下式计算：

$$\mathrm{Sim}(x) = \alpha \cdot \mathrm{aff}(x) - \beta \cdot \mathrm{den}(x) \tag{11-5}$$

式中：α、β 为计算参数，可根据具体情况确定。

（8）疫苗免疫算子包括抽取疫苗（优秀的基因位或基因片段）、接种疫苗（为了提高个体的适应度）和免疫选择（为了防止群体的退化）等操作。

步骤 1 提取疫苗是指分析、整理所求解问题的一些特征信息或关于问题的先验知识。它们可以是最优个体某些分量的大致取值范围，也可以是一些分量间的约束关系。疫苗不是完整的个体，它仅具备最佳个体的优秀基因位或基因片段的特征，它所包含的信息量及其正确性对群体进化产生积极的推动作用。

步骤 2 接种疫苗是指对某个个体接种疫苗是指按照先验知识来修改某些基因位上的基因，使得所得个体以较大概率具有更高的亲和度。

步骤 3 免疫选择是指在抗体群中，对接种了疫苗的个体进行激励度检测，若激励度提高，则继续；反之，若激励度降低，这时该个体将被父代中所

对应的个体所取代。同时，激励度高的个体具有更好的质量，在搜索空间更具有搜索价值，更有可能被选中进行克隆选择操作。

通过免疫算子操作，能够很好地提高抗体群的亲和度，加速迭代过程。

（9）克隆选择算子。当淋巴细胞实现对抗原的识别（即抗体对抗原亲和度超过一定阈值后），B 细胞（免疫细胞）被激活并增殖复制产生 B 细胞克隆，随后克隆细胞经历变异过程，产生对抗原具有特异性的抗体。它对应着一个亲和度成熟的过程，具体包括按亲和度比例复制、变异和选择三个操作。

步骤 1　根据每个抗体亲和度按比例对其进行复制，将复制后的个体放在复制子群中。

步骤 2　对复制子群的每个个体进行变异操作。

步骤 3　取复制子群中若干个亲和度大的抗体，替代父群体中亲和度低的等额抗体。

（10）克隆抑制。对经过变异后的克隆体的再选择，亲和度低的抗体，亦即不能识别抗原的抗体不被选择（被抑制）；亲和度高的抗体，亦即能够识别抗原的抗体被保留（被选择）进入新的抗体种群。

（11）募集新成员。在抗体空间 S 中随机生成的用于替代现抗体群中低激励度抗体的新抗体。它们有利于保持抗体的多样性、探索新的可行解空间区域，以实现全局搜索。

11.3　人工免疫算法的基本原理

人工免疫算法是对生物免疫机理抽象而得到的仿生算法，它将待优化问题对应免疫应答中的抗原，问题的可行解对应抗体，可行解质量对应抗体与抗原的亲和度，将待解决问题的答案寻优过程对应生物免疫系统识别抗原并实现抗体进化的过程，并用抗体浓度保证可行解的多样性，用抗体激励度来促进较优抗体的遗传和变异，用记忆抗体单元保存择优后的可行解来抑制相似可行解的继续产生并加速搜索到全局最优解。同时，当相似问题再次出现时，能较快产生适应该问题的较优解甚至最优解。如此，将生物免疫应答的全过程抽象为进化寻优过程，形成人工免疫智能优化算法。

11.3.1　人工免疫算法的算子

在人工免疫算法的进化搜索过程中需要操作多个算子，这些相关算子的基本概念和具体操作如下。

1. 亲和度评价算子

亲和度评价算子可以描述为函数 $aff(x):S \to R$，其中 S 为问题的可行解集合，R 为实数域。抗体之间的亲和度反映了抗体之间的相似程度，主要的计算方法分为以下 4 种。

1）亲和度评价算子

（1）抗体 – 抗原亲和度的计算方法：

$$\text{aff}(ab_i, ab_j) = \begin{cases} 1 & (\text{aff}(ab_i) = \text{aff}(ab_j)) \\ \dfrac{1}{1 + |\text{aff}(ab_i) - \text{aff}(ab_j)|} & (\text{其他}) \end{cases}$$

$$(11\text{-}6)$$

（2）欧氏距离的亲和度计算方法：

$$\text{aff}(ab_i, ab_j) = \sqrt{\sum_{k=0}^{L-1} (ab_{i,k} - ab_{j,k})^2} \qquad (11\text{-}7)$$

式中：$ab_{i,k}$ 和 $ab_{j,k}$ 分别为抗体 i 的第 k 位和抗体 j 的第 k 位；L 为抗体编码总维数。

（3）海明距离的亲和度计算方法：

$$\text{aff}(ab_i, ab_j) = \sum_{k=0}^{L-1} \partial_k \qquad (11\text{-}8)$$

式中：$ab_{i,k}$ 和 $ab_{j,k}$ 分别为抗体 i 的第 k 位和抗体 j 的第 k 位；L 为抗体编码总维数；$\partial_k = \begin{cases} 1 & (ab_{i,k} = ab_{j,k}) \\ 0 & (ab_{i,k} \neq ab_{j,k}) \end{cases}$。

当抗体采用二进制方式编码时，式（11-8）等价为

$$\text{aff}(ab_i, ab_j) = \sum_{k=0}^{L-1} |ab_{i,k} - ab_{j,k}| \qquad (11\text{-}9)$$

（4）信息熵的亲和度计算方法。

设 M 为含 m 个字符的字符集，群体 G 为由 N 个长度为 l 的字符串组成的集合，即 $G = \{X = x_1 x_2 \cdots x_l, x_i \in M, 1 \leq i \leq l\}$。

于是，G 中基因座 j 的信息熵描述为

$$H_j(G, N) = \sum_{i=1}^{m} -p_{ij} \log p_{ij} \qquad (11\text{-}10)$$

式中：p_{ij} 为 M 中第 i 个符号出现在基因座 j 上的概率。

群体 G 平均的信息熵为

$$H(G, N) = \frac{1}{l} \sum_{j=1}^{l} H_j(G, N) \qquad (11\text{-}11)$$

若 M 为二进制字符集，则抗体 $ab_{i,k}$ 和 $ab_{j,k}$ 的亲和度为

$$\text{aff}(ab_i, ab_j) = H(G, 2), G = \{ab_{i,k}, ab_{j,k}\} \qquad (11\text{-}12)$$

2）抗体浓度评价算子

抗体浓度评价算子也可以描述为函数 $\mathrm{den}(x):S \to [0,1]$，其具体的计算方法通常定义为

$$\mathrm{den}(ab_i) = \frac{1}{N}\sum_{j=0}^{N-1} \mathrm{aff}(ab_i, ab_j) \tag{11-13}$$

式中：N 为种群规模；ab_i 为种群中的第 i 个抗体；$\mathrm{aff}(ab_i, ab_j)$ 为抗体 i 与抗体 j 的亲和度。

3）激励度计算算子

抗体激励度是指抗体群中抗体应答抗原和被其他抗体激活的综合能力，通常亲和度大、浓度低的抗体会得到较大的激励度。抗体激励度的计算方法通常可以采用式（11-14）或式（11-15）的方式：

$$\mathrm{act}(ab_i) = a \times \mathrm{aff}(ab_i) - b \times \mathrm{den}(ab_i) \tag{11-14}$$

$$\mathrm{act}(ab_i) = \mathrm{aff}(ab_i) \times \mathrm{e}^{-\frac{\mathrm{den}(ab_i)}{\beta}} \tag{11-15}$$

式中：$\mathrm{act}(ab_i)$ 为抗体 ab_i 的激励度；a 和 b 为常量，其值在实际应用过程中可以进行相应的设置；β 为调节因子，$\beta \geq 1$。

4）免疫选择算子

免疫选择算子 $T_s:S \to S$ 是根据抗体的激励度确定选择哪些抗体进入克隆选择操作。免疫选择算子通常进行如下定义：

$$T_s(ab_i) = \begin{cases} 1 & (\mathrm{act}(ab_i) \geq T) \\ 0 & (\mathrm{act}(ab_i) < T) \end{cases} \tag{11-16}$$

式中：T 为激励度阈值；$\mathrm{act}(ab_i)$ 为抗体 ab_i 的激励度。

5）克隆算子

克隆算子 $T_c:S \to S$ 是将抗体群 X 中的抗体根据克隆规模进行繁殖克隆抗体的过程。设抗体群 X，$|X| = m$，抗体 ab_i 繁殖 m_i 个抗体的克隆操作可以描述为

$$T_c(ab_i) = \mathrm{clone}(ab_i) \tag{11-17}$$

式中：$\sum_{i=1}^{m} m_i = M$；m_i 可以通过下面的公式确定，即

$$m_i = r(x) \times \mathrm{aff}(ab_i) \tag{11-18}$$

繁殖函数 $r(X)$ 可以描述为

$$r(X) = \frac{M}{\sum_{i=1}^{m} \mathrm{aff}(ab_i)} \tag{11-19}$$

6）变异算子

变异算子（$T_m:S \to S$）是通过采取亲和度突变的方式实现局部的搜索。在

免疫算法模型中，当每个抗体按照亲和度比例进行复制后，均要经历高概率变异过程。所谓变异是指随机地改变抗体中某些基因位上的基因。

对于二进制编码的抗体，若 m_i 是其第 i 位基因，则其变异操作可选为

$$m_i = |m_i - 1|$$

对于十进制编码的抗体，若 m_i 是其第 i 位基因，则其变异操作可选为

$$m_i = 10\mathrm{rand}(0,1)$$

式中：rand$(0,1)$ 为取 $0 \sim 1$ 之间的随机数。

另外，还可以采用如下式所示的高斯变异算子：

$$\begin{cases} G' = G_M + \gamma \times N(0,1) \\ \gamma = \dfrac{1}{\eta} \times \mathrm{e}^{-f} \end{cases} \tag{11-20}$$

式中：G_M 和 G' 分别为父抗体和子抗体的基因；M 为种群的规模；$N(0,1)$ 为均值 $\mu = 0$，方差 $\sigma = 1$ 的高斯变量；f 为亲和度函数；η 为控制参数。

7）克隆抑制算子

克隆抑制算子（$T_r : S \to S$）是抑制亲和度低的抗体和保留亲和度高的抗体进入下一代种群，通常定义如下：

$$T_r(X_{tj}) = ab'_i \tag{11-21}$$

式中：X_{tj} 为经过克隆操作、选择操作和变异操作后产生的临时抗体群；ab'_i 为集合 X_{tj} 中亲和度最高的抗体，$\mathrm{aff}(ab'_i) = \max\{\mathrm{aff}(ab_k), ab_k \in X_{tj}\}$。

8）种群更新算子

种群更新算子（$T_d : S \to S$）指将抗体种群中激励度较低的抗体进行删除，并随机生成新抗体替代旧抗体。

11.3.2 Markov 链描述

人工免疫算法在搜索过程中非常符合 Markov 链的基本特征，其中接受概率由算法的抗体激励和抗体抑制操作来控制，仅仅依赖于新状态和当前状态。因此，人工免疫算法可以通过一个 Markov 链模型进行描述。

定义 11-1 设随机序列 $\{X(n) | n \geq 0\}$ 的离散状态空间为 E。若对于任意 m 个非负整数 $n_1, n_2, \cdots, n_m (0 < n_1 < n_2 < \cdots < n_m)$ 和任意自然数 k 以及任意 $i_1, i_2, \cdots, i_m, j \in E$ 满足：

$P\{X(n_m + k) = j | X(n_1) = i_1, X(n_2) = i_2, \cdots, X(n_m) = i_m\} = P\{X(n_m + k) = j | X(n_m) = i_m\}$ 则称 $\langle X(n) | n \geq 0 \rangle$ 为 Markov 链。

人工免疫算法的 Markov 链模型描述如下：

$$X_{n+1} = T_r(T_s \cdot T_c \cdot T_m(X_n) \oplus X_n) \cup T_d(X_{nb}) \tag{11-22}$$

式中：X_n 为第 n 代抗体种群；T_r 为克隆抑制算子；T_s 为选择算子；T_c 为克隆算子；T_m 为变异算子；T_d 为种群更新算子；X_{nb} 为种群 X_n 中亲和度较低的抗体集合，人工免疫算法的相关算子有利于算法展开全局搜索，避免陷入局部最优解。

11.4　人工免疫算法的实现步骤与计算流程

由于人工免疫算法的生物学基础是多样的，基于这些免疫学理论或机制所形成的算法形式也是多样的，如一般免疫算法、克隆选择算法、疫苗免疫算法、免疫遗传算法等。因此，也没有统一的人工免疫算法基本步骤和算法流程，下面分别以基本免疫算法、疫苗免疫算法、克隆免疫算法为例，说明人工免疫算法基本步骤和算法流程。

11.4.1　基本免疫算法的实现步骤与计算流程

基本免疫算法的实现步骤如下所示。

步骤1　抗原识别：将需要求解的问题抽象成符合人工免疫算法处理的抗原形式，抗原对应于问题的可行解。

步骤2　初始化：构造亲和度函数、确定算法终止条件、选取初始抗体种群，以及设定种群规模、种群更新比例等算法参数。

步骤3　计算抗体亲和度：利用亲和度函数计算种群中每一个抗体的亲和度，即抗体和抗原的匹配度。

步骤4　记忆细胞分化：将与抗原亲和度大的抗体作为记忆细胞加以保留，存储在记忆单元，用于辅助构造类似优化问题的初始抗体种群。记忆单元中亲和度低的抗体将被新产生的具有更高亲和度的抗体替换。

步骤5　抗体的促进与抑制：计算当前抗体亲和度和浓度，亲和度高、浓度低的抗体得到促进，亲和度低、浓度高的抗体受到抑制。

步骤6　抗体群更新：用记忆单元中亲和度高的抗体代替抗体群中亲和度低的抗体，形成新一代抗体群。

步骤7　算法终止判断：如果当前种群中包含最佳抗体或达到最大进化代数（通常取 100~500），则终止算法寻优过程，输出最优解，否则返回步骤3继续寻优计算。

基本免疫算法的基本流程如图 11-1 所示。

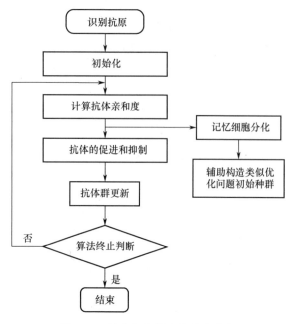

图 11-1　基本免疫算法的基本流程

11.4.2　疫苗免疫算法的实现步骤与计算流程

步骤 1　抗原识别：将需要求解的问题抽象成符合人工免疫算法处理的抗原形式。

步骤 2　初始化：构造亲和度函数、确定算法终止条件、选取初始抗体种群，以及设定种群规模、变异概率等算法参数。

步骤 3　抽取疫苗：根据进化环境或待求问题的先验知识，得到对最佳个体基因的估计。

步骤 4　计算抗体亲和度：计算种群中每一个抗体的亲和度，即抗体和抗原的匹配度。

步骤 5　算法终止判断：如果满足算法终止条件，则终止算法寻优过程，输出最优解，否则继续以下步骤。

步骤 6　产生新抗体：对当前种群进行变异操作。

步骤 7　接种疫苗：对步骤 6 得到的种群进行接种疫苗操作。

步骤 8　免疫选择：对步骤 7 得到的种群进行免疫选择操作，得到新一代种群，转步骤 4。

疫苗免疫算法的基本流程如图 11-2 所示。

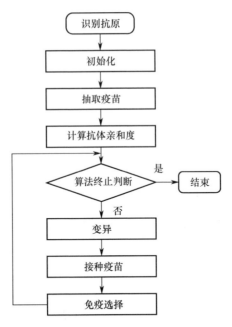

图 11-2   疫苗免疫算法的基本流程

11.4.3   克隆免疫算法的实现步骤与计算流程

克隆免疫算法的实现步骤如下所示。

步骤 1   抗原识别：将需要求解的问题抽象成符合人工免疫算法处理的抗原形式，如将待求解问题的目标函数和约束条件作为算法的抗原。

步骤 2   初始化：构造亲和度函数、确定算法终止条件、选取初始抗体种群，以及设定种群更新比例、变异概率、激励度系数、克隆个数等算法参数。

步骤 3   计算抗体亲和度：计算种群中每一个抗体的亲和度，即抗体和抗原的匹配度。

步骤 4   判断算法终止条件：如果满足算法终止条件，则终止算法寻优过程，输出最优解，否则继续寻优计算。

步骤 5   计算抗体浓度和激励度。

步骤 6   免疫选择：增加当前抗体群中浓度高的抗体的选择概率——促进，减小当前抗体群中浓度高的抗体的选择概率——抑制，以此保持群体沿着优化方向进化、保持群体中个体的多样性。免疫选择的比例可取种群大小的10%～50%，视具体问题确定。

步骤 7   克隆：对亲和度高的个体进行复制，得到克隆集。抗体克隆扩增的个数通常取为 5～10，具体可视抗体的亲和度而定，亲和度高的抗体，克隆的倍数就高，反之，克隆的倍数就低。

步骤8 变异：对克隆集中的所有个体进行变异操作，使其亲和度发生突变。

步骤9 克隆抑制：对变异抗体计算亲和度、进行再选择，抑制亲和度低的抗体，保留亲和度高的变异抗体。

步骤10 抗体群更新：用随机生成的新抗体代替种群中激励度较低的抗体，形成新一代抗体群，转步骤3。每代更新的抗体数一般不超过抗体种群的50%。

克隆免疫算法的基本流程如图11-3所示。

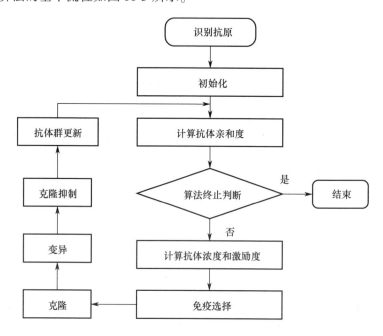

图11-3 克隆免疫算法的基本流程

11.5 人工免疫算法的 MATLAB 实现

以一个连续边界约束的函数优化为例，说明人工免疫算法的 MATLAB 实现。

```
function [bestx,bestval,bestvalcycle]=AIS_opt
% 使用免疫算法计算这个函数
% f(x) =x + 10.* sin(5.* x) + 7.* cos(4.* x) 在[-10,10]上的最大值
clc
```

```
clear all
close all
tic
lb = -10;
ub =10;
precision = 0.0001; % 求解精度
N = ceil(log2((ub-lb)/precision)); % 根据区间和精度求出编码长度 N
NP = 100; % 种群数目
maxcycle = 200; % 最大代数
Ncl = 10; % 单次克隆个体数
Fn = 0.5; % 种群刷新比例

% 初始化抗体种群
pop = round(rand(NP,N)); % 每行是一个抗体,共 NP 个
x =trans(binary2decimal(pop),lb,ub,N);% 转化为十进制数
    affinity = cal_fit(x);% 计算亲和度
    [bestval,bestind] =max(affinity);
    bestx =pop(bestind,:);

    bestvalcycle =zeros(1,maxcycle);
for t =1:maxcycle        % 开始迭代
    % 计算种群亲和度
    x =trans(binary2decimal(pop),lb,ub,N);% 转化为十进制数
    affinity = cal_fit(x);% 计算亲和度
    [bestv,bestind] =max(affinity);
    if bestval <bestv
        bestval =bestv;
        bestx =pop(bestind,:)
    end
    bestvalcycle(t) = bestval;
    % 根据亲和度大小排序
    [~,index] = sort(affinity,'descend');
    sortpop = pop(index,:);

    % 活化:对前 NP* (1-Fn)个个体进行免疫操作
    for i = 1:round(NP* (1-Fn))
        ca = repmat(sortpop(i,:), Ncl, 1);  % 克隆:
        % 变异:对每个克隆体,随机选取三位取反
```

```
        for j = 1:Ncl
               ind = ceil(N* rand(1,3));
               for k = 1:3
                     if ca(j,ind(k)) = = 0
                            ca(j,ind(k)) = 1;
                     else
                            ca(j,ind(k)) = 0;
                     end
               end
        end
        % 克隆抑制
        x = trans(binary2decimal(ca),lb,ub,N);% (j,:)
        affi_ca = cal_fit(x);% (j)
        [~,indexx] = sort(affi_ca,'descend');% 降序排列
        pop(i,:) = ca(indexx(1),:);
    end
    % 种群刷新
    pop((round(NP* (1-Fn)) +1):NP,:) = round(rand((NP-round(NP* (1-
Fn))),N));
end


% 迭代结束,计算最终种群的亲和度
final_pop =trans(binary2decimal(pop),lb,ub,N);%
affinity =cal_fit(final_pop);
toc
% huatu
plot(bestvalcycle,'r-','linewidth',2)
xlabel('迭代次数')
ylabel('最优值')
end


function y =trans(x,lb,ub,N)
y = lb + (ub-lb). * x/(2^N);
% f = @ (x) bounds(1) +x* (bounds(2)-bounds(1))/(2^N); % 解码后十进制
书到求解区间的映射函数
end


function  y =cal_fit(x)
y =x +10.* sin(5.* x) + 7.* cos(4.* x); % 直接把待求函数作为亲和度函数
```

```
end

function pop2 = binary2decimal(pop)
% 输入变量:二进制种群
% 输出变量:十进制数值
[px,py] = size(pop);
pop1 = zeros(px,py);
for i = 1:py
        pop1(:,i) = 2.^(py-i).* pop(:,i);
end
% sum(.,2)对行求和,得到列向量
pop2  = sum(pop1,2);
end
```

运行以上程序,可以获得迭代收敛曲线(图11-4),可以看出人工免疫算法的搜索效率较高,能够获得最优解。

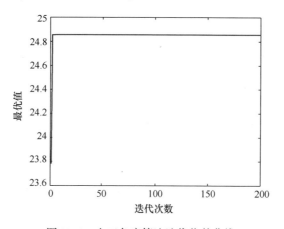

图11-4 人工免疫算法迭代收敛曲线

11.6 应用实例——群决策问题的权重确定

群决策过程中需要确定各个决策者对方案的偏好权重。设 m 个决策方案,有 p 个决策者,为了使得决策方案易于被所有决策者接受,建立了决策者权重优化模型。

$$\min C(\lambda) = \sum_{l_2=1}^{p} \sum_{l_1=1}^{p} \sum_{i=1}^{m} (\lambda_i^{(l_1)} Z_i^{(l_1)} - \lambda_i^{(l_2)} Z_i^{(l_2)})^2 \qquad (11\text{-}23)$$

$$\text{s. t.} \begin{cases} \varepsilon \leqslant \lambda_i^{(l)} \leqslant 1 \\ \displaystyle\sum_{i=1}^{m} \lambda_i^{(l)} = 1 \\ l_1 = 1,2,\cdots,p \\ l_2 = 1,2,\cdots,p \end{cases} \tag{11-24}$$

式中：$\lambda_i^{(l)}$ 为决策者 l 对方案 i 的偏好权重；$Z_i^{(l)}$ 为方案 i 根据决策者 l 属性权重下的理想值贴近度，这里不讨论其计算方法；$\mathbf{Z}$ 为参数矩阵；ε 为权重 $\lambda_i^{(l)}$ 的下界，防止出现权重过小的情况。

设获得的参数矩阵 $\mathbf{Z}$ 为

$$\mathbf{Z} = \begin{bmatrix} 0.5242 & 0.7307 & 0.5748 & 0.5363 & 0.5159 \\ 0.4551 & 0.6895 & 0.6523 & 0.4186 & 0.7605 \\ 0.5838 & 0.7167 & 0.7802 & 0.4355 & 0.3732 \\ 0.5628 & 0.7492 & 0.5208 & 0.5338 & 0.4555 \end{bmatrix}$$

利用人工免疫算法编程计算，相应的 MATLAB 代码如下所示。

```
tic
clc
clear all
lb = 0.1;
ub = 1;
precision = 0.0001; % 求解精度
N = ceil(log2((ub-lb)/precision)); % 根据区间和精度求出编码长度 N
NP = 100; % 种群数目
maxcycle = 100; % 最大代数
Ncl = 10; % 单次克隆个体数
Fn = 0.5; % 种群刷新比例
D = 4 * 5; % 根据求解问题设置
% 初始化抗体种群
pop = round(rand(NP,N* D)); % 每行是一个抗体,共 NP 个
x = trans(binary2decimal(pop,N),lb,ub,N,D);% 转化为十进制数
affinity = cal_fit(x);% 计算亲和度
[bestval,bestind] = min(affinity);
bestx = x(bestind,:);
bestvalcycle = zeros(1,maxcycle);
for t = 1:maxcycle      % 开始迭代
    % 计算种群亲和度
    x = trans(binary2decimal(pop,N),lb,ub,N,D);% 转化为十进制数
    affinity = cal_fit(x);% 计算亲和度
```

```
            [bestv,bestind] =min(affinity);
            if bestv<bestval
                bestval =bestv;
                bestx =x(bestind,:);
            end
            bestvalcycle(t) = bestval;
            % 根据亲和度大小排序
            [~,index] = sort(affinity);% 升序排序
            sortpop = pop(index,:);


            % 活化:对前 NP* (1-Fn)个个体进行免疫操作
            for i = 1:round(NP* (1-Fn))
                    ca = repmat(sortpop(i,:), Ncl, 1);   % 克隆:
                    % 变异:对每个克隆体,随机选取三位取反
                    for j = 1:Ncl
                            ind = ceil(N* rand(1,3));
                            for k = 1:3
                                if ca(j,ind(k)) = = 0
                                        ca(j,ind(k)) = 1;
                                else
                                        ca(j,ind(k)) = 0;
                                end
                            end
                    end
                    % 克隆抑制
                    x =trans(binary2decimal(ca,N),lb,ub,N);% (j,:)
                    affi_ca = cal_fit(x);% (j)
                    [~,indexx] = sort(affi_ca);% 升序排列
                    pop(i,:) = ca(indexx(1),:);
            end
            % 种群刷新
            pop((round(NP* (1-Fn)) +1):NP,:)
round(rand((NP-round(NP* (1-Fn))),N* D));
        end
        toc
    % 迭代结束,计算最终种群的亲和度
    final_pop =trans(binary2decimal(pop,N),lb,ub,N,D);%
    affinity =cal_fit(final_pop);
        [bestv,bestind] =min(affinity);
```

```
            if bestv < bestval
                bestval = bestv;
                bestx = final_pop(bestind,:);
            end
%% huatu
    x_out = reshape(bestx,4,5);
    for i = 1:4
    x_out(i,:) = x_out(i,:)/sum(x_out(i,:));
    end
    disp('最优解为')
    x_out
    disp('最优适应值为')
    bestval


semilogy(bestvalcycle,'r-','linewidth',2)
xlabel('迭代次数')
ylabel('最优值')
% end


function y = trans(x,lb,ub,N,D)
[m,n] = size(x);
 y = zeros(m,n);
for i = 1:m
        y(i,:) = lb + (ub-lb).* x(i,:)/(2^N);
end
end


function  y = cal_fit(x)
[m,n] = size(x);

Z = [0.1136    0.1855    0.1685    0.0241    0.0745
       0.0818    0.1486    0.1235    0.0259    0.0361
       0.0804    0.1683    0.1546    0.0298    0.0637
       0.1079    0.1606    0.1702    0.0484    0.0693];
y = zeros(1,m);
for   k = 1:m
        x1 = reshape(x(k,:),4,5); % 转化为矩阵
        f = sum(x1,2);
        x2 = [x1(1,:)/f(1);x1(2,:)/f(2);x1(3,:)/f(3);x1(4,:)/f
(4)];% 权重归一化,满足约束
```

```
            d = Z. * x2;
            c = zeros(4,4);
            for i = 1:4
                for j = 1:4
                    c(i,j) = sum((d(i,:)-d(j,:)).^2);
                end
            end
        uu = 0;
        if max(max(x2)) > 1 |min(min(x2)) < 0.1 % 超出阈值则附加罚因子
            uu = 1;
        end
        y(k) = sum(sum(c)) + uu;
    end
end


function pop1 = binary2decimal(pop,N)
% 输入变量:二进制种群
% 输出变量:十进制数值
[m,n] = size(pop);
D = n/N;
pop1 = zeros(m,D);
s = 1:N;
for i = 1:m
    for j = 1:D
        t = N* (j-1) +1;
        x = pop(i,t:N* j);
    pop1(i,j) = sum(2.^(s-1). * x);
    end
end
end
```

运行以上程序,可以获得如下结果（图11-5）。

最优解为

0.1240	0.1915	0.1863	0.3248	0.1735
0.2552	0.2074	0.2399	0.1548	0.1427
0.1528	0.2017	0.1852	0.1806	0.2798
0.1179	0.2477	0.2441	0.1843	0.2059

最优值为

0.0024

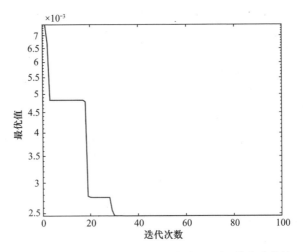

图 11-5　人工免疫算法求解权重优化问题迭代收敛曲线

11.7　应用实例——电梯交通动态分区优化

11.7.1　电梯的动态分区模型

电梯作为现代高层建筑不可缺少的垂直交通工具，在上行高峰客流期间，应该满足建筑物的交通需求。分区运行是提高电梯系统性能的一种有效方法。在电梯群控系统中，尽管每台电梯都可以服务整个大楼，但是通常并不要求每台电梯都服务每个楼层，这为电梯群提供了分区运行的可能。分区运行的主要优点是实施集中服务，提高电梯系统的客流输送能力。

设建筑物除大厅外的楼层数为 N，整个建筑物的客流需求为 U，第 i 楼的客流需求为 u_i，则 $U = \sum_{i=1}^{N} u_i$，显然，U 和 u_i 往往会偏离建筑物的实际人口分布，是经常变化的。

设建筑物内安装有 m 台电梯，所有的电梯均可服务包括大厅在内的 $N+1$ 个楼层。在高峰客流期间，每台电梯都必须服务大厅。每次分区形成的服务区间由若干相邻或者分散的楼层组成，且不会有互相重叠的现象。在高峰客流期间，实行动态分区运行；在非高峰期间，取消分区运行方式，电梯服务整个大楼的楼层。m 台电梯将 N 层大楼分成的 m 个服务分区描述如下：

交通分区 Z_1，含 $p+1$ 个楼层，$Z_1 = \{0, n_{11}, n_{12}, \cdots, n_{1p}\}$。

……

交通分区 Z_j，含 $r+1$ 个楼层，$Z_j = \{0, n_{j1}, n_{j2}, \cdots, n_{jr}\}$。

......

交通分区 Z_m，含 $s+1$ 个楼层，$Z_m = \{0, n_{m1}, n_{m2}, \cdots, n_{ms}\}$。

显然，p、r、s 均为正整数，且 $Z_j \cap Z_k = \{0\}$（$j, k = 1, \cdots, m$ 且 $j \neq k$）。设 $Z = \{0, 1, \cdots, N\}$，则有 $\bigcup\limits_{j=1}^{m} Z_j = Z$。

分区计算的目标是在当前客流下为每台电梯寻找最合适的服务分区，使得每台电梯的服务效率均衡化，以最大限度地利用电梯资源。电梯的往返运行时间均衡化就是其中的一种方法。设电梯 j 服务 Z_j，其往返运行时间为 t_{R_j}，且有 $t_R = \{t_{R_j} | j = 1, 2, \cdots, m\}, \bar{t}_R = \dfrac{1}{m} \sum\limits_{j=1}^{m} t_{R_j}$。

则最优目标函数可做如下定义：

$$\min_{Z_1 \cdots Z_m} f(t_{R_j}|_{j=1}^{m}) = \sqrt{\frac{1}{m} \sum_{j=1}^{m} (t_{R_j} - \bar{t}_R)^2}$$

t_{R_j} 可由如下公式计算：

$$t_{R_j} = 2H_j t_v + (S_j + 1) t_s + 2P_j t_p$$

式中：t_v 为电梯层间运行时间，是指电梯在两层之间以额定速度运行的所需时间，$t_v = h_f / v$，h_f 为大楼层高，v 是电梯额定速度；t_s 为停靠时间，与轿门操作时间、单层运行时间和层间运行时间 t_v 有关；t_p 为乘客转移时间；H_j 为电梯 j 的期望最高返回楼层；S_j 为电梯 j 的期望停靠次数；P_j 为电梯 j 所载乘客的期望数目。

在上行高峰期，P_j 不能简单地指定为电梯额定容量的 80%，但也不能超过电梯的额定容量 C_j，它取决于电梯 j 所服务楼层的客流总需求 U_j。P_j 可由下面的公式计算得到：

$$P_j = \begin{cases} \dfrac{U_j t_{R_j}}{300} & \left(\dfrac{U_j t_{R_j}}{300} < C_j\right) \\ C_j & \left(\dfrac{U_j t_{R_j}}{300} \geq C_j\right) \end{cases}$$

在电梯上行高峰期间，随着乘客的不断转移，各个楼层的客流需求也在不断的变化。根据非均衡人口分布的设计思想，可按如下公式计算 H_j 和 S_j：

$$\begin{cases} H_j = \sum\limits_{k=1}^{r} n_{jk} \left[\left(\sum\limits_{i=0}^{n_{jk}} \dfrac{u_i}{U_j}\right)^{P_j} - \left(\sum\limits_{i=0}^{n_{j(k-1)}} \dfrac{u_i}{U_j}\right)^{P_j} \right] \\ S_j = r - \sum\limits_{i=n_{j1}}^{n_{jr}} \left(1 - \dfrac{u_i}{U_j}\right)^{P_j} \\ n_{j0} = 0, u_0 = 0, U_j = \sum\limits_{i=n_{j1}}^{n_{jr}} u_i \end{cases}$$

11.7.2　基于人工免疫算法的电梯动态分区模型求解

设电梯的相关参数如下。

楼层数量 $N=20$，大楼层高 $h_f=3\mathrm{m}$，电梯数 $m=4$，电梯运行速度 $v=3\mathrm{m/s}$，额定载荷 $W=1000\mathrm{kg}$，人员的平均质量为 $75\mathrm{kg}$，开门时间 $t_o=3\mathrm{s}$，关门时间 $t_c=3\mathrm{s}$，加速时间 $t_{\mathrm{acc}}=3\mathrm{s}$，减速时间 $t_{\mathrm{dec}}=3\mathrm{s}$，乘客转移时间 $t_p=1.2\mathrm{s}$。总的客流数 $U=300$ 人，P_j 指定为电梯额定容量的 80%。设 $u_i=5\%U$，计算电梯的最优分区。

利用人工免疫算法计算动态分区，采用整数编码，基于每个楼层属于一个分区的思想，可编码 $X=(x_1,x_2,\cdots,x_N)$，其中 $x_i\in\{1,2,\cdots,m\}$，则分区 $Z_j=\{x_i\,|\,x_i==j\}$。利用 MATLAB 进行编程，代码如下。

```
% 基于 AIS 计算电梯动态分区
tic
clc
clear all
close all
Fq = 4;% 分区数 4
Lc = 20;% 楼层数 20
lb = 1;
ub = Fq;
precision = 0.1; % 求解精度
N = ceil(log2((ub-lb)/precision)); % 根据区间和精度求出编码长度 N
NP = 100;% 种群数目
maxcycle = 500; % 最大代数
Ncl = 10;% 单次克隆个体数
Fn = 0.5;% 种群刷新比例
D = Lc; % 根据求解问题设置
% 初始化抗体种群
pop = round(rand(NP,N* D)); % 每行是一个抗体,共 NP 个
x = trans(binary2decimal(pop,N),lb,ub,N,D);% 转化为十进制数
affinity = zeros(1,NP);
for i = 1:NP
        affinity(i) = cal_fit(x(i,:));% 计算亲和度
end
[bestval,bestind] = min(affinity);
bestx = x(bestind,:);
bestvalcycle = zeros(1,maxcycle);
```

```matlab
for t =1:maxcycle     % 开始迭代
    % 计算种群亲和度
    x = trans(binary2decimal(pop,N),lb,ub,N,D);% 转化为十进制数
    affinity = zeros(1,NP);
    for i =1:NP
        affinity(i) = cal_fit(x(i,:));% 计算亲和度
    end
    [bestv,bestind] =min(affinity);
    if bestv < bestval
        bestval =bestv;
        bestx =x(bestind,:);
    end
    bestvalcycle(t) = bestval;
    % 根据亲和度大小排序
    [~,index] = sort(affinity);% 升序排序
    sortpop = pop(index,:);

    % 活化:对前 NP* (1-Fn)个个体进行免疫操作
    for i = 1:round(NP* (1-Fn))
        ca = repmat(sortpop(i,:), Ncl, 1);   % 克隆:
        % 变异:对每个克隆体,随机选取三位取反
        for j = 1:Ncl
            ind = ceil(N* rand(1,3));
            for k = 1:3
                if ca(j,ind(k)) = = 0
                    ca(j,ind(k)) = 1;
                else
                    ca(j,ind(k)) = 0;
                end
            end
        end
            % 克隆抑制
            x = trans(binary2decimal(ca,N),lb,ub,N);% (j,:)
            affi_ca =zeros(1,Ncl );
            for i =1:Ncl
                affi_ca(i) = cal_fit(x(i,:));% 计算亲和度
            end
            [~,indexx] = sort(affi_ca);% 升序排列
```

```
                    pop(i,:) = ca(indexx(1),:);
            end
            % 种群刷新
            pop((round(NP*(1-Fn))+1):NP,:)
round(rand((NP-round(NP*(1-Fn)))),N*D));
    end
    toc
    %% 迭代结束,计算最终种群的亲和度
    final_pop =trans(binary2decimal(pop,N),lb,ub,N,D);%
    for i=1:NP
    affinity(i) =cal_fit(final_pop(i,:));
    end
    [bestv,bestind] =min(affinity);
    if bestv<bestval
        bestval =bestv;
        bestx =final_pop(bestind,:);
    end
    %% huatu
    disp('最优解为')
    bestx =round(bestx)
    disp('最优适应值为')
    bestval
    x_out =cell(1,4);
    for i=1:4
        [~,x_out{i}] =find(bestx= =i);
    end
    disp('第一分组为')
    [0,x_out{1}]
    disp('第二分组为')
    [0,x_out{2}]
    disp('第三分组为')
    [0,x_out{3}]
    disp('第四分组为')
    [0,x_out{4}]

    plot(bestvalcycle,'r-','linewidth',2)
    xlabel('迭代次数')
    ylabel('最优值')
```

```
%  end
%%
function y = trans(x,lb,ub,N,D)
[m,n] = size(x);
y = zeros(m,n);
for i = 1:m
    y(i,:) = lb + (ub-lb).* x(i,:)/(2^N);
end
end


function pop1 = binary2decimal(pop,N)
% 输入变量:二进制种群
% 输出变量:十进制数值
[m,n] = size(pop);
D = n/N;
pop1 = zeros(m,D);
s = 1:N;
for i = 1:m
    for j = 1:D
        t = N*(j-1) +1;
        x = pop(i,t:N* j);
        pop1(i,j) = sum(2.^(s-1).* x);
    end
end
end


function y = cal_fit(x)
%  x1 = cell(1,m);
%  N = length(x)
N = 20;% 楼层数
hf = 3; % 楼层高
m = 4; % 分区数
v = 3;  % 电梯速度
W = 1000; % 载重量
to = 3;  % 开门时间
tc = 3;  % 关门时间
tacc = 3; % 加速时间
tdec = 3; % 减速时间
```

```
tp = 1.2;  % 乘客转移时间
U = 300;   % 人数
u = ones(1,N) * U/N;

tv = hf/v;                    % 运行时间
ts = tacc + tdec + to + tc;   % 停靠时间
Cj = round(W/75);             % 乘坐人数

x = round(x);
tr = zeros(1,m);
for i = 1:m
    [~,x1] = find(x == i);
    tr(i) = cal_tr(x1,u,tv,ts,tp,Cj);
end
y1 = sum((tr-mean(tr)).^2);
y = sqrt(y1);
end

function tr = cal_tr(x1,u,tv,ts,tp,Cj)
u1 = u(x1);
Uj = sum(u1);
% Pj = min(Uj* trj/300,Cj);
Pj = 0.8* Cj;
uc = [0,u1/Uj];
r = length(x1);
Hj1 = zeros(1,r);
for i = 1:r
    Hj1(i) = sum(uc(1:i +1))^Pj-sum(uc(1:i))^Pj;
end
Hj = sum(x1.* Hj1);
Sj = r-sum((1-uc(1:end)).^Pj);
tr = 2* Hj* tv + (Sj +1)* ts +2* Pj* tp;
end
```

运行上述程序，可以获得如下结果。

最优解为

bestx = [2, 2, 1, 2, 3, 3, 2, 4, 2, 3, 1, 2, 1, 1, 3, 3, 1, 4, 4, 4]

最优适应值为

$$bestval = 2.3443$$

第一分组为
$$Z_1 = [0, 3, 11, 13, 14, 17]$$
第二分组为
$$Z_2 = [0, 1, 2, 4, 7, 9, 12]$$
第三分组为
$$Z_3 = [0, 5, 6, 10, 15, 16]$$
第四分组为
$$Z_4 = [0, 8, 18, 19, 20]$$
迭代优化曲线如图 11-6 所示。

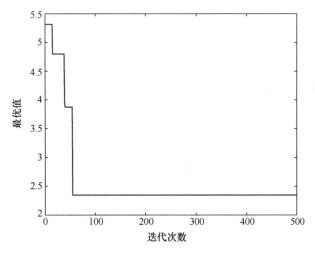

图 11-6　基于 AIS 求解电梯动态分区问题迭代优化曲线

11.8　人工免疫算法的特点与发展方向

11.8.1　人工免疫算法的特点

与一般进化算法相似，免疫算法也是从随机生成的初始解出发，采用免疫选择、复制、变异等算子进行操作，产生比父代优越的子代，这样循环执行，逐渐逼近最优解。不同的是，免疫算法的复制算子模拟了免疫系统基于浓度的抗体繁殖策略，在保留一般进化算法优良特性的前提下，力图有选择、有目的地利用待求问题中的一些特征信息或知识来抑制其优化过程中出现的退化现象，出色地保持了解群（抗体种群）的多样性。具体体现在：

（1）人工免疫算法的评价标准是综合考虑抗体亲和度和抗体浓度的结果，反映了真实的免疫系统的多样性；

（2）人工免疫算法通过促进或抑制抗体的产生，优质且浓度低的抗体被促进，劣质或浓度高的抗体被抑制，体现了免疫反应的自我调节功能，保证了个体的多样性；

（3）有的人工免疫算法还采用免疫系统抗原记忆识别机制，将每一代优质抗体查处起来，并实时更新，以便提高算法的收敛速度。

11.8.2　人工免疫算法的发展方向

免疫算法与一般进化算法结合已成为免疫算法研究与应用最成功的领域之一。如：

（1）将免疫算法与遗传算法相结合构成的免疫遗传算法（Immune Genetic Algorithm，IGA），是一种基于免疫机理的改进遗传算法。将生物免疫系统的识别、学习、记忆和多样性的特点引入遗传算法，可以有选择、有目的地利用待求解问题中的特征信息来保持个体的多样性。免疫遗传算法的核心思想是在合理提取疫苗的基础上，通过接种疫苗和免疫选择，来提高群体适应性，避免早熟收敛和提高求最优解的收敛速度。

（2）将免疫算法与进化规划象结合构成的免疫规划（Immune Programming，IP），在合理提取免疫疫苗的基础上，通过接种疫苗和免疫选择，提高抗体的适应度，并防止抗体种群退化，达到利用局部停止信息寻找疑难问题全局最优解的目的。

其次，不同免疫算法相结合，形成的合成算法也得到了成功的应用。如：疫苗免疫算法与克隆选择算法相结合形成的免疫克隆算法，在疫苗免疫算法中引入克隆算子，增加了种群的多样性，扩大了搜索范围，改善了局部搜索能力差和进化缓慢的问题。具体体现在：

（1）记忆单元和抗体群同时进化，并通过记忆选择和记忆学习进行相互信息交流，保证了算法收敛性；

（2）基于抗体激励度对抗体群和记忆单元的克隆规模自适应调节，有效保证抗体群的多样性；

（3）基于精英保留策略的克隆选择算子，最大限度地保留了父代的优秀基因信息。

上述两类合成算法，以及免疫算法与其他群体智能算法结合，将仍然是人工免疫算法进一步改进、发展的基本方向之一。同时，深入研究和模仿生物免疫系统的特殊机理，也将是人工免疫算法进一步发展的途径之一。

习题 11

1. 人工免疫算法是如何定义的？简述免疫算法的生物学基础。

2. 写出基本人工免疫算法的求解步骤。

3. 典型的免疫算法有哪几种？简述其实现步骤与算法流程。

4. 利用免疫算法求解函数 $f(x,y) = 4\sin(xy) + x^2 + y^2$ 的最小值，其中 $x \in [-5,5], y \in [-3,3]$。

5. 比较免疫算法与遗传算法、群智能算法的特点。

第 12 章

差分进化算法

差分进化算法是一种基于实数编码的进化计算方法，亦称为差分演化算法、微分进化算法、微分演化算法。它基于群体智能理论，和群智能算法有相通之处，但更具有进化算法的典型特征，在连续函数优化等方面具有较好的效果。本章介绍差分进化算法的基本概念、基本流程和典型应用实例。

12.1　差分进化算法的基本概念

差分进化算法（Differential Evolution，DE）是由 Storn 等于 1995 年提出的，和其他进化算法一样，DE 是一种模拟生物进化的随机模型，保留了基于种群的全局搜索策略，通过反复迭代，使得那些适应环境的个体被保存下来。但 DE 采用实数编码、基于差分的简单变异操作和一对一的竞争生存策略，降低了遗传操作的复杂性。同时，DE 特有的记忆能力使其可以动态跟踪当前的搜索情况，以调整其搜索策略，具有较强的全局收敛能力和鲁棒性，且不需要借助问题的特征信息，适于求解一些利用常规数学规划方法所无法求解的复杂环境中的优化问题。目前，DE 已经在许多领域得到了应用，譬如人工神经网络、化工、电力、机械设计、机器人、信号处理、生物信息、经济学、现代农业、食品安全、环境保护和运筹学等。

12.2　差分进化算法的基本理论

12.2.1　差分进化算法基本原理

1. 差分进化算法的基本思想

从某一随机产生的初始群体（父代）开始，利用从种群中随机选取的两个个体的差向量作为第三个个体的随机变化源，将差向量加权后按照一定的规则与第三个个体求和而产生变异个体，该操作称为变异。接着，按一定的概率，将父代个体与变异个体之间进行交叉操作，生成一试验个体，这一过程称之为交叉。如果试验个体的适应度值优于目标个体（父代个体）的适应度值，则在下一代中试验个体取代目标个体，否则目标个体仍保存下来，该操作称为选择。在每一代的进化过程中，每一个体矢量作为目标个体一次，算法通过不断地迭代计算，保留优良个体，淘汰劣质个体，引导搜索过程向全局最优解逼近。

2. 数学描述

设某待求解问题归结为对 D 维的实数值参数向量（可行解）：

$$P = [p_1, p_2, \cdots, p_D], p_i^{(L)} < p_i < p_i^{(U)}, i = 1, 2, \cdots, D \qquad (12\text{-}1)$$

我们的目标是在可行解集里求取一个最优向量 $\boldsymbol{P}^* = [p_1^*, p_2^*, \cdots, p_D^*]$。

首先需要建立初始化种群，即在参数空间（问题空间）上按一定的随机规则取 N 个个体：

$$x_i^0 = [x_{i1}^0, x_{i2}^0, \cdots, x_{iD}^0], p_j^{(L)} < x_{ij}^0 < p_j^{(U)}, i = 1, 2, \cdots, N, j = 1, 2, \cdots, D \quad (12\text{-}2)$$

式中：x_{ij}^0 为个体 x_i^0 的第 j 维分量；N 为种群规模，这 N 个个体就构成了初始种群。

选取初始种群的一个常用方法是从给定边界约束内的值中随机选择，即

$$x_{ij}^0 = \text{rand}[p_j^{(L)}, p_j^{(U)}], i = 1, 2, \cdots, N, j = 1, 2, \cdots, D \qquad (12\text{-}3)$$

在差分进化算法中，通常假设初始化种群的每个个体的每个分量均符合均匀概率分布，即按下式方式选取：

$$x_{(ij)}^0 = \text{rand}[0,1] \cdot (p_j^{(U)} - p_j^{(L)}) + p_j^{(L)}, i = 1, 2, \cdots, N, j = 1, 2, \cdots, D \quad (12\text{-}4)$$

式中：$\text{rand}[0,1]$ 为 $[0, 1]$ 上的随机数。

如果预先可以得到问题的初步解，初始种群也可以在初步解的附近随机选取，这样可以减少初始种群的盲目性，提高算法收敛性。

之后，在初始种群的基础上，每进行一轮完整的变异、交叉、选择算子操作后，所得到的问题空间上的新一代个体：

$$x_i^t = [x_{i1}^t, x_{i2}^t, \cdots, x_{iD}^t], p_j^{(L)} < x_{ij}^t < p_j^{(U)}, i = 1, 2, \cdots, N, j = 1, 2, \cdots, D \quad (12\text{-}5)$$

称为目标个体，t 为进化代数，x_{ij}^t 为个体 x_i^t 的第 j 维分量。

直至找到某个 x^*，使得适应度函数 $\text{fit}(x^*) = \max$。则：$\boldsymbol{P}^* = x^*$。

适应度函数是由待求解问题的目标函数转化而来，在许多情况下，可直接取为待求解问题的目标函数。

12.2.2　基本差分进化算法的流程图

差分进化算法基本思想所蕴含的运算遵循图 12-1 所示的流程。

上述流程包含算法初始化、个体评价、群体进化过程、算法终止判断等 4

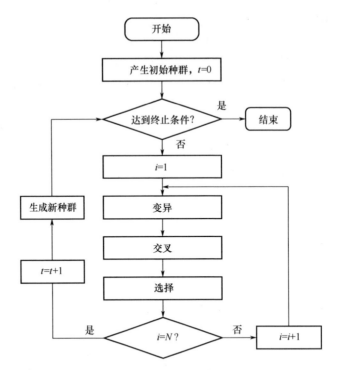

图 12-1　基本差分进化算法流程

部分。具体可分为以下基本步骤。

步骤 1　初始化：设置空间维数 D、种群规模 N、缩放因子 F、交叉概率 p_c、进化代数 T，以及在问题空间随机产生初始化种群等。

步骤 2　设计适应度函数：依据待求解问题的目标函数确定适应度函数。

步骤 3　个体评价：计算每个个体的适应度值。

步骤 4　变异操作：对当代种群中的目标个体按一定规则进行变异操作，并得到变异个体。

步骤 5　交叉操作：对每个目标个体和变异个体进行交叉操作，得到试验个体，所有试验个体构成中间种群。

步骤 6　选择操作：计算试验个体适应度值，按"贪婪"选择规则，从目标个体和试验个体中选择一个作为下一代个体，进而得到新一代种群。

步骤 7　终止检验：如果达到最大迭代代数或满足迭代精度要求，则停止进化并输出最优解，否则令 $t = t + 1$，返回步骤 3。

12.2.3　差分进化算子

DE 算法主要用于求解连续变量的全局优化问题，其主要工作步骤与其他进化算法基本一致，算法优化过程主要包括变异（Mutation）、交叉（Crossover）、选择（Selection）三种算子。具体操作如下。

1. 变异

变异是差分进化算法的一个主要操作算子，它是由父代及父代中其他个体的差分叠加实现。

在基本差分进化算法中，对于 t 代的每个目标 $x_i^t, i = 1, 2, \cdots, N$，它的变异个体 $v_i^{(t+1)}$ 由随机选择的目标个体作为父代个体再叠加一个差分变量来产生：

$$v_i^{(t+1)} = x_{r_1}^t + F(x_{r_2}^t - x_{r_3}^t) \tag{12-6}$$

式中：r_1、r_2 和 r_3 是随机产生于 $[1, N]$ 之间的互不相同且不等于目标个体序号 i 的自然数；缩放因子 $F \in [0, 2]$，是一个实常数，控制着差分变量的放大作用。

2. 交叉

交叉就是对每个 t 代的目标个体 x_i^t 和它的变异个体 v_i^{t+1} 进行交叉操作生成试验个体 $u_i^{t+1} = [u_{i1}^{t+1}, u_{i2}^{t+1}, \cdots, u_{iD}^{t+1}]$ 的过程，即

$$u_{ij}^{t+1} = \begin{cases} v_{ij}^{t+1} & (r_j \leqslant p_c \text{ 或 } j = \text{rnn}) \\ x_{ij}^t & (\text{其他}) \end{cases} \tag{12-7}$$

式中：r_j 为第 j 个 $[0, 1]$ 之间的随机数；rnn 为 $[1, D]$ 之间的随机自然数；p_c 为交叉概率。

式（12-7）表示：对第 j 位参数，若 $j = \text{rnn}$，则取变异个体的第 j 位参数作为试验个体的第 j 位参数；若 $j \neq \text{rnn}$，产生 $[0, 1]$ 之间的随机数 r_j，若 $r_j \leqslant p_c$，取变异个体的第 j 位参数作为试验个体的第 j 位参数，否则，取目标个体的第 j 位参数作为试验个体的第 j 位参数。

3. 选择

选择就是按照"贪婪"选择法则，在目标个体 x_i^t 和试验个体 u_i^{t+1} 之间选择下一代目标个体的过程。

对于最大化问题，采取如下策略：

$$x_i^{t+1} = \begin{cases} u_i^{t+1} & (\text{fit}(u_i^{t+1}) > \text{fit}(x_i^t)) \\ x_i^t & (\text{其他}) \end{cases} \tag{12-8}$$

式中：fit( ) 为适应度函数。

对于最小化问题，则采取如下策略：

$$x_i^{t+1} = \begin{cases} u_i^{t+1} & (\text{fit}(u_i^{t+1}) < \text{fit}(x_i^t)) \\ x_i^t & (\text{其他}) \end{cases} \tag{12-9}$$

需要注意的是，在差分进化算法的选择过程中，试验向量只与一个个体相

比较，而不是与现有种群中的所有个体相比较。

12.2.4　差分进化算法控制参数

差分进化算法的收敛性等特性，很大程度上取决于算法控制参数的选取。差分进化算法的主要控制参数包括：种群规模 N、交叉概率 p_c 和缩放因子 F 等。

(1) 种群规模 N：须满足 $N \geq 4$，以确保差分进化算法具有足够多不同的变异个体。N 值越大，种群信息包含的越丰富，但是带来的后果就是计算量变大，不利于求解。反之，种群多样性受到限制，不利于算法求得全局最优解，甚至会导致搜索停滞。经验表明，N 的合理取值范围为 $5D \sim 10D$ 之间，D 为问题空间的维数。

(2) 交叉概率 p_c：交叉概率 p_c 主要反映的是子代与父代、中间变异个体之间信息交换量的大小程度。p_c 的值越大，信息量交换的程度越大，算法越容易收敛。反之，如果 p_c 的值偏小，将会使种群的多样性快速减小，不利于全局寻优。经验表明，p_c 的合理取值是 0.3 左右。

(3) 缩放因子 F：相对于交叉概率 p_c，F 对算法性能的影响更大，F 主要影响算法的全局寻优能力。F 越小，算法对局部的搜索能力更好，F 越大算法越能跳出局部极小点收敛到全局最优点，但当 $F > 1$ 时，收敛速度会变慢。经验表明。F 取 0.5 左右较好，当 $F < 0.4$ 或 $F > 1$ 时，只是偶尔有效。

(4) 终止条件：一般采用最大迭代代数法。代数越大，最优解精度越高，但计算时间也越长，通常取为 $100 \sim 200$ 代。另外，还可采用迭代精度基本不再变化等准则作为算法终止条件。

12.3　差分进化算法的 MATLAB 实现

以一个边界约束的优化问题为例，说明 DE 算法的 MATLAB 实现。
主程序如下。

```
clc
clear all
close all
tic
% 参数设置
fun = @ fx1;
maxiter = 1000; % 迭代次数
sizepop = 50;   % 种群数量
D = 30; % 变量维度
```

```
lb = ones(1,D) * (-100);    % 约束上界
ub = ones(1,D) * 100;        % 约束下界
F0 = 0.5;                     % 是变异率
CR = 0.9;                     % 杂交参数
% 初始化种群
pop = repmat(lb,sizepop,1) + repmat(ub - lb,sizepop,1).* rand(sizepop,
    D);
fitness = fun(pop);
% 记录最优值
[bestfitness,bestindex] = min(fitness);
zbest = pop(bestindex,:);    % 全局最佳
fitnesszbest = bestfitness; % 全局最佳适应度值
fitness_iter = zeros(1,maxiter);
%% 迭代寻优
for i = 1:maxiter
        % 计算每一代缩放因子
        F = F0.^2.* exp(1 - maxiter/(maxiter + 1 - i));
        for j = 1:sizepop
            %% 变异算子
            ind = randperm(sizepop);% 产生一个随机序列
            r1 = ind(1); r2 = ind(2); r3 = ind(3);
            if j == r1
                    r1 = ind(4);
            elseif j == r2
                    r2 = ind(4);
            elseif j == r3
                    r3 = ind(4);
            end
            % newpop = zbest + F* (pop(r2,:) - pop(r3,:));
            newpop = pop(r1,:) + F* (pop(r2,:) - pop(r3,:));% 进行变异
            for t = 1:D% 越界限制
                if newpop(t) > ub(t)
                        newpop(t) = ub(t);
                elseif newpop(t) < lb(t)
                        newpop(t) = lb(t);
                end
            end
            %% 交叉操作
```

```
                    pop_var = pop(j,:);
            %          u = ceil(rand* D);          % 随机选择一位
            %          pop_var(u) = newpop(u);     % 确保有一位进入下一代
                    for t =1:D
                        if rand > CR
                                pop_var(t) = newpop(t);
                        end
                    end
                    % 计算适应度
                    fitness_var = fun(pop_var);
                    %% 选择操作
                    if fitness_var < fitness(j) % 贪婪选择
                            fitness(j) = fitness_var;
                            pop(j,:) = pop_var;
                    end
                end
                % 更新全局最优解
                [fitness_j,index_j] = min(fitness);
                if fitness_j < bestfitness
                    bestfitness = fitness_j;
                    zbest = pop(index_j,:);
                end
                fitness_iter(i) = bestfitness; % 记录每一代最优解
        end
        %% 输出最优解
        toc
        disp('最优解')
        disp(zbest)
        semilogy(fitness_iter,'r - ','linewidth',2)
        xlabel('迭代次数')
        ylabel('最优值')
        grid on

        调用函数
        function y = fx1 ( x )
        % 此处显示详细说明
        y = sum(x.^2,2);
        end
```

运行上述程序，可获得算法的收敛曲线如图 12-2 所示。

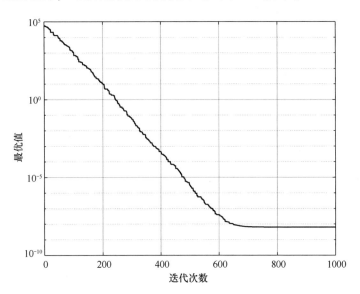

图 12-2　差分进化算法迭代收敛曲线

12.4　应用实例——电力系统负荷分配

电力系统负荷分配的数学模型。电力系统经济负荷分配（PED）对提高电力系统的经济性和稳定性具有重要意义，其目标是在满足发电机组和电力系统运行约束的条件下，在各台机组间合理地分配负荷，使得发电成本最小化。但由于火电机组阀点效应的存在，机组的耗量特性函数为一不可导的非线性函数。同时，受输电系统输送能力和系统稳定性等条件的限制，使得问题求解的可行域非凸。可见，电力系统经济负荷分配是一个具有高维数、非线性、不可微、多约束的复杂优化问题。

12.4.1　目标函数

PED 问题是在满足系统运行约束条件下优化系统中发电机组功率，使系统总发电成本最小。其目标函数为

$$\min \quad F_T = \sum_{j=1}^{M} F_j(P_j) \tag{12-10}$$

式中：M 为系统内发电机总数；F_T 为系统总发电费用；F_j 为第 j 台发电机耗电特性；P_j 为第 j 台发电机输出的有功功率。

对于发电机耗量特性 F_j，一般用光滑的二次函数近似表示为

$$F_j(P_j) = a_j + b_j P_j + c_j P_j^2 \tag{12-11}$$

式中：a_j、b_j 和 c_j 为发电机耗量特性曲线系数。

由于汽轮机进气阀突然开启时会出现拔丝现象，在机组耗量特性曲线上叠加一个脉动效果并产生阀点效应。研究表明，忽略阀点效应会使求解精度受到明显影响。考虑阀点效应的发电机耗量特性为

$$F_j(P_j) = a_j P_j^2 + b_j P_j + c_j + \left| e_j \sin\left[f_j(P_j - P_j^{\min}) \right] \right| \tag{12-12}$$

式中：f_j 和 e_j 为耗电特性曲线。

12.4.2 约束条件

发电机运行约束为

$$P_j^{\min} \leqslant P_j \leqslant P_j^{\max} \tag{12-13}$$

式中：$P_j^{\max}$ 和 $P_j^{\min}$ 为第 j 台发电机输出有功功率的上下限。

电力平衡约束为

$$\sum_{j=1}^{M} P_j = P_D + P_L \tag{12-14}$$

式中：P_D 为系统总负荷；P_L 为系统总网损。

网损一般采用潮流法和 B 系统数法求得。当电力系统覆盖密集时可以忽略网损，本章在计算中忽略了网损，故电力平衡约束可简化为

$$\sum_{j=1}^{M} P_j - P_D = 0 \tag{12-15}$$

12.4.3 利用差分进化算法进行求解

考虑一种 13 台发电机组的优化情况，总负荷 $P_D = 1800\text{MW}$。发电机的各参数见表 12-1。

表 12-1　发电机参数

发电机	$P_{\min}$（MW）	$P_{\max}$（MW）	a	b	c	e	f
1	00	680	0.00028	8.10	550	300	0.035
2	00	360	0.00056	8.10	309	200	0.042
3	00	360	0.00056	8.10	307	200	0.042
4	60	180	0.00324	7.74	240	150	0.063
5	60	180	0.00324	7.74	240	150	0.063
6	60	180	0.00324	7.74	240	150	0.063
7	60	180	0.00324	7.74	240	150	0.063

（续）

发电机	P_{min}（MW）	P_{max}（MW）	a	b	c	e	f
8	60	180	0.00324	7.74	240	150	0.063
9	60	180	0.00324	7.74	240	150	0.063
10	40	120	0.00284	8.60	126	100	0.084
11	40	120	0.00284	8.60	126	100	0.084
12	55	120	0.00284	8.60	126	100	0.084
13	55	120	0.00284	8.60	126	100	0.084

采用差分进化算法进行求解，约束采用 Deb 规则的方法进行处理。MAT-LAB 程序如下。

主函数如下。

```
% 差分进化算法求解发电机功率优化问题
clc
clear all
close all
tic
% 参数设置
data = [00   680   0.00028   8.10   550   300   0.035
00   360   0.00056   8.10   309   200   0.042
00   360   0.00056   8.10   307   200   0.042
60   180   0.00324   7.74   240   150   0.063
60   180   0.00324   7.74   240   150   0.063
60   180   0.00324   7.74   240   150   0.063
60   180   0.00324   7.74   240   150   0.063
60   180   0.00324   7.74   240   150   0.063
60   180   0.00324   7.74   240   150   0.063
40   120   0.00284   8.60   126   100   0.084
40   120   0.00284   8.60   126   100   0.084
55   120   0.00284   8.60   126   100   0.084
55   120   0.00284   8.60   126   100   0.084];

fun = @ generator_opt;
maxiter = 5000;      % 迭代次数
sizepop = 100;       % 种群数量
D = 13; % 变量维度
lb = data(:,1)';     % 约束上界
```

```matlab
ub = data(:,2)';        % 约束下界
F0 = 0.5;               % 变异率
CR = 0.9;               % 杂交参数
% 初始化种群
pop = repmat(lb,sizepop,1) + repmat(ub - lb,sizepop,1).*rand(sizepop,
    D);
fitness = zeros(1,sizepop);
yueshu = zeros(1,sizepop);
for i = 1:sizepop % 计算目标值和约束
    [fitness(i),yueshu(i)] = fun(pop(i,:));
end
% 记录最优值
[val,ind] = find(yueshu < = 0); % 找出可行解
if length(ind) >1
    [fitness_j,index_j] = min(fitness(ind)); % 找出可行解中最优个体
    bestfitness = fitness_j;
    zbest = pop(ind(index_j),:);
else
    bestfitness = 10^5; % 不可行解给定一个较大的值
    zbest = zeros(1,D); %
end

fitnesszbest = bestfitness; % 全局最佳适应度值
fitness_iter = zeros(1,maxiter);
%% 迭代寻优
for i = 1:maxiter
    % 计算每一代缩放因子
    F = F0.^2.*exp(1 - maxiter/(maxiter + 1 - i));
    for j = 1:sizepop
        %% 变异算子
        ind = randperm(sizepop);% 产生一个随机序列
        r1 = ind(1); r2 = ind(2); r3 = ind(3);
        if j = = r1
            r1 = ind(4);
        elseif j = = r2
            r2 = ind(4);
        elseif j = = r3
            r3 = ind(4);
```

```
end
%  newpop = zbest + F* (pop(r2,:) - pop(r3,:));
  newpop = pop(r1,:) + F* (pop(r2,:) - pop(r3,:));% 进行变异
  for t =1:D% 越界限制
        if newpop(t) > ub(t)
              newpop(t) = ub(t);
        elseif newpop(t) < lb(t)
              newpop(t) = lb(t) ;
        end
end
%%    交叉操作
pop_var = pop(j,:);
%   u = ceil(rand* D);        % 随机选择一位
%    pop_var(u) = newpop(u);% 确保有一位进入下一代
for t =1:D
      if rand > CR - 0.2 % 使更多的变异进入新的个体
            pop_var(t) = newpop(t);
      end
end
% 计算适应度
[fitness_var,ys_var] = fun(pop_var);
%% 选择操作,Ded 规则
%1 xi 是可行解而 xj 是不可行解;
if ys_var < =0 & yueshu(j) >0
      fitness(j) = fitness_var;
      yueshu(j) = ys_var;
      pop(j,:) = pop_var;
end
%2 xi 和 xj 都是可行解,xi 具有更小的目标函数值;
if ys_var < =0 & yueshu(j) < =0
      if fitness_var < fitness(j) % 贪婪选择
            fitness(j) = fitness_var;
            yueshu(j) = ys_var;
            pop(j,:) = pop_var;
      end
end
%3 xi 和 xj 都是不可行解,xi 具有更小的约束违约度.
if ys_var >0 & yueshu(j) >0
```

```
                        if ys_var < yueshu(j)
                                fitness(j) = fitness_var;
                                yueshu(j) = ys_var;
                                pop(j,:) = pop_var;
                            end
                    end
            end
            %  更新全局最优解
            [val,ind] = find(yueshu < =0);
            if length(ind) >1
                    [fitness_j,index_j] = min(fitness(ind));
                    if fitness_j < bestfitness
                            bestfitness = fitness_j;
                            zbest  = pop(ind(index_j),:);
                    end
            end
            fitness_iter(i) = bestfitness; % 记录每一代最优解
    end
    %%  输出最优解
    toc

    disp('最优解')
    disp(zbest)
    disp('最优解适应值')
    disp(bestfitness)
    disp('最优解约束违反程度')
    disp(sum(zbest) -1800)
    % 画出迭代曲线
    semilogy(fitness_iter,'r - ','linewidth',2)
    xlabel('迭代次数')
    ylabel('最优值')
    grid on
```

调用函数如下。

```
function [y,ys] = generator_opt(x)
data = [00   680 0.00028 8.10    550 300 0.035
00   360 0.00056 8.10    309 200 0.042
00   360 0.00056 8.10    307 200 0.042
60   180 0.00324 7.74    240 150 0.063
```

```
60  180 0.00324 7.74    240 150 0.063
60  180 0.00324 7.74    240 150 0.063
60  180 0.00324 7.74    240 150 0.063
60  180 0.00324 7.74    240 150 0.063
60  180 0.00324 7.74    240 150 0.063
40  120 0.00284 8.60    126 100 0.084
40  120 0.00284 8.60    126 100 0.084
55  120 0.00284 8.60    126 100 0.084
55  120 0.00284 8.60    126 100 0.084];
%% 约束
pd = 1801;
delta = 1;
ys1 = abs(sum(x) - pd);
ys = max(ys1 - delta, 0);
%% 目标值
x = x';
pmin = data(:,1);
a = data(:,3);
b = data(:,4);
c = data(:,5);
e = data(:,6);
f = data(:,7);
s1 = a.* x.^2 + b.* x + c;
s2 = abs(e.* sin(f.* (x - pmin)));
y = sum(s1 + s2);
end
```

运行上述程序，可获得如下结果。

最优解为

537.4320   151.1726   224.6097   110.2559   109.8339   109.8004

60.0000   109.8668   159.6101   76.8961   41.3180   55.0000   55.0000

最优适应值为

$$1.8033e + 04$$

约束违反程度为

$$0.7956$$

迭代优化曲线如图 12-3 所示。

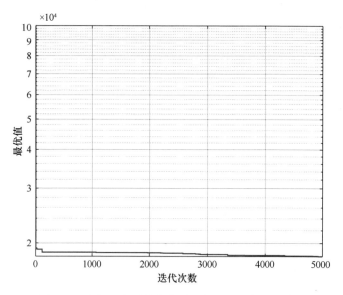

图 12-3 求解电力系统负荷分配的 DE 迭代优化曲线

12.5 应用实例——求解车间调度问题（JSP）

12.5.1 车间调度问题

车间调度问题（Job-shop Scheduling Problem，JSP）是最基本、最著名的调度问题，也是 NP-hard 问题，尚无最优解精确算法。一般类型的 JSP 问题可表达为：n 个工件在 m 台机器上加工，每个工件有特定的加工工艺，每个工件加工的顺序及每道工序所花时间给定，安排工件在每台机器上工件的加工顺序，使得某种指标最优。题设为：不同工件的工序之间无顺序约束；工序开始则不能间断，每个机器在同一时刻只能加工一个工序；机器不发生故障。

加工时间矩阵为

$$
\boldsymbol{T}_0 = \begin{bmatrix}
t_{11} & t_{12} & \cdots & t_{1n} \\
t_{21} & t_{22} & \cdots & t_{2n} \\
\vdots & \vdots &   & \vdots \\
t_{m1} & t_{m2} & \cdots & t_{mn}
\end{bmatrix}
$$

对于给定的 n 个待加工作业，共有 m 台机器，将调度 $S = (s_1, s_2, \cdots, s_n)$ 的加工时间矩阵 $\boldsymbol{T}$ 定义为

$$T = \begin{bmatrix} t_{1,s_1} & t_{1,s_2} & \cdots & t_{1,s_n} \\ t_{2,s_1} & t_{2,s_2} & \cdots & t_{2,s_n} \\ \vdots & \vdots & & \vdots \\ t_{m,s_1} & t_{m,s_2} & \cdots & t_{m,s_n} \end{bmatrix}$$

式中：$s_i \in J$，t_{jk} 表示作业 j 在第 k 台机器上的加工时间，$1 \leq i \leq n$，$1 \leq j \leq m$。

通过对问题数学模型的分析，给定的调度 S 对应的最小完工时间，可通过按照如下公式遍历矩阵 T 求得：

$$t_{i,j} = \begin{cases} t_{1,1} & (i=1,\ j=1) \\ t_{1,j-1} + t_{1,j} & (i=1,\ j \neq 1) \\ t_{i-1,1} + t_{i,1} & (i \neq 1,\ j=1) \\ t_{i-1,j} + t_{i,j} & (t_{i-1} > t_{i,j-1}) \\ t_{i,j-1} + t_{i,j} & (t_{i-1,j} < t_{i,j-1}) \end{cases}$$

遍历完成后，新计算出的 $t_{m,n}$ 的值就是调度 S 的最小完工时间。

由上述分析，基于最小完工时间的 JSP 问题数学模型可以描述如下：

$$\min F = C_{m,n}$$

$$\text{s. t. } C_{i,j} = \max(C_{i-j}, C_{i,j-1}) + P_{i,j}$$

式中：$C_{i,j}$ 为机器 i 完成工作 j 的总耗时，$C_{i,j} = t_{1,s_1}$，$P_{i,j} = t_{i,s_j}$。

12.5.2 基于 DE 的车间调度问题求解

设有有 5 台机器和 5 项作业，加工时间见表 12-2。

表 12-2 机器的加工时间

机器＼作业	1	2	3	4	5
1	5	7	4	3	6
2	6	5	7	6	7
3	7	8	3	8	5
4	8	6	5	5	8
5	4	4	8	7	3
截止时间	30	35	46	50	55

设有 NP 个初始解，通过整数编码，编码方式如图 12-4 所示。

以初始解 1 为例，按照该解的工作流程 $S = (3,5,2,1,4)$ 计算工作总时间，则工作时序矩阵 C 为

$$C = \begin{bmatrix} 4 & 10 & 17 & 22 & 25 \\ 11 & 18 & 23 & 29 & 35 \\ 14 & 23 & 31 & 38 & 46 \\ 19 & 31 & 37 & 46 & 51 \\ 27 & 34 & 41 & 50 & 58 \end{bmatrix}$$

则工作流程 $S = (3,5,2,1,4)$ 的总完工时间为58。

$i \rightarrow$													NP
1	2	3	4	5	—	—	—	—	—	147	148	149	150
3	5	4	4	2	—	—	—	—	—	1	5	2	3
5	2	1	2	5	—	—	—	—	—	3	3	4	1
2	4	5	3	4	—	—	—	—	—	5	4	3	4
1	3	3	5	1	—	—	—	—	—	4	2	5	5
4	1	2	1	3	—	—	—	—	—	2	1	1	2

图 12-4　求解 JSP 问题的编码方式

通过以上分析，基于 MATLAB 进行编程，算法的程序如下。

```
% 差分进化算法 DE Algorithm
clc
clear all
close all
tic
% 参数设置
fun = @ cal_JSP;
maxiter = 1000; % 迭代次数
sizepop =100;   % 种群数量
D =5; % 变量维度
lb = zeros(1,D); % 约束上界
ub = ones(1,D);  % 约束下界
F0 = 0.5;        % 变异率
CR = 0.9;        % 杂交参数
% 初始化种群
pop = rand(sizepop,D);
fitness = zeros(1,D);
for i =1:sizepop
fitness(i) = fun(pop(i,:));
end
% 记录最优值
[bestfitness,bestindex] = min(fitness);
```

```
zbest = pop(bestindex,:);  % 全局最佳
fitnesszbest = bestfitness; % 全局最佳适应度值
fitness_iter = zeros(1,maxiter);
%% 迭代寻优
for i =1:maxiter
    % 计算每一代缩放因子
    F = F0.^2.* exp(1 - maxiter/(maxiter +1 - i));
    for j =1:sizepop
        %% 变异算子
        ind = randperm(sizepop);% 产生一个随机序列
        r1 = ind(1); r2 = ind(2); r3 = ind(3);
        if j == r1
            r1 = ind(4);
        elseif j == r2
            r2 = ind(4);
        elseif j == r3
            r3 = ind(4);
        end
        % newpop = zbest + F* (pop(r2,:) - pop(r3,:));
        newpop = pop(r1,:) + F* (pop(r2,:) - pop(r3,:));% 进行变异
        for t =1:D% 越界限制
            if newpop(t) >ub(t)
                newpop(t) =ub(t);
            elseif newpop(t) <lb(t)
                newpop(t) =lb(t) ;
            end
        end
        %%     交叉操作
        pop_var = pop(j,:);
        %              u =ceil(rand* D);      % 随机选择一位
        %              pop_var(u) =newpop(u);% 确保有一位进入下一代
        for t =1:D
            if rand > CR
                pop_var(t) = newpop(t);
            end
        end
        % 计算适应度
        fitness_var = fun(pop_var);
```

```
    %%    选择操作
    if fitness_var < fitness(j) % 贪婪选择
            fitness(j) = fitness_var;
            pop(j,:) = pop_var;
        end
    end
    % 更新全局最优解
    [fitness_j,index_j] = min(fitness);
    if fitness_j < bestfitness
        bestfitness = fitness_j;
        zbest = pop(index_j,:);
    end
    fitness_iter(i) = bestfitness; % 记录每一代最优解
end
%%  输出最优解
toc
disp('最优解')
[~,best_sol] = sort(zbest);
[y,C] = cal_JSP(zbest)
disp(best_sol)
plot(fitness_iter,'r-','linewidth',2)
xlabel('迭代次数')
ylabel('最优值')
grid on
```

调用函数为

```
function [y,C] = cal_JSP(x0)
[~,x] = sort(x0);
% 求解 JSP 问题
t = [5    7   4   3   6
     6   5   7   6   7
     7   8   3   8   5
     8   6   5   5   8
     4   4   8   7   3];
tj = [30   35   46   50   55];
t1 = t(:,x);
[m,n] = size(t);
C = zeros(m,n);
C(1,:) = cumsum(t1(1,:),2);
```

```
for i = 2:m
    C(i,1) = C(i - 1,1) + t1(i,1);
    for j = 2:n
        C(i,j) = max(C(i - 1,j),C(i,j - 1)) + t1(i,j);
    end
end
f = max(C(m,:) - tj,0);
y = C(m,n) + 100 * sum(f);% 罚函数方法处理约束
end
```

运行以上程序,可以获得如下结果。

最优解为

$$x = \begin{bmatrix} 4 & 5 & 2 & 3 & 1 \end{bmatrix}$$

最优值为

$$53$$

完工时间矩阵 C 为

$$C = \begin{bmatrix} 3 & 9 & 16 & 20 & 25 \\ 9 & 16 & 21 & 28 & 34 \\ 17 & 2 & 30 & 33 & 41 \\ 22 & 30 & 36 & 41 & 49 \\ 29 & 33 & 40 & 49 & 53 \end{bmatrix}$$

差分进化算法的迭代优化曲线如图 12-5 所示。可以看出,对于 5×5 规模的问 JSP 问题,差分进化算法能够快速收敛,获得最优解。

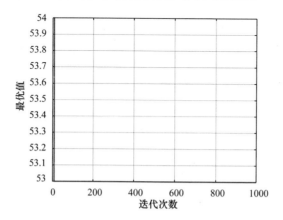

图 12-5 求解 JSP 问题的迭代优化曲线

12.6　差分进化算法的改进

基本差分进化算法在求解的过程中，随着进化代数的增加，会使种群的多样性变小，在求解多峰复杂优化问题时会过早的收敛到局部极小点，即存在早熟现象，这对依靠种群差异进化来寻求全局最优解的算法来说无疑是致命的，使算法的性能在进化的过程中变差。

为了解决基本差分进化算法的上述缺陷，针对差分进化算法的特点，许多学者进行了改进研究。目前主要的改进方法是针对进化模式和控制参数的优化。

12.6.1　对变异操作算子的改进

除利用式（12-6）产生变异个体外，还可以通过以下方式产生变异个体。

（1）以当前种群中的最优个体作为父代个体叠加一个差分变量产生：

$$v_i^{t+1} = x_{\text{best}}^t + F(x_{r_1}^t - x_{r_2}^t) \tag{12-16}$$

（2）以随机选择的目标个体作为父代个体叠加两个差分变量产生：

$$v_i^{t+1} = x_{r_1}^t + F\big[(x_{r_2}^t - x_{r_3}^t) + (x_{r_4}^t - x_{r_5}^t)\big] \tag{12-17}$$

（3）以当前种群中的最优个体作为父代个体叠加两个差分变量产生：

$$v_i^{t+1} = x_{\text{best}}^t + F\big[(x_{r_1}^t - x_{r_2}^t) + (x_{r_3}^t - x_{r_4}^t)\big] \tag{12-18}$$

（4）以当前种群中的最优个体与目标个的差分的加权与目标个体的和作为父代个体叠加一个差分变量产生：

$$v_i^{t+1} = x_i^t + \lambda(x_{\text{best}}^t - x_i^t) + F(x_{r_1}^t - x_{r_2}^t) \tag{12-19}$$

式中：r_1、r_2、r_3、r_4 和 r_5 是随机产生于 $[1, N]$ 之间的互不相同且不等于目标个体序号 i 的自然数；x_{best}^t 为 t 代群体中的最优个体；$\lambda \in [0, 1]$ 为加权系数。

12.6.2　对交叉操作算子的改进

有学者提出与用式（12-7）产生交叉个体不同的方法，即只有个体最优的分量会以如下的方式改变：

$$u_{ij}^{t+1} = \begin{cases} \hat{u}_{ij}^t + \delta_j & (r_j \leqslant p_c \text{ 或 } j = \text{rnn}) \\ u_{ij}^t & (\text{其他}) \end{cases} \tag{12-20}$$

式中：δ_j 为差分向量，定义为

$$\delta_j = \frac{u_{1j}^t - u_{2j}^t}{2} \tag{12-21}$$

式中：u_i^t 为最优个体；$\hat{u}_i^t$ 为领域最优个体；u_{1j}^t 和 u_{2j}^t 是随机选择的最优个体的分

量。仅当子代有一个更好的适应度时，子代 u_i^{t+1} 替换当前最优个体 u_i^t。

下面一些改进方法是将差分进化算法与其他一些智能算法进行结合使用。

1. 与粒子群算法混合

有文献指出，在特定的区间中，用粒子群作为差分进化的一个种群，在差分进化若干代后，利用从差分进化过程中获得的较优个体替换掉初始种群中较差的粒子，再进一步使用粒子群算法优化。具体过程如下。

设 $x_1^t \neq x_2^t \neq x_3^t$ 为从种群中随机取出的 3 个不同粒子（个体）。粒子 i 的每一维由下式计算：

$$\hat{x}_{ij}^{t+1} = \begin{cases} x_{1j}^t + \beta(x_{2j}^t - x_{3j}^t) & (r_j \leq p_c \text{ 或 } j = \text{rnn}) \\ x_{ij}^t & (\text{其他}) \end{cases} \quad (12\text{-}22)$$

式中：p_c 为交叉概率；$\beta > 0$，为缩放因子。

粒子位置仅在后代更好的时候被替换。即仅当 $f(x_i^{t+1}) > f(x_i^t)$ 时，$x_i^{t+1} = \hat{x}_i^{t+1}$，否则，$x_i^{t+1} = x_i^t$（假设为最大化问题）。

2. 与进化算法混合

有学者在产生的试验个体中增加噪声，以增加差分种群的多样性。如将均值为 0 的均匀分布加入试验个体的每个部分当中：

$$u_{ij}^t = u_{ij}^t + U(-a, a) \quad (12\text{-}23)$$

或将均值为 0 的高斯分布加入到试验个体的每个部分当中：

$$u_{ij}^t = u_{ij}^t + N(0, \sigma_{ij}^t) \quad (12\text{-}24)$$

此外，还可以对算法控制参数的取值进行改进，如采用自适应的缩方因子、交叉概率等。

习题 12

1. 简述差分进化算法的基本原理与主要求解步骤。
2. 常见的差分进化算法有哪几种？
3. 简述差分进化算法各算子在算法求解过程中的基本作用。
4. 应用差分进化算法时，需要考虑哪几种参数的设定？
5. 编程实现用差分进化算法求函数 $f(x,y) = 4\sin(xy) + x + y, x \in [-2, 2], y \in [-2, 2]$ 的最小值。

第 13 章

进化计算的发展与展望

 说到进化计算，人们自然而然地想到，由美国 Michigan 大学 J. H. Holland 教授于 1975 年首先提出的遗传算法（Genetic Algorithm，GA），这可能不仅因为它的良好计算特性和广泛应用性，使得它已成为进化算法的典型代表，更因为它也是现代所有智能计算中的最具代表性的一项关键技术。但从进化计算的发展历程看，它并非是进化算法的鼻祖。

 最早的进化算法应该是进化规划（Evolutionary Programming，EP）和进化策略（Evolution Strategy，ES）。进化规划是由美国的 L. J. Fogel 于 20 世纪 60 年代提出的，当时进化规划的目标是通过模拟进化来获得智能行为。进化规划与遗传算法有许多共同之处，但不像遗传算法那样注重父代与子代的遗传细节（基因及其遗传操作）上的联系，进化规划算法的操作中没有个体之间的交叉，也没有对父代的选择复制，而是把变异作为主要的搜索算子。

 进化策略的思想与进化规划的思想有很多相似之处，但它是在欧洲独立于遗传算法和进化规划而发展起来的。1963 年，德国柏林技术大学的两名学生 I. Reehenberg 和 H. P. Schwefel，在利用风洞实验确定气流中物体的最优外形时，因当时存在的一些优化策略（如简单的梯度策略）不适于解决这类问题，而提出按照自然突变和自然选择的生物进化思想的进化策略。

 早期的进化策略被称为（1 + 1）进化策略，它只有一个父体，因而只是单个个体在进化，本质上是一种局部搜索策略，具有有时不能收敛到全局最优解、效率低等明显的局限性。为此，Reehenber 提出了改进型的 $(\mu + 1)$ 进化策略，为进一步提高效率，Schwefel 又提出了 $(\mu + \lambda)$ 进化策略和 (μ, λ) 进化策略。目前，进化策略已演化成进化计算的一个重要分支，主要用于解决连续参数优化问题。

 1992 年，美国 Stanford 大学的 John R. Koza 提出遗传编程（Genetic Programming，GP，又称遗传规划或遗传程序设计）的思想。它采用层次化的结构性语言表达问题，类似于计算机程序分行或分段地描述问题。这种广义的计算机程序能够根据环境状态自动改变程序的结构及大小，为实现计算机自动编程种下了希望。

遗传编程采用演化算法中遗传算法的基本思想，但使用一种更为灵活的表示方式——分层结构来表示解空间。这样，每个分层结构对应问题的一个可行解。遗传编程就是使用一些遗传操作动态地改变这些结构，以获得解决该问题的可行的计算机程序。另外，遗传编程能够根据实际问题的具体要求，采用上层描述方法，自动生成解决问题的方案。

遗传编程虽然在理论研究上还不如遗传算法成熟，但是已在软件模块的创建和重用、机器人路径规划、数据挖掘、指纹分类识别等众多领域取得了成功的应用。

此外，还有前面所述的人工免疫算法、差分进化算法等比较有影响力的算法在此期间被相继提出，这些算法频繁交流、融合发展，使得进化计算作为智能计算的一个重要分支正式呈现在人们面前。

经过近几十年的快速发展，进化计算在优化计算方面展现了其良好的寻优能力，解决了传统算法难以处理的问题，使得很多模型、方法的应用成为了可能，进化计算的未来的发展趋势主要有以下几个方面。

1. 改进已有的进化算法，提高算法性能

如遗传算法、差分进化等，虽然已经广泛地应用到工业、经济、国防等多个领域，但是算法性能的提升是永恒的目标追求。目前，进化算法仍面临全局搜索与局部寻优的矛盾，出现算法收敛速度不够快、容易陷入局部极值等问题，在实时性要求较高的场景仍难以满足实际需求。通过对算法的改进，提高算法性能，将会是未来一个时期的重要发展方向。

2. 提高算法在多维约束条件下的寻优能力

实际的优化问题往往伴随着众多约束条件，如不等式约束、等式约束、变量整数规划的要求等，这些约束条件使得算法的寻优效果大大降低，可行解的搜索变得非常困难。因此，设计合理的约束处理方式、与进化算法相结合、提高算法的寻优效果，将是未来的重要发展之一。

3. 提高多目标优化能力

进化算法在处理多目标优化问题时，尤其当优化目标较多时，很难获得最优帕累托解集。外部档案的更新和算法的种群更新是解决多目标优化的关键。多目标进化算法是目前研究热点之一，也是未来重要的发展方向。

第4篇　群智能计算

一些群居性生物（如鸟群、蚁群、蜂群、鱼群）在漫长的进化过程中形成了一个共同的特点：个体的行为都很简单，但当它们一起协同工作时，却能够涌现出非常复杂的行为特征。这些群居性生物的自组织行为引起了科学家们的广泛关注，随着研究的深入，人们设计出了一系列群体智能仿生优化算法，并在诸多领域得到了成功应用。

自然界中生物群体的运动特征表现为两个方面：一是个体根据自身当前状态进行决策，即利用个体极值修正自身的寻优搜索过程，如运动过程中尽量靠近临近伙伴的移动中心，但避免与邻近伙伴碰撞；二是个体根据群体信息进行决策，利用群体极值来修正自身的寻优搜索过程，如运动过程中尽量与临近伙伴的总体方向一致，朝着目标方向移动。该过程实现了个体与群体的信息交互与相互协作。个体极值具有一定的随机性，在一定的程度上保持了搜索方向的多样性，避免了过早地收敛而陷于局部最优；群体极值从整体上把握了寻优的方向，从而保证了总体目标的收敛性。

群智能优化算法就是源于诸如上述对自然界生物的迁徙，以及觅食、进化等过程中的分工合作行为的模拟。它将搜索和优化过程模拟成个体的觅食或进化过程，用搜索空间中的点模拟自然界中的个体；将求解问题的目标函数度量成个体对环境的适应能力；将个体的觅食过程或优胜劣汰过程类比为搜索和优化过程中用较好的可行解取代较差可行解的迭代过程。从而形成了一类以"生成＋检验"特征的迭代搜索优化算法，即群智能优化算法。该类优化算法实质上都是建立问题的目标函数，求目标函数的最优解。但与其他优化算法相比，这类算法原理更简单、参数设置更少、受众面宽，且寻优效果好，因此更能引起人们持续研究的热情。

经过近30年的发展，人们已经提出了10余种群智能优化算法及其改进方法，如蚁群优化（Ant Colony Optimization）算法、粒子群优化（Particle Swarm Optimization）算法、文化算法（Cultural Algorithm）、人工蜂群算法（Artificial Bee Colony Algorithm）、布谷鸟算法（Cuckoo Search）、人工鱼群算法（Artificial Fish Swarm Algorithm）等。

本篇主要介绍粒子群优化算法、蚁群优化算法和人工蜂群算法等常见群智能算法的基本概念、基本原理和典型应用实例。

第 14 章

粒子群优化算法

粒子群优化（Particle Swarm Optimization，PSO）算法是由美国学者 Eberhart 和 Kennedy 于 1995 年提出的一种新型的进化计算技术，它源于对鸟群捕食行为的研究，概念简单，实现容易。它是一种基于群体智能的进化计算（Evolutionary Computation）技术，其思想来源于人工生命和进化计算理论，最初被用于连续优化问题的求解，近年来其在离散优化问题中的应用日益引起人们的注意。本章介绍 PSO 算法的基本概念、基本原理和典型应用实例。

14.1　粒子群优化算法的基本概念

有些生物（如蚂蚁、鸟、鱼等）通过群聚而有效地觅食和逃避追捕，在这类群聚生物中，每个个体的行为是建立在群体行为的基础之上的，即在整个群体中信息是共享的，而且在个体之间存在着信息的交换与协作。如在鸟群的飞行过程中，起飞时（在初始状态下）每只鸟处于随机位置，且朝各个方向随机飞行，但随着时间推移，这些初始处于随机状态的鸟通过相互学习（相互跟踪）自组织地聚集成一个小小的群落，并以相同的速度朝着相同的方向飞行，最终整个群落聚集在同一位置——食物源。这些群聚生物所表现的智能常称为"群体智能"，它可表述为一组相互之间可以进行直接通信或间接通信（通过改变局部环境）的主体，能够通过合作对问题进行分布求解。换言之，一组低智能的主体通过合作表现出智能行为特征。粒子群优化算法就是以模拟鸟的群聚智能为特征，以求解连续变量优化问题为背景的一种优化算法。

粒子群优化算法是智能计算领域中的一种群智能算法，它同遗传算法类似，通过个体间的协作和竞争实现全局搜索。系统初始化为一组随机解，称之为粒子，通过粒子在搜索空间的飞行完成寻优。体现在数学公式中即为迭代，它没有遗传算法的交叉以及变异算子，而是粒子在解空间追随最优的粒子进行搜索。粒子群优化算法采用实数求解，并且需要调整的参数较少，易于实现，是一种通用的全局搜索算法。因此，算法一提出就得到众多学者的重视，并且已经在神经网络训练、函数优化和模糊系统控制等领域取得了大量的研究成果。

粒子群优化算法的优势在于有较强的并行性，无需梯度信息，并基于群体的优化技术，只需利用目标的取值信息，所以该算法的通用性很强。粒子群优化算法是一种基于种群搜索策略的自适应随机优化算法，在某些方面与遗传算法相类似，但是 PSO 算法比遗传算法更简单且便于采用、容易实现，同时又有深刻的智能背景，既适合科学研究，又特别适合工程应用。

14.2　粒子群优化算法的基本原理

PSO 算法的初始化是一群随机粒子（随机解），然后通过迭代找到最优解。在每一次迭代中，粒子通过跟踪两个极值来更新自己：第一个就是粒子本身所找到的最优解，这个解称为个体极值；另一个极值是整个种群目前找到的最优解，这个极值是全局极值。另外，也可以不用整个种群而只用其中一部分作为粒子的邻居，那么，在所有邻居中的极值就是局部极值。

假设在一个 D 维的目标搜索空间中，有 N 个粒子组成一个群落，其中第 i 个粒子位置表示为一个 D 维的向量，记为

$$X_i = (x_{i1}, x_{i2}, \cdots, x_{iD}), i = 1, 2, \cdots, N$$

第 i 个粒子的"飞行"速度也是一个 D 维的向量，记为

$$V_i = (v_{i1}, v_{i2}, \cdots, v_{iD}), i = 1, 2, \cdots, N$$

第 i 个粒子迄今为止搜索到的最优位置称为个体极值，记为

$$p_{\text{best}} = (p_{i1}, p_{i2}, \cdots, p_{iD}), i = 1, 2, \cdots, N$$

整个粒子群迄今为止搜索到的最优位置为全局极值，记为

$$g_{\text{best}} = (p_{g1}, p_{g2}, \cdots, p_{gD})$$

在找到这两个最优值时，粒子根据如下的式（14-1）和式（14-2）来更新自己的速度和位置：

$$v_{id} = w \cdot v_{id} + c_1 r_1 (p_{id} - x_{id}) + c_2 r_2 (p_{gd} - x_{id}) \tag{14-1}$$

$$x_{id} = x_{id} + v_{id}, d = 1, 2, \cdots, D \tag{14-2}$$

式中：c_1 和 c_2 为学习因子，也称加速常数（Acceleration Constant）；r_1 和 r_2 为 [0, 1] 范围内的均匀随机数。

式（14-1）右边由三部分组成：第一部分为"惯性（Inertia）"或"动量（Momentum）"部分，反映了粒子的运动"习惯（Habit）"，代表粒子有维持自己先前速度的趋势；第二部分为"认知（Cognition）"部分，反映了粒子对

自身历史经验的记忆或回忆，代表粒子有向自身历史最佳位置逼近的趋势；第三部分为"社会（Social）"部分，反映了粒子间协同合作与知识共享的群体历史经验，代表粒子有向群体或邻域历史最佳位置逼近的趋势，根据经验，通常 $c_1 = c_2 = 2$。$i = 1, 2, \cdots, N$。v_{id} 是粒子的速度，$v_{id} \in [-v_{max}, v_{max}]$，$v_{max}$ 是常数，由用户设定用来限制粒子的速度。r_1 和 r_2 是介于 $[0, 1]$ 之间的随机数。

算法流程如图 14-1 所示。

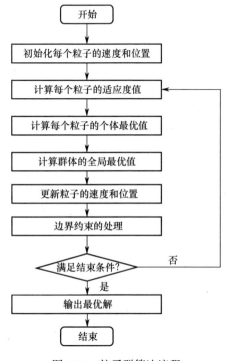

图 14-1　粒子群算法流程

14.3　MATLAB 程序实现

针对上述对 PSO 算法的描述，根据相应的优化问题，建立不同的目标函数，然后通过 PSO 算法的迭代寻优进行优化。PSO 算法的 MATLAB 程序实现如下：

```
% PSO
clear all
clc
close all
```

```
tic
% ------参数设置-----------------------------------------
c1 =1.4962;              % 学习率 c1
c2 =1.4962;              % 学习率 c2
w =0.9;                  % 惯性权重
wmin =0.2;               % 最小惯性权重
maxCycle =1000;          % 最大迭代次数
D =10;                   % 搜索维度
N =50;                   % 种群中粒子数量
ub = ones(1,D) * 100;    % 变量上界
lb =-ones(1,D) * 100;    % 变量下界
objfun = 'fx1'; % 目标函数
% -------------------------速度和位置的初始化-------------------------
x = repmat(lb,N,1) + (ub- lb) * rand(N,D);      % 随机初始化粒子的位置
v = repmat((ub- lb),N,1). * randn(N,D)/2;       % 随机初始化粒子的速度
% --------选择全局最优值 Pg-------------------------
p = feval(objfun,x);                    % 计算目标函数值
y = x;                                  % 记录初始个体最优值
[fvalbest,ind] = min(p);
pg = x(ind,:);                          % 记录初始全局最优值
% ------进入主循环----------
Pbest = zeros(1,maxCycle);
for t =1:maxCycle
    % 速度和位置更新
    for i =1:N
        v(i,:) = (w-((w-wmin)/maxCycle) * t) * v(i,:) + c1 * rand * (y
(i,:)-x(i,:)) + c2 * rand* (pg-x(i,:));   % 速度更新
        x(i,:) =x(i,:) +v(i,:);                             % 位置更新
    % 边界限制
    for j =1:D
    if x(i,j) < lb(j) ||x(i,j) >ub(j)
    x(i,j) = rand(1,D)* (ub-lb) + lb;
    end
    end
    fval = feval(objfun,x(i,:)) ;       % 计算目标函数值
    % 更新个体最优值
    if fval <p(i)
```

```
   p(i) = fval;
   y(i,:) = x(i,:);              % 记录个体最优值
end
% 更新全局最优值
if fvalbest > p(i)
pg = y(i,:);
fvalbest = p(i);
end
end
Pbest(t) = fvalbest;   % 记录当前全局最优值
end
toc              % 计时结束
% ------迭代寻优结果画图------
semilogy(Pbest,'linewidth',1.5)
xlabel('迭代次数')
ylabel('适应度值')
```

以 Sphere 函数为例,验证 PSO 优化能力。其中 fx1 的代码如下。

```
function y = fx1 ( x )
% 测试函数 fx1
y = sum(x.^2,2);
end
```

则可以得到如图 14-2 所示结果。

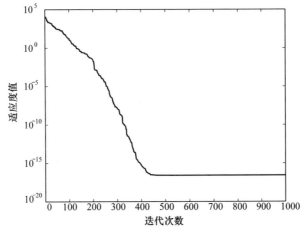

图 14-2　PSO 算法的迭代曲线

14.4　应用实例——无线传感器网络节点定位

定位是无线传感器网络（Wireless Sensor Network，WSN）重要的支撑技术，并有广泛的应用。针对无线传感器网络节点定位问题，国内外学者进行了大量研究，主要有基于测距和免测距两类传感器节点定位算法。免测距定位算法主要包括质心算法、距离矢量 – 跳数（Distance Vector-Hop，DV-Hop）算法、无定形（Amorphous）算法、多维标度 – 规划（Multidimensional Scaling-Map，MDS-MAP）算法等。由于其在硬件要求、网络部署成本、能耗等方面的优势，相对来说更适合于无线传感器网络。其中 DV-Hop 算法巧妙地将节点间的距离测量转化为跳数与平均跳距的乘积，是目前研究最广泛的算法之一。

DV-Hop 算法可分为三个阶段，在第一、第二阶段利用跳数和平均跳距得到未知节点到锚节点的估计距离，在第三阶段获得节点间距离后估计未知节点的位置。对传统 DV-Hop 算法的改进，可使第三阶段中估计节点位置的误差更小。

1. 定位问题描述

DV-Hop 算法的定位过程分为三个阶段，在第一、第二阶段中通过跳数与平均跳距的乘积得到未知节点 $o(x,y)$ 到锚节点 $A_1(x_1,y_1),A_2(x_2,y_2),\cdots,$ $A_n(x_n,y_n)$ 的估计距离为 $d_1,d_2,\cdots,d_n$，测距误差分别为 $\varepsilon_1,\varepsilon_2,\cdots,\varepsilon_n$，则估计坐标 (x,y) 满足如下不等式：

$$\begin{cases} d_1^2 - \varepsilon_1^2 \leqslant (x - x_1)^2 + (y - y_1)^2 \leqslant d_1^2 + \varepsilon_1^2 \\ d_2^2 - \varepsilon_2^2 \leqslant (x - x_2)^2 + (y - y_2)^2 \leqslant d_2^2 + \varepsilon_2^2 \\ \qquad\qquad\qquad\vdots \\ d_n^2 - \varepsilon_n^2 \leqslant (x - x_n)^2 + (y - y_n)^2 \leqslant d_n^2 + \varepsilon_n^2 \end{cases} \tag{14-3}$$

定位问题可转化为求解坐标 (x,y)，使得式（14-4）中，$f(x,y)$ 最小，$f(x,y)$ 最小时总的误差最小。因此，把 DV-Hop 第三阶段转化为求解约束性优化问题，$f(x,y)$ 的求解即为非线性优化问题。

$$f(x,y) = \sum_{i=1}^{M} \left| \sqrt{(x - x_i)^2 + (y - y_i)^2} - d_i \right| \tag{14-4}$$

式中：M 为锚节点数量。

2. 适应度函数设计

适应度函数用来评价粒子位置的优劣，引导算法的搜索方向，计算公式为

$$\text{fitness}_i = \frac{1}{M} \sum_{j=1}^{M} \left| \sqrt{(x_i - x_j)^2 + (y_i - y_j)^2} - d_j \right| \tag{14-5}$$

式中：fitness_i 为粒子 i 的适应度值；(x_i, y_i) 为粒子 i 的位置坐标；(x_j, y_j) 为锚节点 j 的位置坐标；d_j 为未知节点到锚节点 j 的估计距离。

3. 结果评价指标

试验结果的优劣用平均定位误差来评估，平均定位误差定义为

$$e = \frac{1}{N} \sum_{i=1}^{N} \sqrt{(x_{\text{ireal}} - x_i)^2 + (y_{\text{ireal}} - y_i)^2} \tag{14-6}$$

式中：N 为定位测试点的个数；$(x_{\text{ireal}}, y_{\text{ireal}})$ 为估计位置 (x_i, y_i) 的真实位置。

4. 实验设计

在 $100\text{m} \times 100\text{m}$ 区域内随机分布 100 个传感器节点，锚节点数量为 30。为了验证算法的性能，估计距离 d_i 利用真实距离加上一定的扰动进行模拟。

$$d_i = \sqrt{(x - x_i)^2 + (y - y_i)^2} + \alpha \cdot \text{rand}(-1,1) \cdot \sqrt{(x - x_i)^2 + (y - y_i)^2} \tag{14-7}$$

式中：(x_i, y_i) 为锚节点 m 的位置；α 为扰动率；$\text{rand}(-1,1)$ 为 $(-1,1)$ 均匀分布的随机数。

选择 $a = 0.15$，设置粒子群算法的种群数为 50，$c_1 = c_2 = 1.4962$，最大循环次数为 200，测试 30 个节点的位置，得到的结果见表 14-1，得到的评价误差 $e = 4.7801$，节点的位置分布关系如图 14-3 所示。

表 14-1 PSO 算法的定位结果

	x_{ireal}	y_{ireal}	x_i	y_i
1	1.5274	21.3963	0	19.3210
2	74.6786	64.3492	75.5951	67.4110
3	44.5096	32.0036	40.8769	28.5540
4	93.1815	96.0099	94.7690	100.0000
5	46.5994	72.6632	44.0990	75.6125
6	41.8649	41.1953	38.7908	38.4981
7	84.6221	74.4566	85.3921	78.7706
8	52.5152	26.7947	49.4322	22.9388
9	20.2647	43.9924	14.9711	42.8297
10	67.2137	93.3380	65.1870	98.1095
11	83.8118	68.3332	84.9738	71.8397
12	1.9640	21.2560	0	19.2812
13	68.1277	83.9238	66.0800	88.9698
14	37.9481	62.8785	33.6488	65.3894
15	83.1796	13.3773	81.8920	7.2494
16	50.2813	20.7133	46.4168	16.6773

（续）

	x_{ireal}	y_{ireal}	x_i	y_i
17	70.9471	60.7199	71.7116	63.5382
18	42.8892	62.9888	39.1028	65.4247
19	30.4617	37.0477	25.8021	34.5477
20	18.9654	57.5148	12.7945	56.8578
21	19.3431	45.1425	14.1135	44.0076
22	68.2223	4.3895	66.5187	0
23	30.2764	2.7185	22.7404	0
24	54.1674	31.2685	51.4567	27.4816
25	15.0873	1.2863	5.7985	0
26	69.7898	38.3967	69.9854	35.2879
27	37.8373	68.3116	33.9429	70.7791
28	86.0012	9.2842	84.4201	2.6014
29	85.3655	3.5338	86.3038	0
30	59.3563	61.2395	59.5943	63.6517

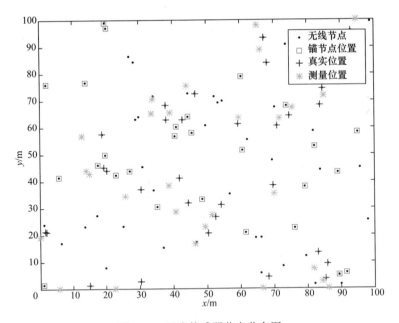

图 14-3　无线传感器节点分布图

相应的 MATLAB 程序如下。

主函数如下。

```
% ------初始格式化-----------------------------------------
clear all
```

```
clc
close all
tic
% ------给定初始化条件-----------------------------------
c1 = 1.4962;              % 学习因子1
c2 = 1.4962;              % 学习因子2
w = 0.9;                  % 惯性权重
wmin = 0.2;
maxCycle = 200;           % 最大循环次数
D = 2;                    % 搜索空间维数(未知数个数)
N = 50;                   % 初始化群体个体数目
ub = ones(1,D) * 100;     % 上界
lb = ones(1,D) * 0;       % 下界
objfun = 'WSN';  % 目标函数
rand('state',0);
XP = 100 * rand(100,2);
M = XP(1:30,:);
a = 0.15;
% 进入循环
for k = 1:30
  xi = XP(30 + k,:);
  % ------初始化种群的个体(可以在这里限定位置和速度的范围)----------
  x = repmat(lb,N,1) + repmat(ub-lb,N,1).* rand(N,D);
  v = 5 * randn(N,D);
  % ------先计算各个粒子的适应度,并初始化 Pi 和 Pg---------
    for i = 1:N
      p(i) = feval(objfun,x(i,:),xi,M,a);
    end
  y = x;
  [fvalbest,ind] = min(p);
  pg = x(ind,:);
  % ------进入主要循环,按照公式依次迭代,直到满足精度要求----------
  Pbest = zeros(1,maxCycle);
    for t = 1:maxCycle
      for i = 1:N
        v(i,:) = (w-((w-wmin)/maxCycle) * t) * v(i,:) + c1 * rand* (y
(i,:)-x(i,:)) + c2 * rand* (pg-x(i,:));
        x(i,:) = x(i,:) + v(i,:);
```

```
        for j =1:D
            if x(i,j) <lb(j)
              x(i,j) =lb(j);
            elseif x(i,j) >ub(j)
              x(i,j) =ub(j);
          end
        end
        fval =feval(objfun,x(i,:),xi,M,a) ;
        if fval <p(i)
        p(i) =fval;
        y(i,:) =x(i,:);
    end
    if fvalbest >p(i)
        pg =y(i,:);
        fvalbest =p(i);
    end
    end
    end
    Pbest(t) =fvalbest;
    end
    xs(k,:) =pg;
    end
    % %
    % ------最后给出计算结果
    xr =XP(30 +1:30 +k,:);
    e =mean(sqrt(sum((xr-xs).^2,2)))
    toc
    % % 画图---节点位置分布
    plot(XP(:,1),XP(:,2),'.k')
    hold on
    plot(M(:,1),M(:,2),'sg')
    hold on
    plot(xr(:,1),xr(:,2),'+r')
    hold on
    plot(xs(:,1),xs(:,2),'* c')
    legend('无线节点','锚节点位置','真实位置','测量位置')
```

调用函数如下。

```
function y =WSN(x,xi,M,a)
% xi---被测点真实位置
```

```
% M-----锚节点位置
% a------变异率
[m1,n1] = size(M);
rand('state',0);
r = rand(m1,1);
dd = sqrt(sum((repmat(xi,m1,1)-M).^2,2));
d = (1 + a* r).* dd;
dm = sqrt(sum((repmat(x,m1,1)-M).^2,2))-d;
y = sum(abs(dm))/m1;
end
```

14.5　应用实例——求解 PID 控制器设计问题

在工业控制中，比例－积分－微分（Proportional，Integraland Differential，PID）控制被广泛采用，是一种典型控制方法，保障了工业自动生产过程的正常运行。在自动控制领域中，PID 控制器具有结构简单、容易实现的性能以及鲁棒性强等优点，处于重要的地位。计算机技术和人工智能技术的飞速发展，为自动化控制增添了新动力，很多关于 PID 控制器的参数整定方法也应运而生。参数的整定问题是 PID 控制器的设计和应用的一个关键方面。所谓控制器的参数整定就是对一个已经完成设计的控制系统，通过调整控制器的参数，使得控制系统的控制过程得到最为理想的值。理想的控制结构要通过合理地设置控制器参数才能得到，不正确的数据使系统达不到预期控制效果。所以，在案例设计合理和仪表硬件选择正确的条件下，控制器参数整定的正确性对控制器能否得到最佳效果具有决定性的作用。

1. PID 控制基础理论

PID 控制器时域结构如图 14-4 所示。

图 14-4　PID 控制器时域结构

PID 控制器时域表示形式为

$$u(t) = K_p e(t) + K_i \int_0^t e(\tau) \mathrm{d}\tau + K_d \frac{\mathrm{d}e(t)}{\mathrm{d}t} \tag{14-8}$$

式中：$e(t)$ 为系统误差；K_p、K_i、K_d 分别为比例、微分、积分环节的加权项。

这里误差指标选择时间乘以误差绝对值积分（ITAE）指标，其定义为

$$J = \int_0^\infty t \, |e(t)| \, \mathrm{d}t \qquad (14\text{-}9)$$

2. 问题描述

PID 控制系统的传递函数结构如图 14-5 所示。

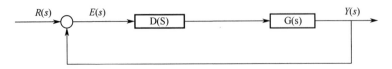

图 14-5　PID 控制系统的传递函数结构图

PID 控制的传递函数的表示如下：

$$D(s) = K_p + \frac{K_i}{s} + K_d s \qquad (14\text{-}10)$$

选择被控对象为直流电机，其开环传递函数为

$$G(s) = \frac{Y(s)}{U(s)} = \frac{1}{s^3 + 9s^2 + 23s + 15} \qquad (14\text{-}11)$$

选用的输入信号为阶跃信号，根据控制系统结构图进行仿真电路的搭建，在搭建仿真电路时选用的反馈环节为单位反馈，系统结构框架如图 14-6 所示。

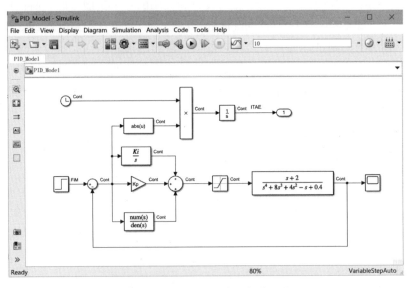

图 14-6　Simulink 搭建的仿真系统

运行程序，获得的实验结果如下：

$$K_p = 87.7695, \ K_i = 0, \ K_d = 100.0000$$

最优个体适应值随迭代次数变化关系如图 14-7 所示，K_p、K_i、K_d 变化曲线如图 14-8 所示，系统阶跃响应曲线如图 14-9 所示。

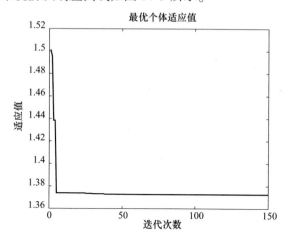

图 14-7 最优个体适应值随迭代次数变化关系

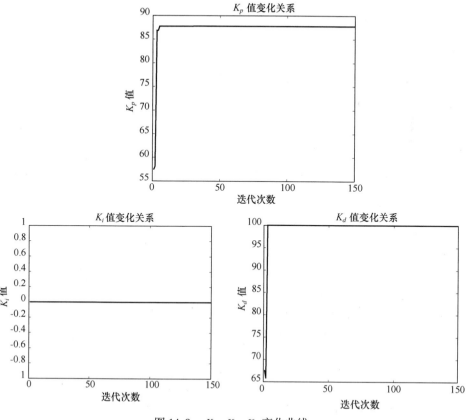

图 14-8 K_p，K_i，K_d 变化曲线

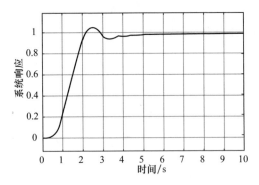

图 14-9　系统阶跃响应曲线

MATLAB 程序如下。

主程序如下。

```
% PSO 算法
% ------初始格式化-----------------------------------------------
clear all
clc
close all
tic
% ------给定初始化条件---------------------------------------------
c1 =1.4962;              % 学习因子 1
c2 =1.4962;              % 学习因子 2
w =0.9;                  % 惯性权重
wmin =0.2;
maxCycle =150; % 最大循环次数
D =3;                    % 搜索空间维数(未知数个数)
N =50;                   % 初始化群体个体数目
ub =ones(1,D)* 100; % 上界
lb =ones(1,D)* 0;% 下界
objfun ='PSOPID'; % 目标函数
PG =zeros(maxCycle,D);
% ------初始化种群的个体(可以在这里限定位置和速度的范围)---------
x =repmat(lb,N,1)+repmat(ub-lb,N,1).* rand(N,D);
v =20* randn(N,D);
% ------先计算各个粒子的适应度,并初始化 Pi 和 Pg---------------
for i =1:N
p(i)=feval(objfun,x(i,:));
end
```

```
y = x;
[fvalbest,ind] = min(p);
pg = x(ind,:);
% ------进入主要循环,按照公式依次迭代,直到满足精度要求----------
Pbest = zeros(1,maxCycle);
for t = 1:maxCycle
for i = 1:N
v(i,:) = (w-((w-wmin)/maxCycle) * t) * v(i,:) + c1 * rand* (y(i,:)-x
(i,:)) + c2* rand* (pg-x(i,:));
x(i,:) = x(i,:) + v(i,:);
for j = 1:D
    if x(i,j) < lb(j)
        x(i,j) = lb(j);
    elseif x(i,j) > ub(j)
        x(i,j) = ub(j);
    end
end
fval = feval(objfun,x(i,:)) ;
if fval < p(i)
    p(i) = fval;
    y(i,:) = x(i,:);
end
if  fvalbest > p(i)
    pg = y(i,:);
    fvalbest = p(i);
end
end
Pbest(t) = fvalbest;
PG(t,:) = pg;
end
% -------最后给出计算结果
toc
%%
figure(1)
plot(Pbest,'Linewidth',2)
title('最优个体适应值')
xlabel('迭代次数')
ylabel('适应值')
```

```
figure(2)
plot(PG(:,1),'Linewidth',2)
title('Kp 值变化关系')
xlabel('迭代次数')
ylabel('Kp 值')
figure(3)
plot(PG(:,2),'Linewidth',2)
title('Ki 值变化关系')
xlabel('迭代次数')
ylabel('Ki 值')
figure(4)
plot(PG(:,3),'Linewidth',2)
title('Kd 值变化关系')
xlabel('迭代次数')
ylabel('Kd 值')
```

调用函数

```
function y = PSOPID( x )
% 基于 simulink 模块计算适应度值
% 将粒子群算法的参数代入模型中进行仿真
assignin('base','Kp',x(1));
assignin('base','Ki',x(2));
assignin('base','Kd',x(3));
[t_time,x_state,y_out] = sim('PID_Model',[0,10]);
y = y_out(end,1);
end
```

14.6　粒子群优化算法的改进

14.6.1　参数改进

1. 引入惯性权重

引入惯性权重的 PSO 算法可提高算法的优化性能，具有平衡全局搜索和局部搜索的比例的能力。惯性权重一般采用线性递减的方式，如 w 由最大权重 w_{max} 线性递减至最小权重 w_{min}，即

$$w_t = w_{max} - \frac{w_{max} - w_{min}}{T} \tag{14-12}$$

式中：t 为当前迭代数；T 为总的迭代数；一般取 $w_{max} = 0.9$，$w_{min} = 0.2$。

2. 自适应变异

引入群体适应度方差的概念，设粒子群的总数为 n，第 i 个粒子的适应度函数值为 f_i，f_{avg} 为粒子群目前的平均适应度值，则群体适应度方差 σ^2 定义为

$$\sigma^2 = \sum_{i=1}^{n} \left(\frac{f_i - f_{avg}}{f} \right)^2 \tag{14-13}$$

式中：f 的目的是限制 σ^2 的大小，它的取值随算法的变化而变化，可按下式计算，即

$$f = \max\left\{ 1, \max_{i=1,2,\cdots,n} \left\{ |f_i - f_{avg}| \right\} \right\} \tag{14-14}$$

群体适应度方差 σ^2 反映了粒子群中所有粒子的收敛程度，其值越小，则粒子群越趋于收敛；反之，粒子群处于随机搜索阶段。

为了让粒子在算法陷入搜索停滞时朝新的方向搜索，变异的引入还应根据群体的聚集程度来决定。也就是说，变异概率的大小随 σ^2 的变化而变化。本章采用的变异概率 p_m，用下式来计算：

$$p_m = (p_{max} - p_{min})\left(\frac{\sigma_m^2}{n} \right)^2 + (p_{min} - p_{max})\left(\frac{2\sigma^2}{n} \right) + p_{max} \tag{14-15}$$

式中：p_m 为第 m 次迭代中群体全体极值的变异概率；σ_m^2 为第 m 次迭代中群体的适应度方差；p_{max} 为当前变异概率的最大值；p_{min} 为当前变异概率的最小值。

从式（14-15）可以看出，适应度方差越小，全局极值的变异概率越大；反之，全局极值的变异概率越小。算法可以根据群体中粒子的位置状态自适应地调整变异概率，达到跳出局部最优解的目的。

产生一个随机数，如果 $p_m >$ rand，则对 gbest 进行变异操作，采用增加扰动的方法，设 $gbest^k$ 为 gbest 的第 k 次迭代取值，η 服从 Gauss（0,1）分布，则 $gbest^{k+1}$ 的变异公式为

$$gbest^{k+1} = gbest^k(1 + 0.5\eta) \tag{14-16}$$

14.6.2 结构改进－双群协同粒子群优化算法

在传统的粒子群优化算法中，只有一个种群，可能会出现在搜索过程中陷入局部极值的现象。设计一种双群协同的粒子群算法，算法分为两个种群：主种群（Master）和从种群（Slave），通过两个种群的协同，可有效提高收敛速度，同时能够防止陷入局部极值。

1. 从种群的更新

速度和位置的更新公式如下：

$$v_{ij}^S(t+1) = c_1^S r_1(1-r_2)(x_{kj}^S(t) - x_{ij}^S(t)) + c_2^S(1-r_1)r_2(gbest_j(t) - x_{ij}^S(t)) \tag{14-17}$$

$$v_{ij}^S = \min(v_{ij\,max}^S, \max(v_{ij\,min}^S, v_{ij}^S)) \tag{14-18}$$

$$x_{ij}^S(t+1) = x_{ij}^S(t+1) + v_{ij}^S(t) \tag{14-19}$$

式（14-17）取消了惯性项，使得算法的收敛速度加快。式（14-18）的作用是对边界约束进行处理，防止超出边界。$x_{kj}^S(t)$ 按照邻域选择的方式获得，按照如下规则：

（1）设定邻域范围为 l。

（2）对于第 i 个粒子，如果 l 是偶数，则 k 从 $[i-(l/2)+1, i+(l/2)]$ 中随机选取；如果 l 是奇数，则 k 从 $[i-((l-1)/2)i+((l-1)/2)]$ 中随机选取。

2. 主种群的更新

速度和位置的更新公式如下：

$$v_{ij}^M(t+1) = w^M \cdot v_{ij}^M(t) + c_1^M r_1(1-r_2)(1-r_3)(\text{pbest}_{ij}^M(t) - x_{ij}^M(t)) +$$
$$c_2^M r_2(1-r_1)(1-r_3)(\text{gbest}_j^S(t) - x_{ij}^M(t)) +$$
$$c_3^M r_3(1-r_1)(1-r_2)(\text{gbest}_j(t) - x_{ij}^M(t)) \tag{14-20}$$

$$v_{ij}^M = \min(v_{ij\,max}^M, \max(v_{ij\,min}^M, v_{ij}^M)) \tag{14-21}$$

$$x_{ij}^M(t+1) = x_{ij}^M(t) + v_{ij}^M(t+1) \tag{14-22}$$

3. 双群协同粒子群算法伪代码

(1) 随机初始化随机主种群和从种群的粒子位置 $X^M = (x_1^M, x_2^M, \cdots, x_n^M)$ 和 $X^S = (x_1^S, x_2^S, \cdots, x_n^S)$；

(2) 随机初始化随机主种群和从种群的粒子速度 $V^M = (v_1^M, v_2^M, \cdots, v_n^M)$ 和 $V^S = (v_1^S, v_2^S, \cdots, v_n^S)$；

(3) 计算主种群和从种群的粒子 X^M、X^S 适应度值；

(4) 设置主种群的个体最优值 $\text{pbest}^M = (\text{pbest}_1^M, \text{pbest}_2^M, \cdots, \text{pbest}_n^M)$；

(5) 设置种群的最优个体为 gbest；

(6) 设置从种群的最优个体 gbest^S；

(7) 设置 $t=0$，进入主循环；

(8) for i =1:n   //从种群更新；

(9) for j =1:D；

(10) 按照式(14-17)~式(14-19)进行粒子的速度和位置的更新；

(11)   if $x_{ij}^S > x_{ij\,max}^S$

(12) $x_{ij}^S = x_{ij\,max}^S, v_{ij}^S = -v_{ij}^S$；

(13)   else if $x_{ij}^S < x_{ij\,min}^S$

(14) $x_{ij}^S = x_{ij\,min}^S, v_{ij}^S = -v_{ij}^S$；

(15)   end if

(16)   end if

(17)　　end for

(18) end for

(19) 更新从种群的最优解 $gbest^S$;

(20) for i =1:n　//主种群更新

(21) for j =1:D

(22) 按照式(14-20)~式(14-22)进行粒子的速度和位置的更新;

(23)　　if $x_{ij}^M > x_{ij\,max}^M$

(24)　　　$x_{ij}^M = x_{ij\,max}^M, v_{ij}^M = -v_{ij}^M$;

(25)　　　else if $x_{ij}^M < x_{ij\,min}^M$

(26)　　　　　$x_{ij}^M = x_{ij\,min}^M, v_{ij}^M = -v_{ij}^M$;

(27)　　　　end if

(28)　　　end if

(29) end for

(30) 更新个体最优值 $pbest_i^M$;

(31) end for;

(32) 更新全局最优个体 gbest;

(33) t =t +1;

(34) 满足结束条件则结束,否则,返回(8)。

习题 14

1. 简述粒子群优化算法的特点。

2. 以遗传算法为例,试比较粒子群优化算法与进化算法的异同。

3. 试设计一种对惯性权重自适应调整的方案,并分析惯性权重的变化对求解质量与效率的影响。

4. 应用粒子群优化算法求解优化问题:

$\min f(x_1,x_2) = x_1^2 + x_2^2 + 20(\sin^2 x_1 + \sin^2 x_2)$, 　$-3 \le x_1,x_2 \le 3$

并研究不同参数设置对算法性能的影响。

5. 设计求解下列优化问题的粒子群算法:

$\min f(x) = \sum_{i=1}^{n-1} [100(x_{i+1} + x_i^2)^2 + (1 - x_i)^2]$, 　$-2.048 \le x_i \le 2.048$

式中:n = 2,4,8,16,32,并研究问题维数与参数设置之间的关系。

6. 试用粒子群优化算法求解 7 城市的旅行推销员问题。

第 15 章

蚁群优化算法

蚁群优化算法于 1992 年由意大利学者 M. Dorigo 等首先提出，是通过模拟自然界中蚂蚁集体寻找从食物源到蚁巢最短路径行为的一种启发式仿生进化算法。该算法用蚁群在搜索食物源的过程中所体现出来的寻优能力解决一些离散系统优化问题，目前已用于求解 TSP、二次分配、调度和指派等离散问题。本章介绍蚁群优化算法的基本概念、基本原理和典型应用实例。

15.1 蚁群优化算法的基本概念

生物学家研究发现，自然界中的蚂蚁觅食是一种群体性行为，并非单只蚂蚁自行子找食物源。如图 15-1 所示，蚂蚁在寻找食物源时，会在其经过的路径上释放一种信息素，并能够感知其他蚂蚁释放的信息素。信息素浓度的大小表征路径的远近，信息素浓度越高，表示对应的路径距离越短。通常，蚂蚁会以较大的概率优先选择信息素浓度较高的路径，并释放一定量的信息素，以增强该条路径上的信息素浓度，这样就形成一个正反馈。最终，蚂蚁能够找到一条从巢穴到食物源的最佳路径，即最短距离。值得一提的是，生物学家同时发现，路径上的信息素浓度会随着时间的推进而逐渐衰减。

将蚁群优化算法应用于解决优化问题的基本思路为：用蚂蚁的行走路径表示待优化问题的可行解，整个蚂蚁群体的所有路径构成待优化问题的解空间。路径较短的蚂蚁释放的信息素量较多，随着时间的推进，较短的路径上累积的信息素浓度逐渐增高，选择该路径的蚂蚁个数也愈来愈多。最终，整个蚂蚁会在正反馈的作用下集中到最佳的路径上，此时对应的便是待优化问题的最优解。

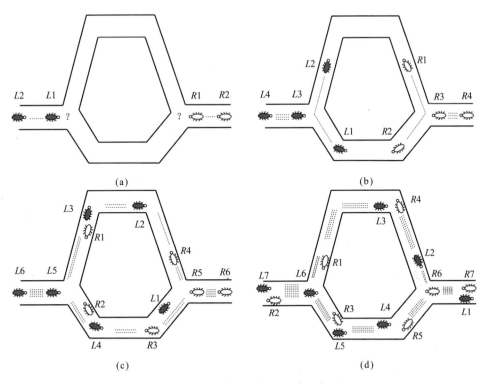

图 15-1 蚁群算法寻找最短路示意图

15.2 蚁群优化算法的基本原理

蚁群优化算法最早成功地应用于解决著名的旅行商问题（Traveling Salesman Problem，TSP）。旅行商问题，又称为旅行推销员问题，如图 15-2 所示，是指一名推销员要拜访多个地点时，如何找到在拜访每个地点一次后再回到起点的最短路径。规则虽然简单，但在地点数目增多后求解却极为复杂，由于该问题的可行解是所有顶点的全排列，随着顶点数的增加，会产生组合爆炸，它是一个 NP 完全问题。由于其在交通运输、电路板线路设计以及物流配送等领域内有着广泛的应用，国内外学者对其进行了大量的研究。

TSP 问题可描述为：给定 n 个城市，找一条穿过各个城市一次且仅一次，最后回到起点的最短路径。设蚁群中蚂蚁的数量为 m；$d_{ij}(i,j=1,2,\cdots,n)$ 表示城市 i，j 之间的距离；$b_i(t)$ 表示时刻 t 位于城市 i 上的蚂蚁数，则有 $m = \sum_{i=1}^{n} b_i(t)$；$\tau_{ij}(t)$ 表示 t 时刻城市 i，j 连线上的信息素浓度。初始时刻，各条路径上的信息量相等，设 $\tau_{ij}(0) = c$（c 为常数）。蚂蚁 $k(k=1,2,\cdots,m)$ 在运动过程中，根据各条路径上的信息量决定转移方向。在 t 时刻，蚂蚁 k 由城市 i 转移到城市 j 的概率 $p_{ij}^k(t)$ 为

$$
p_{ij}^k(t) = \begin{cases} \dfrac{\tau_{ij}^{\alpha}(t)\eta_{ij}^{\beta}(t)}{\displaystyle\sum_{k\notin \text{tabu}_k}\tau_{ik}^{\alpha}(t)\eta_{ik}^{\beta}(t)} & (j\notin \text{tabu}_k) \\[4mm] 0 & (其他) \end{cases} \tag{15-1}
$$

式中：η_{ij} 为能见度，在 TSP 问题中为城市 i 转移到城市 j 的启发信息；α 为路径上残留信息的重要程度；β 为启发信息的重要程度；tabu_k 为记录蚂蚁 k 当前所走过的城市，称为禁忌表，tabu_k 随着进化过程做动态调整。

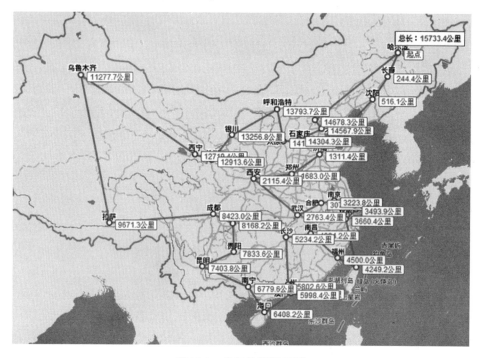

图 15-2　旅行推销员问题

经过 n 个时刻，所有蚂蚁都完成一个蚁群循环后，按下式对每条边上的信息素浓度进行更新。

$$
\tau_{ij}(t+n) = \rho\tau_{ij}(t) + \Delta\tau_{ij}(t) \tag{15-2}
$$

$$
\Delta\tau_{ij}(t) = \sum_{k=1}^{m}\Delta\tau_{ij}^k \tag{15-3}
$$

式中：ρ 为信息素残留系数；$\Delta\tau_{ij}$ 和 $\Delta\tau_{ij}^k$ 为蚁群与蚂蚁 k 在时间段 t 到 $(t+n)$ 内，在路径 i、j 上留下的信息素浓度。

根据具体算法的不同，$\Delta\tau_{ij}^k$ 的表达形式有所不同。Dorigo M 曾给出 3 种不

同的计算模型，分别称为蚁周（Ant-cycle Algorithm）算法、蚁密（Ant-density Algorithm）算法和蚁量（Ant-quantity Algorithm）3 种算法。这 3 种算法的根本区别在于，蚁周算法在每次蚁群循环结束之后更新各路径上的信息素；而蚁密算法和蚁量算法在每个时间步长结束后都要更新各边上的信息素浓度。应用实践证明蚁周算法的优化效果明显好于其他两种算法。分析其原因，是因为蚁周算法在搜索过程中使用全局反馈信息，而蚁密和蚁量算法则使用局部反馈信息。蚁群算法流程如图 15-3 所示。

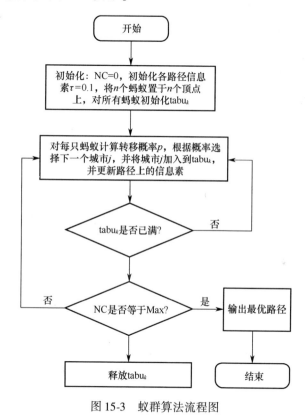

图 15-3 蚁群算法流程图

15.3 应用实例——求解 TSP 问题

15.3.1 TSP 问题概述

旅行商问题，即 TSP 问题（Traveling Salesman Problem）又译为旅行推销员问题、货郎担问题，是数学领域中著名问题之一。假设有一个旅行商人要拜访 n 个城市，他必须选择所要走的路径，路径的限制是每个城市只能拜访一次，而且最后要回到原来出发的城市。路径的选择目标是要求得的路径路程为所有路径之中的最小值。

TSP 在图论意义下常常被称为最小 Hamilton 圈问题，Euler 等最早研究了该问题，下面用数学的语言进行描述。

记 $G = (V,E)$ 为赋权图，$V = (1,2,\cdots,n)$ 为顶点集，E 为边集，各顶点间的距离已知（$d_{ij} > 0, d_{ii} = \infty, i,j \in V$），设：

$$x_{ij} = \begin{cases} 1 & （若 ij 在最优路径上） \\ 0 & （其他） \end{cases} \tag{15-4}$$

则经典的 TSP 问题可写为如下的数学规划模型：

$$\min Z = \sum_{i=1}^{n} \sum_{j=1}^{n} d_{ij}x_{ij} \tag{15-5}$$

$$\text{s.t.} \begin{cases} \sum_{j=1}^{n} x_{ij} = 1, i \in V \\ \sum_{i=1}^{n} x_{ij} = 1, j \in V \\ \sum_{i \in S} \sum_{j \in S} x_{ij} < |S| - 1, \forall S \in V \\ x_{ij} \in \{0,1\} \end{cases} \tag{15-6}$$

这里 $|S|$ 为集合 S 中所含图 G 的定点数。第一个约束和第二个约束意味着对每个点来说，仅有一条边进和一条边出；第三个约束则保证了没有任何子回路解的产生。于是，满足前三个约束的解构成了一条 Hamilton 回路。当 $d_{ij} = d_{ji}$ 时，问题被称为是对称型 TSP。当对所有 $1 \leqslant i,j,k \leqslant n$，有不等式 $d_{ij} + d_{jk} \geqslant d_{ik}$ 成立时，问题被称为是满足三角不等式的，简记为 $\triangle ABC$。

15.3.2 求解 TSP 问题的蚁群优化算法流程

（1）NC = 0（NC 为迭代次数）；将各 τ_{ij} 和 $\Delta\tau_{ij}$ 初始化；将 m 只蚂蚁置于 n 个顶点上；

（2）将各蚂蚁的初始出发点置于当前解集中，蚂蚁 k 按照概率 $p_{ij}^{k}(t)$ 由城市 i 转移到城市 j，$p_{ij}^{k}(t)$ 由式（15-1）计算；

（3）计算各蚂蚁的目标函数值，记录当前最优解；

（4）按式（15-2）和式（15-3）进行信息素更新；

（5）NC = NC + 1；

（6）如果 NC 小于设定的循环次数，则返回步骤（2）；

（7）输出最优解。

15.3.3　MATLAB 程序

```
% 输入参数
clc
clear all
close all
NC_max = 200;              % 最大迭代次数
m = 40;                    % 蚂蚁只数
Alpha = 1;                 % 表征信息素重要程度的参数
Beta = 4;                  % 表征启发式因子重要程度的参数
Rho = 0.95;                % 信息素蒸发系数
Q = 1;                     % 信息素增加强度系数
% % 第一步:变量初始化
n = 20;    % n 表示问题的规模(城市个数)
rand('state',0)            % 限定随机数的位置,保证每次的运行具有相同的城市位置
C = 100 * rand(n,2);       % n 个城市的坐标,n×2 的矩阵
D = zeros(n,n);  % D 表示完全图的赋权邻接矩阵
for i = 1:n
    for j = i + 1:n
        D(i,j) = ((C(i,1)-C(j,1))^2 + (C(i,2)-C(j,2))^2)^0.5;
        D(j,i) = D(i,j);  % 对称矩阵
    end
end
Eta = 1./(D + 0.001);              % Eta 为启发因子,这里设为距离的倒数
Tau = 0.1 * ones(n,n);             % Tau 为信息素矩阵
Tabu = zeros(m,n);   % 存储并记录路径的生成
NC = 1;              % 迭代计数器,记录迭代次数
bestRoute = zeros(NC_max,n);       % 各代最佳路线
bestlength = inf. * ones(NC_max,1);   % 各代最佳路线的长度
avelength = zeros(NC_max,1);          % 各代路线的平均长度
while NC <= NC_max         % 停止条件,达到最大迭代次数,停止
% 第二步:将 m 只蚂蚁放到 n 个城市上
T = ceil(m/n);  % 每个城市的蚂蚁只数(取整)
Randpos = zeros(1,T* n);   % 随机位置
for i = 1:T
Randpos(n* (i-1) + 1:n* i) = randperm(n);
end
Tabu(:,1) = Randpos(1:m)';       % 初始后的访问城市
```

```
% 第三步:m 只蚂蚁按概率函数选择下一座城市,完成各自的周游
for j = 2:n      % 所在城市不计算
 for i = 1:m
        visited = Tabu(i,1:(j-1));  % 记录已访问的城市,避免重复访问
        J = setdiff([1:n],visited) ;% 待访问城市
        % 下面计算待选城市的概率分布
        P = zeros(1, n-j +1 ); % 待访问城市的选择概率分布
        for k = 1:length(J)
            P(k) = (Tau(visited(end),J(k))^Alpha) * (Eta(visited
(end),J(k))^Beta);
        end
        P = P/sum(P);
    % 按概率原则选取下一个城市
    Pcum = cumsum(P);      % cumsum,元素累加即求和
    Select = find(Pcum > = rand); % 若计算的概率大于原来的就选择这条路线
    to_visit = J(Select(1));
    Tabu(i,j) = to_visit;
 end
end
% % 第四步:记录本次迭代最佳路线
 L = zeros(m,1);      % 开始距离为0,m* 1 的列向量
 for i = 1:m
 R = Tabu(i,:);
for j = 1:(n-1)
 L(i) = L(i) + D(R(j),R(j +1));      % 原距离加上第 j 个城市到第 j +1 个城市
                                        的距离
end
 L(i) = L(i) + D(R(1),R(n));       % 一轮下来后走过的距离
end
 [bestLength(NC),pos] = min(L);          % 最佳距离取最小
 bestRoute(NC,:) = Tabu(pos(1),:); % 此轮迭代后的最佳路线
 aveLength(NC) = mean(L);           % 此轮迭代后的平均距离
NC = NC +1;                    % 迭代继续
% % 第五步:更新信息素
Delta_Tau = zeros(n,n);        % 开始时信息素为 n* n 的 0 矩阵
for i = 1:m
for j = 1:(n-1)
Delta_Tau(Tabu(i,j),Tabu(i,j +1)) = Delta_Tau(Tabu(i,j),Tabu(i,j +1))
```

+Q/L(i); % 此次循环在路径(i,j)上的信息素增量

end

Delta_Tau(Tabu(i,n),Tabu(i,1)) = Delta_Tau(Tabu(i,n),Tabu(i,1)) +Q/L(i); % 此次循环在整个路径上的信息素增量

end

Tau = (1-Rho).* Tau +Rho* Delta_Tau; % 考虑信息素挥发,更新后的信息素

%% 第六步:禁忌表清零

Tabu = zeros(m,n);   % 直到最大迭代次数

end

%%

% 第七步:输出结果

[~, Pos] = min(bestLength); % 找到最佳路径(非0为真)

Shortest_Route = bestRoute(Pos(1),:) % 最大迭代次数后最佳路径

Shortest_Length = bestLength(Pos(1)) % 最大迭代次数后最短距离

subplot(1,2,1)   % 绘制第一个子图形

DrawRoute(C,Shortest_Route)   % 画路线图的子函数

subplot(1,2,2)   % 绘制第二个子图形

plot(bestLength)

hold on   % 保持图形

plot(aveLength,'r')

legend('最优距离','平均距离')

title('平均距离和最短距离')   % 标题

调用函数如下。

function DrawRoute(C,R)

% 画路线图

N = length(R);

scatter(C(:,1),C(:,2),'r'); % 画节点

hold on

plot([C(R(1),1),C(R(N),1)],[C(R(1),2),C(R(N),2)],'g','LineWidth',2)

hold on

for ii = 2:N

plot([C(R(ii-1),1),C(R(ii),1)],[C(R(ii-1),2),C(R(ii),2)],'g','Line-Width',2)

hold on

end

for i = 1:size(C,1)

    text(C(i,1),C(i,2),[' ' num2str(i)]);% 节点标签

```
end
title('旅行推销员问题优化结果 ')
```

基于蚁群优化算法的旅行推销员问题优化结果如图 15-4 所示。

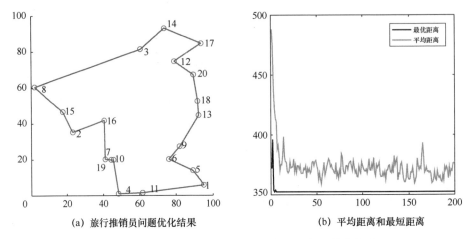

(a) 旅行推销员问题优化结果   (b) 平均距离和最短距离

图 15-4   基于蚁群优化算法的旅行推销员问题优化结果

15.4   应用实例——连续无约束优化

蚁群算法针对 TSP 问题提出，经过算法的改进，蚁群算法在无约束优化方面也具有重要地位，显示了其良好的寻优能力。针对附录 A 给出的测试函数 1，利用蚁群算法进行求解，MATLAB 程序如下。

MATLAB 主程序如下。

```
clc
clear all
close all
tic
M = 10;                          % 求解维数
K = 1000;                        % 迭代次数
N = 50;                          % 蚂蚁只数
Rho = 0.95;                      % 信息素蒸发系数
Q = 1;                           % 信息素增加强度
Lambda = 0.5;                    % 蚂蚁爬行速度
LB = -100* ones(1,M);            % 上界
UB = 100* ones(1,M);             % 下界
FIT = @ fx1;                     % 调用函数
```

```
%% 第一步:初始化
% 蚁群位置初始化
X = zeros(M,N);
for i = 1:M
        x = unifrnd(LB(i),UB(i),1,N);      % 随机生成初始解
        X(i,:) = x;
end
% 输出变量初始化
BESTX = cell(K,1);% 细胞结构,每一个元素是 M×1 向量,记录每一代的最优个体
BESTY = zeros(K,1);% K×1 矩阵,记录每一代的最优个体的评价函数值
k = 1;% 迭代计数器初始化
Tau = ones(1,N);% 信息素初始化
Y = zeros(1,N);% 适应值初始化
%% 第二步:迭代过程
for k = 1:K
        YY = zeros(1,N);
    for n = 1:N
        x = X(:,n);
        YY(n) = FIT(x);
    end
    [~,POS] = min(YY);
        % 蚂蚁随机探路
    for n = 1:N
        if n ~ = POS
            x = X(:,n);
            Fx = FIT(x);
            mx = GaussMutation(x,LB,UB);% 高斯变异
            Fmx = FIT(mx);
            if Fmx < Fx
                X(:,n) = mx;
                Y(n) = Fmx;
            elseif rand > 1-(1/(sqrt(k)))
                X(:,n) = mx;
                Y(n) = Fmx;
            end
        end
    end
```

```
% 朝信息素最大的地方移动
for n = 1:N
    if n ~ = POS
        x = X(:,n);
        p = randperm(N);                    % 随机排列,选择一些蚂蚁
        t = ceil((K + k)/(K + K)* N);
        pos = p(1:t);
        TempTau = Tau(pos);                  % 选择蚂蚁的信息素浓度
        [~,ind] = max(TempTau);              % 找到信息素浓度最大的蚂蚁

        pos3 = pos(ind);                     % 找到该蚂蚁
        x2 = X(:,pos3(1));                   % 找到其位置,适应度值
        x3 = (1-Lambda)* x + Lambda* x2;     % 更新函数
        Fx = FIT(x);
        Fx3 = FIT(x3);
        if Fx3 < Y(n)
            X(:,n) = x3;
            Y(n) = Fx3;
        elseif rand > 1-(1/(sqrt(k)))
            X(:,n) = x3;
            Y(n) = Fx3;
        end
    end
end
% 更新信息素并记录
maxY = max(Y);
[minY, pos4] = min(Y);
DeltaTau = (maxY-Y)/(maxY-minY);
Tau = Tau* (1-Rho) + Q* DeltaTau;
% 记录当前最优解
BESTX{k} = X(:,pos4(1));
BESTY(k) = minY;
end
toc
%% 绘图
i = 0:50:K;
i(1) = 1;
```

```
semilogy(i,BESTY(i),'-rp','linewidth',1.5)
ylabel('函数值')
xlabel('迭代次数')
BESTY(K)
grid on
```

高斯变异函数如下。

```
function result = GaussMutation(x,LB,UB)
% 高斯变异
M = length(LB);
 x = x + 0.5 * randn(M,1). * (UB-LB)';
   result = x;
end
```

测试函数1如下。

```
function y = fx1 ( x )
% 测试函数1
x = x';
y = sum(x.^2,2);
end
```

结果：ans = 1.6013e-15

连续蚁群优化算法收敛结果如图 15-5 所示。

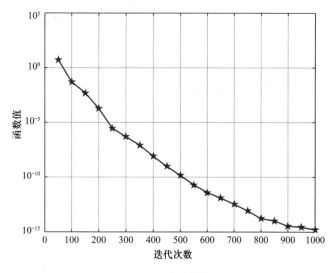

图 15-5 连续蚁群优化算法收敛结果

15.5 蚁群优化算法的改进

15.5.1 基于 2-opt 局部搜索策略改进蚁群优化算法

2-opt 局部搜索策略是一种启发式算法,其思想是:依次交换所获得的解中的两条边,交换后重新计算得到的路径的长度,如果得到的路径长度小于交换前的长度,则保留新的路径顺序,否则保持原来的行进城市顺序不变。

基本蚁群优化算法(ACS)在求解 TSP 问题时经常会陷入局部最优解而得不到全局最优解,为此,对 ACS 算法进行了以下 3 点改进。

(1)为了提高找到最优解的概率,使用 2-opt 局部搜索策略对每一次迭代中的最优解和次优解进行二次搜索。这里不对所有蚂蚁走过的路径执行 2-opt 局部搜索策略,其原因是,对排名靠后的蚂蚁执行 2-opt 局部搜索策略是基本得不到比当前最优解和次优解更好的解的。

(2)在执行完 2-opt 局部搜索策略之后,重新对得到的结果排序,然后对排名第一和第二的路径执行全局信息素更新,更新信息素的权值分别是 1 和 0.5。$\Delta\tau_{ij}$ 的取值按照式(15-7)进行更新。

$$\Delta\tau_{ij} = \begin{cases} \dfrac{1}{\mathrm{Lbest}} & (\text{边}(i,j) \in \text{全局最优解}) \\ 0.5 \cdot \dfrac{1}{\mathrm{Lbest2}} & (\text{边}(i,j) \in \text{全局次优解}) \end{cases} \tag{15-7}$$

式中:Lbest 为全局最优解的路径长度;Lbest2 为全局次优解的路径长度。

对排名第二的路径也执行更新是为了扩大搜索范围,使算法避免停留在局部最优解上,而信息素更新权值取值小于 1 的原因是使全局最优解和全局次优解路径上的信息素浓度保持一定的差距,并且实验表明该权值在取值为 0.5 时效果最优。

(3)为了防止程序进入停滞现象,为全局信息素设置最大值和最小值,最大值和最小值的取值采用式(15-8)的启发式规则。全局信息素的最小值取值为最大值的 1%,即 $\Delta\tau_{\min} = 0.01 * \Delta\tau_{\max}$。

$$\Delta\tau_{\max} = \begin{cases} \dfrac{1}{1-\rho} \cdot \dfrac{1}{\mathrm{Lbest}} & (\text{边}(i,j) \in \text{全局最优解}) \\ \dfrac{1}{1-\rho} \cdot \dfrac{1}{\mathrm{Lbest2}} & (\text{边}(i,j) \in \text{全局次优解}) \end{cases} \tag{15-8}$$

15.5.2 混沌扰动的模拟退火算法

1. 模拟退火算法

尽管蚁群算法在求解组合优化问题上具有很强的寻优能力，但当搜索范围过大时，易产生早熟停滞及搜索时间过长等问题。为了改善这些不足，首先引入模拟退火算法对蚁群算法进行改进。模拟退火算法最早是由 S. Kirkpatrick 提出，并用于解决组合优化问题。模拟退火算法模拟固态物质退火过程，主要有3 个过程，分别为加温、等温及冷却。退火开始，将固体加温至足够高，固体内部的所有分子将脱离平衡位置变为无序状态，随着温度逐渐降低，分子热运动减弱，并逐渐趋于有序，最后内能最小时达到平衡态。模拟退火算法具有概率突跳性的特点，与蚁群算法结合后可使局部最优解概率性地跳出并趋于全局最优。具体的改进方法为：当蚂蚁完成一次周游后，在已求得的最优城市解集的基础上随机产生另一组新的解集，根据模拟退火的思想依概率判断是否接受新的城市集为当前最优解集。设系统温度为 T，温度随迭代次数变化，变化范围为 $[T_{\min}, T_{\max}]$，初始温度 $T(0) = T_{\max}$，蚂蚁经过一次循环可以得到当前最优解。假设由蚂蚁 i 取得，记为 L_i，其走过的路径存放在 tabu$_i$ 中，即得到模拟退火算法的初始集，然后生成新的解集，生成策略为：从这 N 个要访问的城市中随机选取第 k_1 个和第 k_2 个要访问的城市 $k_1 \neq k_2$，交换两个城市的访问次序，其余不变。此时的路径集为新的解集，记新解集计算得出的路径长度为 L_j，则目标值变化量 ΔL 为

$$\Delta L = L_j - L_i \tag{15-9}$$

若 $\Delta L < 0$，则接受新的可行解 L_j 为当前最优解，否则考虑热运动的影响：

$$P = \exp(-\Delta L / T) \tag{15-10}$$

随机产生一个 $(0,1)$ 之间的随机数 ξ，比较 P 与 ξ 的大小。若 $P > \xi$，则接受新的可行解 L_j 为最优解；若 $P < \xi$，则保持原状，最优解仍为 L_i。完成一轮循环后进行降温，即

$$T(t + 1) = aT(t) \tag{15-11}$$

式中：a 为降温系数。通常采用较小的 a 以提高收敛速度，但这样易增加最优解落入局部最优的可能性，所以算法中加入回火机制，即当 $T < T_{\max}$ 时，重新升温至 $T_{\max}$ 进行迭代。

2. 混沌系统

蚁群算法的初始阶段信息素匮乏，蚂蚁选择任意一条路径的概率都是相同的，很难在短时间内找到最优解，导致求解速度较慢。为了改善这种情况，可以对信息素进行混沌初始化，给出启发式信息来指导行动。具体改进方法为：

首先根据混沌迭代方程生成一组混沌变量，混沌方程选用典型的 Logistics 映射，为

$$Z_{ij}(t+1) = \mu Z_{ij}(t)[1 - Z_{ij}(t)] \tag{15-12}$$

式中：$Z_{ij}(t)$ 为混沌变量；μ 为控制变量，取值范围为 $[3.56, 4.0]$。然后根据全排列构造理论，将每个混沌量变进制后构成一组与城市数目相同的排列，即对应一条路径，从而产生大量路径（如 200 条），以路径长度为判断标准选出较优路径（如 40 条），让这些路径上留下信息素。这样初始时刻，路径上的信息素产生差别，使蚂蚁能够更快地做出选择。尽管混沌初始化可以提高收敛速度，但却易使求解陷入局部最优，改进措施为在蚂蚁完成一轮搜寻后，在信息素更新中加入混沌扰动，可以增加搜寻的遍历性及随机性。引入混沌扰动后的信息素更新公式为

$$\tau_{ij}(t+1) = (1-\rho)\tau_{ij}(t) + \Delta\tau_{ij}(t) + qZ_{ij}(t) \tag{15-13}$$

式中：q 为可调节系数。

3. 带混沌扰动的模拟退火蚁群算法的步骤

步骤 1 进行参数初始化及混沌初始化，调整各条路径信息素；

步骤 2 令迭代次数 $NC = 0$，将 m 只蚂蚁随机放置在 N 个城市；

步骤 3 根据式（15-1）计算转移概率，以选择下一个城市并将加入 $tabu_k$ 中，重复本步骤，直到蚂蚁完成所有城市的遍历并回到起始点；

步骤 4 得到模拟退火算法的初始集，根据模拟退火原理产生新的可行解，按退火概率判断是否可以接受新的可行解为当前的最优解；

步骤 5 当前最优解小于某一特定值时，进行混沌信息素更新；

步骤 6 $NC = NC + 1$，若 $NC < NC_{max}$，根据式（15-11）执行退火操作，清空 tabu 列表，回到步骤 2，若 $NC = NC_{max}$，输出最优解，结束程序；

习题 15

1. 简述蚁群优化算法的生物学基础。

2. 简述蚁群优化算法的特点。

3. 蚁群算法的寻优过程包含哪几个阶段，遵循哪些准则？

4. 描述实现蚁群算法的基本步骤。

5. 试用蚁群算法求解 7 城市的旅行商问题。

第 16 章

人工蜂群算法

人工蜂群（Artificial Bee Colony，ABC）算法由土耳其学者 Karaboga 于 2005 年提出，算法具有寻优效果好、控制参数少、实现简单等特点。与 PSO 算法、GA 算法、ACO 算法等其他算法相比，ABC 算法的寻优能力和算法精度都具有明显优势。人工蜂群算法自提出后，就受到广泛关注，现已在功率流优化、配电网最优分配、动态聚类、最短路问题（SP）、服务选择和组合等多个方面得到应用。本章介绍人工蜂群算法的基本概念、基本原理和典型应用实例。

16.1 人工蜂群算法的基本概念

ABC 算法定义了食物源（Food Sources，FS）、采蜜蜂（Employed Bees，EB）、观察蜂（Onlooker Bees，OB）、侦察蜂（Scouts Bees，SB）4 个组件，以及搜索食物源（search）、招募（recruit）、放弃食物源（abandon）3 个行为。每个食物源有且只有一个采蜜蜂，食物源的位置代表优化问题的一个可行解，每个食物源的蜂蜜量代表相关解的质量，称为收益度。算法开始时，采用完全随机的方式寻找食物源，即问题的解；寻找到食物源后所有侦察蜂返回蜂巢，侦察蜂根据所持有食物源的收益度遵循一定概率成为采蜜蜂或观察蜂；采蜜蜂回到原食物源附近继续寻找新食物源，观察蜂选择在蜂巢等待；当采蜜蜂完成新食物源的寻找后回到蜂巢，观察蜂根据采蜜蜂所持新食物源的收益度遵循一定概率接受招募，在新食物源附近进一步寻找食物源；如果采蜜蜂和观察蜂经过一定次数寻找后未能找到收益度更高的食物源，则放弃当前食物源并成为侦察蜂，侦察蜂依然采用完全随机的方式搜索食物源。蜜蜂角色转换的具体过程如图 16-1 所示。

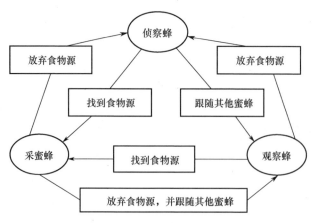

图 16-1　3 种蜜蜂的转换行为

16.2　人工蜂群算法的基本原理

ABC 算法最初是为解决函数优化问题提出的，目前已推广到很多领域。ABC 算法是模拟自然蜂群的一种群智能算法。人工蜂群包含三类蜂：工作蜂、观察蜂、侦察蜂。工作蜂在蜜源采蜜并提供它所记忆的蜜源邻域的信息；观察蜂等候在舞蹈区，从工作蜂那里得到食物源的信息，并根据食物源含蜜量情况选择一个食物源去采蜜；侦察蜂负责寻找新蜜源。蜂群按数量等分成两组，前一半是工作蜂，后一半是观察蜂。每一个食物源只有一个工作蜂，也就是工作蜂的数目和蜂巢周围的食物源的数目相等。当一个食物源被工作蜂或观察蜂所抛弃，侦察蜂就去寻找一个新的食物源。在 ABC 算法中食物源即蜜源，每个食物源的位置代表优化问题的一个可行解，食物源的蜂蜜量代表相关解的质量，称为评价值。蜂群采蜜过程如图 16-2 所示。

ABC 算法的步骤如下。

1. 初始化

ABC 算法首先产生初始种群，种群数量为 SN，即代表 SN 个解（食物源）。每一个解 $x_i = (x_{i1}, x_{i2}, \cdots, x_{iD})$, $i = 1, 2, \cdots, SN$ 是一个 D 维向量，D 是优化问题解的维度。$x_i (i = 1, 2, \cdots, SN)$ 生成后，计算每个 x_i 的适应值 fit_i。

$$x_{id} = LB_d + (UB_d - LB_d) \cdot \text{rand} \tag{16-1}$$

式中：$d = 1, 2, \cdots, D$；变量 x_i 的上界为 $UB = [UB_1, UB_2, \cdots, UB_D]$；下界为 $LB = [LB_1, LB_2, \cdots, LB_D]$；rand 为 $[0,1]$ 之间的随机数。

2. 迭代过程

在初始化之后，进入迭代（$C = 1, 2, \cdots, C_{max}$）过程，$C_{max}$ 为最大迭代次数。

在每次迭代中，三种类型的人工蜂执行如下不同的操作，种群的全局最优解就随着人工蜂群每次迭代中所寻找的食物源适应值的情况不断更新。

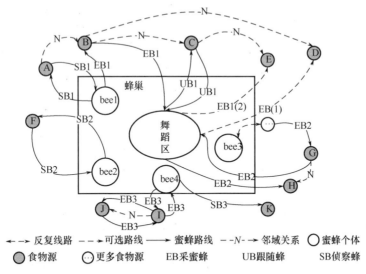

图16-2 蜂群采蜜过程

（1）工作蜂有 SN 个，对应 SN 个食物源，任意工作蜂 i 在种群中随机选择一个工作蜂 k 作为它的邻居，并在工作蜂 k 的食物源 D 维向量中随机选择一位 $d(d = 1,2,\cdots,D)$。v_i 为工作蜂 i 的候选食物源，除了第 i 位 v_{id} 外，v_i 的其余各位和 x_i 一致。v_{id} 的计算方法如下：

$$v_{id} = x_{id} + w\phi_{id}(x_{id} - x_{kd}) \tag{16-2}$$

式中：x_{id} 为食物源 x_i 第 d 位；x_{kd} 为相邻食物源 x_k 的第 d 位；ϕ_{id} 为 $[-1,1]$ 上的随机数；w 为控制当前食物源和相邻食物源差别大小的参数。

这样，v_i 生成后，v_i 和 x_i 之间通过贪婪策略进行选择，即如果 v_i 的适应值不比 x_i 的适应值差，则 $x_i = v_i$，x_i 重复使用的次数 trial_i 置 0。否则舍弃 v_i，x_i 保持不变，x_i 重复使用的次数 trial_i 增加 1。

（2）观察蜂也有 SN 个，当工作蜂寻找到新的食物源后，回到蜂巢的跳舞场和观察蜂分享食物源的信息。工作蜂的食物源的蜂蜜量的概率值 p_i 的计算可按式（16-3）。

$$p_i = \mathrm{fit}_i \Big/ \sum_{k=1}^{SN} \mathrm{fit}_i \tag{16-3}$$

式中：fit_i 为工作蜂 i 的食物源的适应值。

$$\mathrm{fit}_i = \begin{cases} 1/(1+f_i) & (f_i \geqslant 0) \\ 1 + |f_i| & （其他） \end{cases} \tag{16-4}$$

式中：f_i 为食物源的评价值。

观察蜂 j 通过轮盘赌的形式从工作蜂的食物源中选择食物源，假设工作蜂 i 的食物源 x_i 被选中，观察蜂 j 采用和（1）相同的方法来生产侯选食物源 v_i，也采用和（1）相同贪婪策略在 v_i 和 x_i 之间进行取舍，$trial_i$ 的设置方法亦同上。

（3）当某一食物源 x_i 的 $trial_i$ 等于最大重复使用次数的限定值 limit 时，侦察蜂就会随机生成一个新的食物源取代 x_i，原来的食物源被舍弃不用。

3. 算法结束

当第二步完成 C_{max} 次迭代后，ABC 算法结束，输出最优解及最优适应值。

上述算法步骤可用图 16-3 表示。

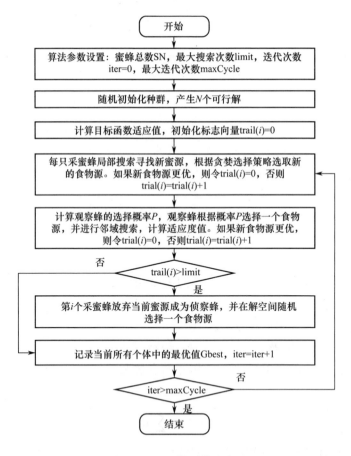

图 16-3 人工蜂群算法流程

16.3　应用实例——求解武器目标分配问题

武器目标分配问题（Weapon Target Assignment，WTA）是战场火力优化分配的基础。对于应用广泛的 WTA 模型，是一种典型的 NP 问题，传统的求解算法，如分支定界法、割平面法、动态规划法等在求解小规模的问题比较有效，在规模较大时，获得最优解的代价较大，制约了实际战场应用。

16.3.1　武器目标分配模型

武器目标分配模型的建立就是为了使得有限的打击资源能够获得最佳的打击效果，是一种优化分配的模型。武器目标分配是一种典型的组合优化问题。战场上我方对敌进行火力打击，我方共有 m 个武器平台，有 n 个打击目标，假设每个武器平台在同一时刻只能打击一个目标。$(q_{ij})_{m \times n}$ 为毁伤概率矩阵，q_{ij} 为我方第 i 个武器平台对敌第 j 个目标的毁伤概率。进行武器目标分配，使得敌战场剩余价值最小，因此建立了如下模型：

$$F = \min \sum_{j=1}^{n} v_j \prod_{i=1}^{m} (1 - q_{ij})^{x_{ij}} \tag{16-5}$$

$$\text{s. t.} \begin{cases} \sum_{j=1}^{n} x_{ij} = 1 \\ \sum_{i=1}^{m} x_{ij} \leqslant \mu_j \\ x_{ij} \in \{0,1\} \end{cases} \tag{16-6}$$

式中：x_{ij} 为我方第 i 个武器对敌第 j 目标的火力分配决策变量（1 表示打击，0 表示不打击）；v_j 为第 j 个目标的战场价值为 μ_{j} 为第 j 个目标所受的打击量限制。

16.3.2　利用人工蜂群算法求解步骤

武器目标分配为整数规划问题，对相应的食物源编码需要进行适应整数的改进，对于 m 个武器平台、n 个目标的情况，食物源编码为 m 维，上下界为 1 和 n，每次更新食物源后需要进行取整操作。算法的流程如下。

步骤 1　设置种群规模 SN，最大重复次数 $\text{trial}_{\max}$，迭代次数，确定适应度函数，随机生成 SN 个解（蜜源）构成初始种群；

步骤 2　进入迭代计算，记录当前迭代次数；

步骤 3　工作蜂按照式（16-2）搜索一个新蜜源，并计算该位置的适应度，采用贪婪选择策略，如果新位置不优于原来的位置，则重复次数 trial_i 加 1；

步骤4 观察蜂根据式（16-3）选择一个工作蜂的蜜源位置，并根据式（16-2)产生一个新位置，采用贪婪选择策略，如果没有优化，同样 $trial_i$ 加1。

步骤5 如果重复次数 $trial_i$ 大于最大限定值，放弃该蜜源，按照式（16-1）随机生成的蜜源进行替换。

步骤6 记录当前搜索到的最优解，如果到达最大迭代次数，则结束循环，输出最优解和最优值，否则返回步骤2。

16.3.3 求解问题

我方有11个武器平台 W1～W11，打击敌方7个目标 E1～E7，打击概率为 0～1 随机生成，见表16-1；表16-2为各目标的战场价值。

表 16-1 我方武器平台对目标打击概率表

	E1	E2	E3	E4	E5	E6	E7
W1	0.52	0.15	0.25	0.57	0.71	0.63	0.59
W2	0.18	0.55	0.46	0.93	0.12	0.08	0.99
W3	0.10	0.50	0.09	0.25	0.95	0.62	0.09
W4	0.32	0.08	0.49	0.66	0.28	0.12	0.86
W5	0.04	0.12	0.08	0.53	0.73	0.56	0.37
W6	0.78	0.28	0.35	0.06	0.14	0.29	0.23
W7	0.02	0.20	0.98	0.64	0.56	0.14	0.93
W8	0.79	0.10	0.94	0.06	0.03	0.48	0.26
W9	0.60	0.62	0.51	0.32	0.08	0.96	0.35
W10	0.40	0.40	0.62	0.08	0.98	0.13	0.19
W11	0.69	0.40	0.32	0.29	0.01	0.22	1.00

表 16-2 各目标战场价值

目标	E1	E2	E3	E4	E5	E6	E7
价值 V	0.71	0.91	0.45	0.92	0.65	0.95	0.14

16.3.4 求解结果及程序

选取种群数 $SN=60$，最大限制重复次数为150，最大迭代次数为500。计算结果见表16-3，获得适应度值为0.3648。算法迭代过程中的适应值变化曲线如图 16-4 所示。

表 16-3　武器目标分配结果

武器	W1	W2	W3	W4	W5	W6	W7	W8	W9	W10	W11
打击目标	4	2	2	4	4	1	3	1	6	5	7

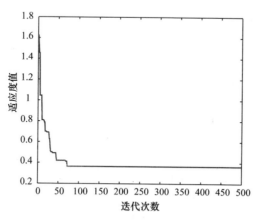

图 16-4　适应值变化曲线

主程序如下。

```
% 经过修改的用于 WTA 模型的人工蜂群算法
clc
clear all
close all
tic
% 算法参数设置
NP=60; % 蜂群数量
FoodNumber=NP/2;% 食物数量,每个食物代表一个可行解
limit=150; % 最大重复次数限制
maxCycle=500; % 迭代次数
M=7;% 目标数量,打击目标数

objfun='WTAtry'; % 目标函数
D=11; % 求解维数
ub=ones(1,D)* M; % 上界
lb=ones(1,D);% 下界

Foods = ceil(rand(FoodNumber,D) . * M );% 重新选取的初始食物源,可以有其
                                          他改进方式
```

```
ObjVal = feval(objfun, Foods);        % 相当于调用 objfun,
                                        参数为 Foods

Fitness = calculateFitness(ObjVal);   % 一种适应度的计算方法
1/(1 + fitness(i));
trial = zeros(1, FoodNumber);          % 初始化重复计数值
[ ~ , BestInd] = min(ObjVal);
GlobalMin = ObjVal(BestInd);          % 全局最优值
GlobalParams = Foods(BestInd, :);     % 全局最优解


iter = 1;
va = zeros(1, maxCycle);
while ((iter < = maxCycle))
    % % % % % % % % % EMPLOYED BEE PHASE % % % % % % % % % % % % % % % %
% % % % % % % % % % 采蜜蜂
    for i = 1:(FoodNumber)
        Param2Change = ceil(rand* D);    % 随机选择变异维度
        neighbour = ceil(rand* (FoodNumber));    % 随机选择一个邻居
            while(neighbour = = i)        % 设置 k ~ = i
                neighbour = fix(rand* (FoodNumber)) + 1;
            end
        sol = Foods(i, :);
        % 进行邻域搜索
sol(Param2Change) = floor(Foods(i, Param2Change) + (Foods(i,
Param2Change) - Foods(neighbour, Param2Change)) * (rand-0.5) * 2);
        % 约束处理
        if sol(Param2Change) < lb(Param2Change)
            sol(Param2Change) = lb(Param2Change);
        elseif sol(Param2Change) > ub(Param2Change)
            sol(Param2Change) = ub(Param2Change);
        end
        % 计算适应度值
        ObjValSol = feval(objfun, sol);
        FitnessSol = calculateFitness(ObjValSol);
        % 根据贪婪选择策略更新食物源
        if  FitnessSol > Fitness(i)
            Foods(i, :) = sol;
            Fitness(i) = FitnessSol;
            ObjVal(i) = ObjValSol;
```

```
                    trial(i) =0;
            else
                    trial(i) =trial(i) +1; % 如果食物源没有改进,重复计数值
                                            加一
            end
        end
prob = (0.9. * Fitness. /max(Fitness)) +0.1; % 计算选择概率
% % 观察蜂
i =1;
t =0;
while t < FoodNumber
    if rand < prob(i)
        t =t +1;
        Param2Change =ceil(rand* D);% 随机选择变异的维度
        neighbour =ceil(rand* (FoodNumber));     % 随机选择一个邻居
            while neighbour = =i    % 设置 k ~ =i
                neighbour =fix(rand* (FoodNumber)) +1;
            end
        sol =Foods(i,:);
        % 邻域搜索
sol(Param2Change) = floor (Foods (i, Param2Change) + (Foods (i,
Param2Change)-Foods(neighbour,Param2Change))* (rand-0.5)* 2);
        % 约束处理
        if sol(Param2Change) < lb(Param2Change)
                sol(Param2Change) =lb(Param2Change);
        elseif sol(Param2Change) >ub(Param2Change)
                sol(Param2Change) =ub(Param2Change);
        end
        % 计算适应度值
        ObjValSol =feval(objfun,sol);
        FitnessSol =calculateFitness(ObjValSol);
    % 根据贪婪选择策略更新食物源
    if  FitnessSol >Fitness(i)
            Foods(i,:) =sol;
            Fitness(i) =FitnessSol;
            ObjVal(i) =ObjValSol;
            trial(i) =0;
        else
            trial(i) =trial(i) +1; % 如果食物源没有更新,则重复计数值加一
```

```
            end
        end
    i = i + 1;
    if i = = FoodNumber + 1
            i = 1;
    end
end
% 更新全局最优值和最优解
        [ ~ , ind] = min(ObjVal);
        ind = ind(end);
        if ObjVal(ind) < GlobalMin
        GlobalMin = ObjVal(ind);
        GlobalParams = Foods(ind, :);
        end
% %
% 侦察蜂
[ ~ , ind] = max(trial); % 找出重复值最大的蜜蜂
ind = ind(end);
if trial(ind) > limit
    sol = floor((ub-lb). * rand(1, D) + lb); % 重新随机选取一个食物源
    ObjVal(ind) = feval(objfun, sol);
    FitnessSol(ind) = calculateFitness(ObjVal(ind));
    Foods(ind, :) = sol;
end;
va(iter) = GlobalMin; % 记录没代最优解
iter = iter + 1;
end
toc
% %
plot(va, '-r', 'LineWidth', 2)
xlabel('迭代次数')
ylabel('适应度值')
GlobalParams
GlobalMin
```

调用函数如下:

```
function  output = WTAtry( input )
% 计算火力分配的目标适应值
% P 打击概率, v 目标战场价值
P = [ 0.52  0.15  0.25  0.57  0.71  0.63  0.59
```

```
0.18   0.55   0.46   0.93   0.12   0.08   0.99
0.10   0.50   0.09   0.25   0.95   0.62   0.09
0.32   0.08   0.49   0.66   0.28   0.12   0.86
0.04   0.12   0.08   0.53   0.73   0.56   0.37
0.78   0.28   0.35   0.06   0.14   0.29   0.23
0.02   0.20   0.98   0.64   0.56   0.14   0.93
0.79   0.10   0.94   0.06   0.03   0.48   0.26
0.60   0.62   0.51   0.32   0.08   0.96   0.35
0.40   0.40   0.62   0.08   0.98   0.13   0.19
0.69   0.40   0.32   0.29   0.01   0.22   1.00];
% v 目标战场价值
v = [ 0.71   0.91   0.45   0.92   0.65   0.95   0.14];
x = input;
[D,M] = size(P);
[L1,L2] = size(x);
output = zeros(1,L1);
for t = 1:L1
    G = zeros(D,M);
for i = 1:D
    G(i,x(t,i)) = 1;% 将变量 x 转化为决策矩阵
end
result = zeros(1,M);
for i = 1:M
    s = 1;
    for j = 1:D
    s = s* (1-P(j,i)* G(j,i));% 计算目标生存概率
    end
    result(i) = v(i)* s;   % 计算目标剩余价值
end
output(t) = sum(result);
end
end
```

16.4　应用实例——求解 K-means 聚类问题

针对 K-means 聚类算法对初始聚类中心敏感和易陷入局部最优解的缺点，将人工蜂群算法和 K-means 迭代相结合，使算法对初始聚类中心的依赖性和陷入局部最优解的可能性降低，提高了算法的稳定性。

16.4.1　K-means 聚类问题描述

聚类分析是将物理或抽象对象的集合按照预定的标准分类，形成由相似对象组成的多个类的过程，它的目标是在同一类中的数据具有较高的相似性，不同类中的数据具有较大的差异性。聚类分析可以发现属性之间所存在的联系，从而找出数据分布的模式，目前已广泛应用于模式识别、数据分析、图像处理等不同领域。聚类分析属于一种无监督的学习方法，大致可分两类：数目未知和分类数目已知的分类问题。可以采用的聚类分析方法比较多，例如，对于分类数目已知的聚类算法有 K-means 算法、ISODATA 算法、修正的 ISODATA 算法等。本节基于人工蜂群算法对 K-means 算法进行改进，提高算法的收敛速度和精度。

K-means 算法是很典型的基于距离的聚类算法，采用距离作为相似性的评价指标，即认为两个对象的距离越近，其相似度就越大。该算法认为簇是由距离靠近的对象组成的，因此把得到紧凑且独立的簇作为最终目标。

16.4.2　聚类问题的数学模型

已知模式样本集 X 有 n 个样本 $X = \{X_1, X_2, \cdots, X_n\}$ 和 K 个模式分类 $\{S_j, j = 1, 2, \cdots, K\}$，以每个模式样本到聚类中心的距离之和达到最小为准则，其数学模型为

$$\min \sum_{j=1}^{K} \sum_{X \in S_j} \parallel X - m_j \parallel \tag{16-7}$$

式中：K 为聚类数目；m_j 为 j 类样本的均值向量，即

$$m_j = \sum_{i=1}^{n} y_{ij} X_i \tag{16-8}$$

式中：$y_{ij} = \{0, 1\}$，若模式样本 i 分配给第 j 聚类中心，则令 $y_{ij} = 1$，否则 $y_{ij} = 0$。且 $\sum_{i=1}^{n} y_{ij} = 1$，表示模式样本 i 只能分配到一个聚类中心上。

因此，聚类问题的数学模型为

$$\min \sum_{i=1}^{n} \sum_{j=1}^{K} (y_{ij} \parallel X_i - m_j \parallel) \tag{16-9}$$

$$\text{s. t.} \begin{cases} \sum_{i=1}^{n} y_{ij} = 1 & (i = 1, 2, \cdots, n) \\ m_j = \sum_{i=1}^{n} y_{ij} X_i & (j = 1, 2, \cdots, K) \\ y_{ij} = 0, 1 \end{cases} \tag{16-10}$$

16.4.3　K-means 算法描述

K-means 算法是基于划分的聚类方法，有些文献习惯称为 K-均值算法，该算法不断计算每个聚类的中心，也就是聚类中模式样本的平均值，作为新的聚类中心。

K-means 算法的步骤如下。

步骤1　任选 K 个初始聚类中心：$Z_1, Z_2, \cdots, Z_k$。

步骤2　将样本集 X 中各个样本按最小距离原则分配给 K 个聚类中心的某一个 Z_j。

步骤3　计算新的聚类中心 Z_j'，$j = 1, 2, \cdots, K$，即 $Z_j' = \dfrac{1}{N_j} \sum_{X \in S_j} X$。其中，$N_j$ 为第 j 个聚类域 S_j 所包含的模式样本的个数。

步骤4　若 $Z_j' \neq Z_j$，$j = 1, 2, \cdots, K$ 且 $J_e = \sum_{i=1}^{X} \sum_{X \in \Gamma_j} \| X - Z_j' \| \geqslant \varepsilon$，转向步骤2；否则算法收敛，计算结束。其中，$\Gamma_j$ 为第 j 类样本集合，ε 为给定的常数。

K-means 算法的目标是找出使误差平方和函数 J_e 最小的 K 个划分。若类内密集并且各类之间的区别明显时，它的效果较好。在处理数据量较大时，该算法有较好的可伸缩性和高效率，其缺点是必须事先给出要生成的聚类数目 K。

16.4.4　聚类实例

在 $100\text{m} \times 100\text{m}$ 的区域内共有 20 个点，将其分为 4 类。分类点的坐标位置见表 16-4。

表 16-4　分类点的坐标位置

分类点	1	2	3	4	5	6	7
横坐标	23.6733	52.4499	0.6273	52.4008	36.2297	80.9781	61.1763
纵坐标	3.4181	21.8815	12.9331	40.2333	46.6732	35.7311	43.8559
分类点	8	9	10	11	12	13	14
横坐标	84.2916	94.7076	52.9727	14.3760	15.5556	5.1154	15.3248
纵坐标	16.7138	13.5071	4.8483	90.7698	84.2252	58.1114	50.8631
分类点	15	16	17	18	19	20	
横坐标	31.2601	97.0066	49.2405	80.6849	64.7675	85.0452	
纵坐标	63.1963	57.8206	87.0041	87.3370	72.4193	80.8313	

聚类点的分布如图 16-5 所示，利用人工蜂群算法进行计算，获得的聚类结果如图 16-6 所示，相同的形状表示同一类，4 个聚类中心分别用三角形标出。

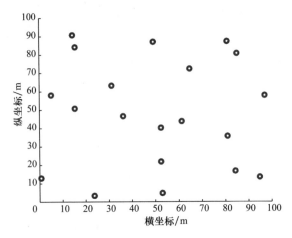

图 16-5　聚类点的分布

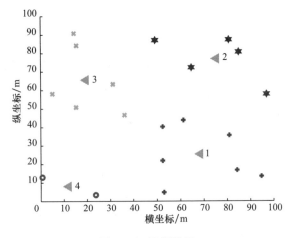

图 16-6　聚类结果

16.4.5　MATLAB 程序

基于 K-means 分类的 MATLAB 程序如下。

```
clc
clear all
close all
 tic
K=4;
n=20;  % n 表示聚类规模
```

```
C = [23.6733   52.4499   0.6273   52.4008   36.2297   80.9781   61.1763
84.2916   94.7076   52.9727
3.4181   21.8815   12.9331   40.2333   46.6732   35.7311   43.8559   16.7138
13.5071   4.8483
14.3760   15.5556   5.1154   15.3248   31.2601   97.0066   49.2405   80.6849
64.7675   85.0452
90.7698   84.2252   58.1114   50.8631   63.1963   57.8206   87.0041   87.3370
72.4193   80.8313];
runtime = 1;% 算法运行次数
D = n; % 求解维数
FoodNumber = 50; % 食物数量,每个食物代表一个可行解
limit = 150;
maxCycle = 1000; % 最大循环次数
objfun = @ ABCcluster; % 可选目标函数
ub = ones(1,D)* K; % 上界
lb = ones(1,D);% 下界
GlobalMins = zeros(1,runtime);
GlobalP = zeros(runtime,maxCycle);
for r = 1:runtime
Foods = round(repmat(lb,FoodNumber,1) + repmat((ub-lb),FoodNum-
ber,1).* rand(FoodNumber,D) );% 重新选取的初始食物源
ObjVal = objfun(C,Foods,K);
Fitness = calculateFitness(ObjVal);% 一种适应度的计算方法 1/(1 + fit-
ness(i));
trial = zeros(1,FoodNumber);
[val,BestInd] = min(ObjVal);
GlobalMin = val(end);
GlobalParams = Foods(BestInd(end),:);
iter = 1;
va = zeros(1,maxCycle);
for iter = 1:maxCycle
        %%      采蜜蜂
        for i = 1:FoodNumber
                Param2Change = ceil(rand* D);
                neighbour = ceil(rand* FoodNumber);
                    while neighbour = = i
                        neighbour = ceil(rand* (FoodNumber));
                    end
```

```
            sol = Foods(i,:);
          sol(Param2Change) = round(Foods(i,Param2Change) + (Foods(i,
Param2Change)-Foods(neighbour,Param2Change))* (rand-0.5)* 2);
              if sol(Param2Change) < lb(Param2Change);
          sol(Param2Change) = lb(Param2Change);
              elseif sol(Param2Change) > ub(Param2Change);
          sol(Param2Change) = ub(Param2Change);
              end
          ObjValSol = objfun(C,sol,K);
          FitnessSol = calculateFitness(ObjValSol);
          if  FitnessSol > Fitness(i)%  ObjValSol < ObjVal(i)
              Foods(i,:) = sol;
              Fitness(i) = FitnessSol;
              ObjVal(i) = ObjValSol;
              trial(i) = 0;
          else
              trial(i) = trial(i) +1; % /* if the solution i can not
be improved, increase its trial counter* /
          end
      end
%%          概率计算
   prob = Fitness. /sum(Fitness);
%%          观察蜂
i =1;
t =0;
while t < FoodNumber
     if rand < prob(i)
         t = t +1;
         Param2Change = ceil(rand* D);
         neighbour = ceil(rand* (FoodNumber));
             while neighbour = = i
                 neighbour = ceil(rand* (FoodNumber));
             end
         sol = Foods(i,:);
      sol(Param2Change) = round (Foods (i, Param2Change) + (Foods (i,
Param2Change)-Foods(neighbour,Param2Change))* (rand-0.5)* 2);
             if sol(Param2Change) < lb(Param2Change);
         sol(Param2Change) = lb(Param2Change);
```

```
            elseif sol(Param2Change) >ub(Param2Change);
        sol(Param2Change) =ub(Param2Change);
            end
        ObjValSol =objfun(C,sol,K);
        FitnessSol =calculateFitness(ObjValSol);
        if FitnessSol >Fitness(i)
            Foods(i,:) =sol;
            Fitness(i) =FitnessSol;
            ObjVal(i) =ObjValSol;
            trial(i) =0;
        else
            trial(i) =trial(i) +1;
        end
    end
    i =i +1;
    if i ==FoodNumber +1
        i =1;
    end
end
        [~,ind] =min(ObjVal);
        ind =ind(end);
        if ObjVal(ind) <GlobalMin
        GlobalMin =ObjVal(ind);
        GlobalParams =Foods(ind,:);
        end
%% 侦察蜂
[~,ind] =max(trial);
ind =ind(end);
if trial(ind) >limit
    trial(ind) =0;
    sol =round((ub-lb).* rand(1,D) +lb);
        ObjValSol =objfun(C,sol,K);
        FitnessSol =calculateFitness(ObjValSol);
    Foods(ind,:) =sol;
    Fitness(ind) =FitnessSol;
    ObjVal(ind) =ObjValSol;
end
va(iter) =GlobalMin;
```

```
end %  End of ABC
GlobalMins(r)=GlobalMin;
GlobalP(r,:)=va;
end
toc
plot(mean(GlobalP,1),'r-','LineWidth',2)
grid on
xlabel('算法迭代次数')
ylabel('适应度值')
GlobalParams
GlobalMin
%%   结果画图
figure(2)
scatter(C(1,:),C(2,:),'r','LineWidth',2)
axis([0 100 0 100])
    figure(3)
    t=GlobalParams;
   % 第1类
    ind1=find(t==1);
    ck1=C(:,ind1);
    p=mean(ck1,2);
   plot(ck1(1,:),ck1(2,:),'r+','LineWidth',2)
    scatter(p(1),p(2),'g<','LineWidth',3)
    text(p(1),p(2),['  ' num2str(1)]);% 节点标签
    hold on
   % 第2类
    ind2=find(t==2);
    ck2=C(:,ind2);
    p=mean(ck2,2);
    plot(ck2(1,:),ck2(2,:),'bh','LineWidth',2)
    scatter(p(1),p(2),'g<','LineWidth',3)
    text(p(1),p(2),['  ' num2str(2)]);% 节点标签
    hold on
   % 第3类
    ind3=find(t==3);
    ck3=C(:,ind3);
    p=mean(ck3,2);
    scatter(ck3(1,:),ck3(2,:),'cx','LineWidth',2)
    scatter(p(1),p(2),'g<','LineWidth',3)
    text(p(1),p(2),['  ' num2str(3)]);% 节点标签
```

```
    hold on
       % 第4类
    ind4 = find(t = =4);
    ck4 = C(:,ind4);
    p = mean(ck4,2);
    scatter(ck4(1,:),ck4(2,:),'mo','LineWidth',2)
    scatter(p(1),p(2),'g <','LineWidth',3)
    text(p(1),p(2),['  ' num2str(4)]);% 节点标签
    hold on
```

调用函数

```
function fFitness = calculateFitness(fObjV)
fFitness =1./(fObjV +1);
end


function y = ABCcluster(C,x,K)
% 聚类调用函数
 [m,n] = size(x);
y = zeros(1,m);
for i =1:m
    t = x(i,:);
    s = zeros(1,K);
    for j =1:K
    ind = find(t = =j);
    ck = C(:,ind);
    p = mean(ck,2);
    center = repmat(p,1,length(ind));
    s(j) = sum(sqrt(sum((ck-center).^2)));
    end
    y(i) = sum(s);
end
end
end
```

16.5 人工蜂群算法的改进

16.5.1 几种改进策略

由于标准人工蜂群具有易陷入局部最优、收敛速度慢等不足，人们通常对算法选择策略、搜索策略等进行改进。

1. 改进轮盘赌选择策略

观察蜂根据食物源的情况进行选择，食物源蜜量丰富的被选中的概率较大，适应度较小的食物源被选中概率较小，这样会导致有些适应度小的食物源没有机会被选中，整个种群向部分局部极值点靠拢，易陷入局部最优。为了保证种群的多样性，防止过早陷入局部最优，改进选择概率为

$$p_i = (1 - \omega) \cdot \frac{\text{fit}_i}{\max(\text{fit}_k)} + \omega \tag{16-11}$$

式中：多样性选择因子 ω 可以通过多次试验确实，通常取 $0.1 \sim 0.2$。如果 $\text{rand} > p_i$，则观察蜂选择第 i 个食物源，因此 ω 的加入可以使得适应度较小的食物源有基本的选中概率，增加了种群的多样性。

2. 多维搜索策略

对于式（16-2），候选食物源 v_i 相比于食物源 x_i 每次变化只有一维，搜索的范围较小，尤其是求解维数较多的问题时，搜索效率较低。为了加快搜索速度，加大搜索范围，采用 L 维同时搜索方法：

$$v_{id_z} = x_{id_z} + \phi_{id_z}(x_{id_z} - x_{kd_z}) \tag{16-12}$$

式中：$z = 1,2,\cdots,L, L$ 为选择搜索的维数，$L \leqslant D$。L 的选择应当合适，过小则搜索速度慢，过大则局部搜索能力弱，可以根据求解问题的维数实验确定最优值。

3. 基于帐篷映射的混沌搜索方法

混沌的特性可归纳为规律性、随机性和遍历性，因此利用以上特点进行优化搜索会比随机搜索更加有效。传统的混沌序列产生方法是利用 Logistic 映射混沌系统产生，而 Logistic 混沌序列的分布式是不均匀的，从而使搜索时间较长。若采用均匀分布函数的帐篷映射（Tent Map）替代 Logistic 映射获得混沌搜索序列，可以有效缩短搜索的时间。利用下式获得帐篷映射的混沌序列：

$$X_d = \begin{cases} 2 \cdot x_d & (0 \leqslant x_d \leqslant 1/2) \\ 2 \cdot (1 - x_d) & (1/2 \leqslant x_d \leqslant 1) \end{cases} \tag{16-13}$$

式中：$d = 1,2,\cdots,D; x_d \in [0,1]$，且为均匀分布随机变量。$X_d$ 表示第 d 维的混沌扰动变量，通过混沌扰动变量进行全局搜索，新的混沌扰动位置变量为

$$x'_{id} = \text{LB}_d + (\text{UB}_d - \text{LB}_d) \cdot X_d \tag{16-14}$$

为了加快收敛速度，利用已知信息进行启发式优化搜索，进行最优蜜源的邻域搜索，通过下式确定新的候选食物源：

$$\text{new}x_i = (x'_i + x_{\text{best}})/2 \tag{16-15}$$

式中：x'_i 为通过混沌扰动搜索的候选食物源；x_{best} 为当前最优食物源。

16.5.2 几种改进的人工蜂群算法

1. GABC 算法

由于标准的 ABC 算法全局搜索能力较强而局部求精的能力较弱，Zhu 和 Kwong 受粒子群算法的启发，提出了全局最优引领的 GABC 算法，算法改进了邻域搜索的公式，增加了全局最优的引领项，并经过试验得出 C 在取 1.5 时，能够获得最好的寻优效果。

$$v_{ij} = x_{ij} + \phi_{ij}(x_{ij} - x_{kj}) + \psi_{ij}(\text{gbest}_j - x_{ij}) \tag{16-16}$$

式中：ϕ_{ij} 为 $[-1,1]$ 上的随机数；ψ_{ij} 为 $[0,C]$ 的随机数；gbest 为当前时刻的全局最优值。

2. qABC 算法

Karaboga 对观察蜂邻域搜索的公式进行改进，提出了一种新的观察蜂的邻域搜索式，如式（16-17），公式以局部最优值为起点，进行邻域搜索，增强了算法的局部搜索能力。

$$v_{N_m i}^{\text{best}} = x_{N_m i}^{\text{best}} + \phi_{mi}(x_{N_m i}^{\text{best}} - x_{ki}) \tag{16-17}$$

式中：$x_{N_m}^{\text{best}}$ 为所选蜜蜂 $m(m = 1,2,\cdots,SN)$ 及其邻居中的最优个体；ϕ_{mi} 为 $[-1,1]$ 上均匀分布的随机数；x_k 为随机选择的一个邻居，$k \in \{1,2,\cdots,N\}$。

按照下面方法确定所选蜜蜂的邻居，首先计算蜜蜂 m 与周围蜜蜂的平均距离 md_m，如式（16-18）所示。

$$md_m = \frac{\sum_{j=1}^{SN} d(m,j)}{SN - 1} \tag{16-18}$$

式中：$d(m,j)$ 为蜜蜂 m 和蜜蜂 j 之间的欧氏距离。

然后进行邻居选择，如果满足：

$$d(m,j) \leqslant r \times md_m \tag{16-19}$$

则蜜蜂 x_j 是 x_m 的邻居，其中 r 是邻域选择半径，一般取 1.5。

3. CABC 算法

针对 ABC 算法收敛速度慢，容易陷入局部极值的问题，CABC 算法对邻域搜索公式进行改进，如式（16-20）所示。为了增加随机搜索的多样性，增强全局搜索能力，改进了 ABC 算法的邻居选择方式，一次随机选择两个不同的邻居，并以其中一个为搜索中心，进行邻域搜索。

$$v_{ij} = x_{r_1 j} + \phi_{ij}(x_{r_1 j} - x_{r_2 j}) \tag{16-20}$$

式中：x_{r_1} 和 x_{r_2} 为随机选择的两个邻居；$\phi_{i,j}$ 为 $[-1,1]$ 上均匀分布的随机数，

$r_1, r_2 \in \{1, 2, \cdots, SN\}$。

4. MABC 算法

MABC 算法在 CABC 算法的基础上对邻域搜索公式进行改进，如式（16-21）所示。以种群最优个体为搜索起点，随机选择两个邻居，进行邻域搜索，新的蜜源位置由这两个邻居位置以及全局最优个体的位置共同影响。新的位置以全局最优个体为基础，加快了收敛速度。算法设置了概率 P，如果按照式（16-21）的蜜源更新方法获得新蜜源质量没有改善，且如果 $\text{rand} < P$，则随机选择一个邻居，按照 ABC 算法的邻域搜索公式进行蜜源更新。

$$v_{ij} = x_{\text{best}} + \phi_{ij}(x_{r_1 j} - x_{r_2 j}) \qquad (16\text{-}21)$$

式中：x_{best} 为全局最优个体；ϕ_{ij} 为 $[-1, 1]$ 上均匀分布的随机数；x_{r_1} 和 x_{r_2} 为随机选择的两个邻居。

5. DFSABC_elite 算法

算法针对采蜜蜂的邻域搜索过程中，对最优值搜索较慢的情况，提出了利用精英个体引导加快收敛的策略，并改进了邻域搜索公式，如式（16-22）。

$$v_{ij} = x_{ej} + \phi_{ij}(x_{ej} - x_{kj}) \qquad (16\text{-}22)$$

式中：x_e 为精英个体；ϕ_{ij} 为 $[-1, 1]$ 上均匀分布的随机数；x_k 为随机选择的一个邻居。

算法对观察蜂的邻域搜索公式也进行了改进，利用精英引导和全局最优个体加快算法收敛，以精英个体和全局最优个体的中心为搜索起点，向全局最优个体方向进行邻域搜索，如式（16-23）。

$$v_{ej} = \frac{1}{2}(x_{ej} + \text{xbest}_j) + \phi_{ej}(\text{xbest}_j - x_{kj}) \qquad (16\text{-}23)$$

式中：xbest 为当前群体中的最优个体；ϕ_{ej} 为 $[-1, 1]$ 区间上均匀分布的随机数。

算法还提出了一种深度优先的搜索框架（DFS），其实现伪代码见表16-5。

表 16-5　DFS 搜索框架伪代码

01	设置 DFS 搜索标志 *oflag* = 1
02	**for** $i = 1: n$
03	**if** flag = = 1
04	随机选择一个精英 x_e
05	**end if**

（续）

06	随机选择一个邻居 x_k
07	按照式（16-22）或者式（16-23）进行邻域搜索，得到更新的位置 v_e
08	计算 v_e 的适应值 $f(v_e)$
09	**if** $f(v_e)<f(x_i)$
10	用 v_e 替换 x_i；set flag = 1
11	**else** flag = 0
12	**End if**
13	**end for**
14	FES = FES + n

6. GRABC 算法

在 ABC 算法中加入了基因重组算子，提出了基因重组人工蜂群算法。应用基因重组算子需要找到进行基因重组的邻居，首先找出与蜜蜂 X_i 距离最远的蜜蜂 X_m，如式（16-24）和式（16-25）。

$$d(X_i,X_k) = \min_{1\leqslant j\leqslant D}\{|X_{ij}-X_{kj}|\} \tag{16-24}$$

$$m = \arg\max_{1\leqslant k\leqslant n}d(X_i,X_k) \tag{16-25}$$

然后计算被选概率 P_j，如式（16-26）。

$$P_j = \frac{|X_{ij}-X_{mj}|-\min_{1\leqslant j\leqslant D}\{|X_{ij}-X_{kj}|\}}{\max_{1\leqslant j\leqslant D}\{|X_{ij}-X_{kj}|\}-\min_{1\leqslant j\leqslant D}\{|X_{ij}-X_{kj}|\}} \tag{16-26}$$

最后，根据式（16-27），进行基因交叉操作。

$$XR_{ij} = \begin{cases} X_{mj} & (\text{rand} < P_j) \\ X_{ij} & (\text{otherwise}) \end{cases} \tag{16-27}$$

ABC 算法中基因重组算子伪代码见表 16-6。

表 16-6　基因重组算子的伪代码

01	从当前种群中选择最佳的 $n=\text{ceil}(q\cdot\text{SN})$ 个精英个体作为引导
02	**for** $i=1$：n
03	根据式（16-24）和式（16-25）选择 X_i^G 对应的 X_m^G
04	根据式（16-26）计算概率 P
05	根据式（16-27）计算 X_i^G 的更新位置 XR_i^G
06	**end for**
07	**for** $i=1$：n

（续）

08	计算 XR_i^G 的适应值 $f(XR_i^G)$
09	**if** $f(XR_i^G) < f(X_i^G)$
10	用 XR_i^G 替换 X_i^G
11	**end if**
12	**end for**
13	FES = FES + n;

习题 16

1. 简述人工蜂群算法的生物学基础。

2. 简述人工蜂群算法中三种蜜蜂的角色转换过程。

3. 人工蜂群算法的寻优过程包含哪几个阶段，遵循哪些准则？

4. 描述实现人工蜂群算法的基本步骤。

5. 试用人工蜂群算法求解 7 城市的旅行商问题。

第17章

群智能计算的发展与展望

　　是经典的隐枚举、分支定界、动态规划等方法，不能很好地解决大规模NP-hard类问题，促使了群智能算法的产生与发展？还是群智能算法本身具备的"相互协作的社会属性"与许多待求解问题的本质相一致，促使了群智能算法的产生与发展？我们认为应该是后者。现实中的机器人协作、知识发现、组合优化等实际工程问题，和群智能算法具有基本相同的个体分布、相互合作、无控制中心等特点。

　　群智能（Swarm Intelligence，SI）是一类分散自组织系统的集体智能行为的总称，该表述最早在1989年由GerardoBeni在分子自动机系统中提出。SI系统可视作一组简单的个体，其个体与个体、个体与环境之间存在交互作用，最终表征出智能行为。尽管每个个体遵循极其简单的规则，且整个群体没有中心控制，但最终局部个体之间的交互作用引发了全局层面上智能的涌现。

　　群智能算法来源于对自然界生物种群的模拟，发展于人们对群居性生物社会活动的不断探索、认识，应用于具有"无控制中心、分布式、共同优化"等抽象特征的现实问题的解决。该类算法原理简单，思想新颖，群众基础好，参与度高。因此，产生时间短、发展速度快、应用面广，成了群智能算法的最大特色。

　　短短20多年的发展历程，各种算法相继提出，对算法的改进不断推陈出新。蚁群算法、粒子群算法已经广泛应用到工程实际，其他新的群智能算法也受到越来越多的关注。表17-1按照时间顺序，对近期提出的群智能算法进行了简要的概括。

表17-1　群智能优化算法

序号	群智能算法	提出时间	提出学者	生物模拟方式	主要应用
1	蚁群算法 ACO	1992	意大利学者 M. Dorigo 等	模拟蚁群搜索食物源的过程	求解 TSP、二次分配、调度和指派等离散问题

（续）

序号	群智能算法	提出时间	提出学者	生物模拟方式	主要应用
2	粒子群算法 PSO	1995	美国 Eberhart 和 Kennedy	模拟鸟群捕食行为	广泛应用于连续问题和离散问题的参数优化
3	人工鱼群算法 AFSA	2002	中国学者李晓磊等	模仿鱼群的觅食、聚群、追尾等行为	在神经网络、模式识别、参数估计、辨识方法等诸多方面得到了应用
4	混洗蛙跳算法 SFLA	2003	美国亚利桑那大学 Eusuff 等	模拟青蛙觅食过程	多用户检测、水质评价、流水线调度、电场电力系统动态优化、无线电协作频谱感知、旅行商问题
5	萤火虫算法 GSO	2005	印度学者 Krish-nanand 和 Ghose	模拟自然界中的萤火虫发光特性实现信息交流	已在函数优化问题的求解上得到了成功应用
6	人工蜂群算法 ABC	2005	土耳其埃尔吉耶斯大学 Karaboga	模拟蜂群采蜜的智能行为	ABC 算法最初是为解决函数优化问题提出的，目前已推广到很多领域
7	入侵杂草算法 IWO	2006	伊朗德黑兰大学 Mehrabian 等	模拟自然界杂草殖民过程	已被成功应用到天线阵列设计、DNA 序列计算、压电激励器放置、图像聚类和约束工程设计等问题中
8	布谷鸟搜索算法 CS	2009	英国剑桥大学学者 Yang 和 Deb	对布谷鸟寻窝产卵行为的模拟	在参数优化方面具有广泛应用
9	蝙蝠算法 BA	2010	英国剑桥大学学者 Yang	模拟自然界蝙蝠通过超声波搜索的过程	数值优化、工程优化、约束优化、PFSP 调度问题等领域应用广泛

可以预见，随着社会智能化进度的持续加快，群智能算法仍将沿着下述 3 个方向迅速发展。

1. 对现有的群智能算法进行改进

群智能算法重点关注方向是群体的更新策略。群智能算法的个体的更新要兼顾全局和局部的搜索特性，既需要快速收敛，又需要维持一定的种群多样性。首先个体的搜索具有全局性，能够搜索到整个解空间，具有较好的局部极值的跳出能力；其次需要加强局部搜索能力，能够快速获得局部最优解，收敛到最优值。

群智能算法的改进方式主要有三类。一类是算法的结构不变，对算法的参数进行改进，如采用变步长的方式、混沌搜索的方式等，这类算法的改进主要借鉴其他群智能算法的思想进行优化，如引入模拟退火算法、混沌算法、自适应变异算法等。第二类是对算法的结构进行改进，如采用多种群算法、深度搜索、精英群体策略等，利用结构上的改进提高算法效率。第三类是结构和参数共同改进，提升算法的性能，如采用多类群智能算法的结合等。

2. 算法的应用研究性拓展

群智能算法是一种启发式优化算法，更是一种应用型的方法，加强算法的应用研究是算法发展的关键。对于现有的群智能算法，如应用和影响较广的蚁群算法和粒子群算法，其在多个应用方面都展现了其优良的寻优能力。目前，这些算法不仅需要解决普通的无约束优化问题，也需要解决有约束的优化问题。因实际问题往往是有约束问题，约束问题的有效处理是一个算法能够应用的基本问题。多目标优化也是群智能算法应用需要重点研究的领域，如何高效处理多目标优化问题，提升求解速度是算法应用的重点。此外，算法还需要解决离散优化问题，尤其是与实际工程相结合，并针对具体的问题进行算法的改进优化，使得其更加适合工程实际需求。

3. 寻求更好的群智能算法

目前的群智能仍然处在快速的发展时期，新算法新思路也会相继出现，对于生物的观察发现有待深入，尤其是对于高等生物的观察发现较少，从中获得的知识还只是初级阶段。一方面，总结已经成功使用的群智能算法的特点，将其优点结合，从而形成一个比较统一的方法，加强算法的易用性研究，并将算法的参数自适应调整，再打包发布成应用程序，为从事非算法研究且有相关计算要求的个人和行业提供便捷的算法服务。另一方面，人们应当更加深入地了解生命的发展机理，从神奇的大自然中获得灵感，不仅仅从蚂蚁、蜜蜂、鱼、鸟、野草等获得算法的灵感，生物群体的捕食、争斗、繁殖等行为也将是群智能研究的重点。

目前的群智能算法还停留在初级阶段，其智能性仅仅体现在对生物群体的模拟之上，距离真正意义上的智能还有很长的路要走。优化算法始终是人们不断探寻的方法之一，相信经过广大学者的不断研究和探索，一定能够创造出与自然界一样精彩的群智能优化算法。

测试函数

名称	函数	范围	最优值	可接受值
Sphere	$f_1(x) = \sum\limits_{i=1}^{D} x_i^2$	$[-100, 100]^D$	0	1×10^{-8}
Elliptic	$f_2(x) = \sum\limits_{i=1}^{D} (10^6)^{\frac{i-1}{D-1}} x_i^2$	$[-100, 100]^D$	0	1×10^{-8}
SumSquare	$f_3(x) = \sum\limits_{i=1}^{D} i x_i^2$	$[-10, 10]^D$	0	1×10^{-8}
SumPower	$f_4(x) = \sum\limits_{i=1}^{D} |x_i|^{i+1}$	$[-1, 1]^D$	0	1×10^{-8}
Schwefel 2.22	$f_5(x) = \sum\limits_{i=1}^{D} |x_i| + \prod\limits_{i=1}^{D} |x_i|$	$[-10, 10]^D$	0	1×10^{-8}
Schwefel 2.21	$f_6(x) = \max\{|x_i|, 1 \leqslant i \leqslant n\}$	$[-100, 100]^D$	0	1×10^0
Step	$f_7(x) = \sum\limits_{i=1}^{D} (\lfloor x_i + 0.5 \rfloor)^2$	$[-100, 100]^D$	0	1×10^{-8}
Exponential	$f_8(x) = \exp(0.5 \cdot \sum\limits_{i=1}^{D} x_i)$	$[-10, 10]^D$	0	1×10^{-8}
Quartic	$f_9(x) = \sum\limits_{i=1}^{D} i x_i^4 + random[0,1]$	$[-1.28, 1.28]^D$	0	1×10^{-1}
RosenBrock	$f_{10}(x) = \sum\limits_{i=1}^{D-1} [100(x_{i+1} - x_i^2) + (x_i - 1)^2]$	$[-5, 10]^D$	0	1×10^{-1}
Rastrigin	$f_{11}(x) = \sum\limits_{i=1}^{D} [x_i^2 - 10\cos(2\pi x_i) + 10]$	$[-5.12, 5.12]^D$	0	1×10^{-8}
NcRastrigin	$f_{12}(x) = \sum\limits_{i=1}^{D} [y_i^2 - 10\cos(2\pi y_i) + 10]$ $y_i = \begin{cases} x_i & |x_i| < 1/2 \\ round(2x_i)/2 & |x_i| \geqslant 1/2 \end{cases}$	$[-5.12, 5.12]^D$	0	1×10^{-8}
Griewank	$f_{13}(x) = 1/4000 \sum\limits_{i=1}^{D} x_i^2 - \prod\limits_{i=1}^{D} \cos\left(\frac{x_i}{\sqrt{i}}\right) + 1$	$[-600, 600]^D$	0	1×10^{-8}
Schwefel 2.26	$f_{14}(x) = 418.98288727243380 * D - \sum\limits_{i=1}^{D} x_i \sin(\sqrt{|x_i|})$	$[-500, 500]^D$	0	1×10^{-8}

名称	函数	范围	最优值	可接受值
Ackley	$f_{15}(x) = 20 + e - 20\exp\left(-0.2\sqrt{\dfrac{1}{D}\sum\limits_{i=1}^{D}x_i^2}\right)$ $- \exp\left(\dfrac{1}{D}\sum\limits_{i=1}^{D}\cos(2\pi x_i)\right)$	$[-50, 50]^D$	0	1×10^{-8}
Penalized 1	$f_{16}(x) = \dfrac{\pi}{D}\{10\sin^2(\pi y_1) +$ $\sum\limits_{i=1}^{D-1}(y_i-1)^2[1+\sin^2(\pi y_{i+1})]$ $+ (y_D-1)^2\} + \sum\limits_{i=1}^{D}u(x_i,10,100,4)$ $y_i = 1 + 1/4(x_i+1), u_{x_i,a,k,m}$ $= \begin{cases} k(x_i-a)^m & (x_i>a) \\ 0 & (-a\le x_i\le a) \\ k(-x_i-a)^m & (x_i<-a) \end{cases}$	$[-100, 100]^D$	0	1×10^{-8}
Penalized 2	$f_{17}(x) = \dfrac{1}{10}\{\sin^2(\pi x_1) +$ $\sum\limits_{i=1}^{D-1}(x_i-1)^2[1+\sin^2(3\pi x_{i+1})] +$ $(x_n-1)^2[1+\sin^2(2\pi x_{i+1})]\} +$ $\sum\limits_{i=1}^{D}u(x_i,5,100,4)$	$[-100, 100]^D$	0	1×10^{-8}
Alpine	$f_{18}(x) = \sum\limits_{i=1}^{D}|x_i\cdot\sin(x_i)+0.1\cdot x_i|$	$[-10, 10]^D$	0	1×10^{-8}
Levy	$f_{19}(x) = \sum\limits_{i=1}^{D-1}(x_i-1)^2[1+\sin^2(3\pi x_{i+1})] +$ $\sin^2(3\pi x_1) + |x_D-1|[1+\sin2(3\pi x_D)]$	$[-10, 10]^D$	0	1×10^{-8}
Weierstrass	$f_{20}(x) = \sum\limits_{i=1}^{D}\left(\sum\limits_{k=0}^{k_{max}}[a^k\cos(2\pi b^k(x_i+0.5))]\right) -$ $D\sum\limits_{k=0}^{k_{max}}[a^k\cos(2\pi b^k0.5)]a = 0.5, b = 3, k_{max} = 20$	$[-1, 1]^D$	0	1×10^{-8}
Himmelblau	$f_{21}(x) = \dfrac{1}{D}\sum\limits_{i=1}^{D}(x_i^4-16x_i^2+5x_i)$	$[-5, 5]^D$	-78.33236	-78
Michalewicz	$f_{22}(x) = -\sum\limits_{i=1}^{D}\sin(x_i)\sin^{20}\left(\dfrac{i\times x_i^2}{\pi}\right)$	$[0, \pi]^D$	-29.96	$-29,$ $-48,$ -95

参考文献

［1］ Andries. P. Engelbrecht. 谭营，等译. 计算智能导论［M］. 北京：清华大学出版社，2010.

［2］ 孙红，徐立萍，胡春燕. 智能信息处理导论［M］. 北京：清华大学出版社，2013.

［3］ 熊和金，等. 智能信息处理（第2版）［M］. 北京：国防工业出版社，2012.

［4］ 黄竞伟，朱福喜，康立山. 计算智能［M］. 北京：科学出版社，2010.

［5］ 那日萨. 模糊系统数学及其应用［M］. 北京：清华大学出版社，2017.

［6］ 雷英杰，路艳丽，王毅，等. 模糊逻辑与智能系统［M］. 西安：西安电子科技大学出版社，2016.

［7］ Atanassov K T. Intuitionistic fuzzy sets［J］. Fuzzy Sets & Systems, 1986, 20（1）: 87 – 96.

［8］ Atanassov K T. Interval Valued Intuitionistic Fuzzy Sets［J］. Fuzzy sets & systems, 1999, 31（3）: 343 – 349.

［9］ Bustince H, Burillo P. Vague sets are intuitionistic fuzzy sets［J］. Fuzzy Sets & Systems, 1996, 79（3）: 403 – 405.

［10］ Liuab H W. Multi-criteria decision-making methods based on intuitionistic fuzzy sets［J］. European Journal of Operational Research, 2007, 179（1）: 220 – 233.

［11］ Dengfeng L, Chuntian C. New similarity measures of intuitionistic fuzzy sets and application to pattern recognitions［J］. Pattern Recognition Letters, 2002, 23（1）: 221 – 225.

［12］ De S K, Biswas R, Roy A R. An application of intuitionistic fuzzy sets in medical diagnosis［J］. Fuzzy Sets & Systems, 2001, 117（2）: 209 – 213.

［13］ SHU, MingHung, CHENG, et al. Using intuitionistic fuzzy sets for fault-tree analysis on printed circuit board assembly［J］. Microelectronics Reliability, 2006, 46（12）: 2139 – 2148.

［14］ Xu Z, Jian C, Wu J. Clustering algorithm for intuitionistic fuzzy sets［J］. Information Sciences, 2008, 178（19）: 3775 – 3790.

［15］ Wei C P, Wang P, Zhang Y Z. Entropy, similarity measure of interval-valued intuitionistic fuzzy sets and their applications［J］. Information Sciences, 2011, 181（19）: 4273 – 4286.

［16］ Zhang Q S, Jiang S, Jia B, et al. Some information measures for interval-valued intuitionistic fuzzy sets［J］. Information Sciences An International Journal, 2010, 180（24）: 5130 – 5145.

［17］ Wei G, Wang X. Some Geometric Aggregation Operators Based on Interval-Valued Intuitionistic Fuzzy Sets and their Application to Group Decision Making［C］// International Conference on Computational Intelligence & Security. 2007.

［18］ Kim K W, Gen M, Yamazaki G. Hybrid genetic algorithm with fuzzy logic for resource-constrained project scheduling［J］. Applied Soft Computing, 2003, 2（3）: 174 – 188.

［19］ 李晓忠. 模糊神经网络［M］. 贵州：贵州科技出版社，1994.

［20］ 高新波. 模糊聚类分析及其应用［M］. 西安：西安电子科技大学出版社，2004.

［21］ 胡包钢，应浩. 模糊PID控制技术研究发展回顾及其面临的若干重要问题［J］. 自动化学报，2001, 27（4）: 567 – 584.

［22］ Xu K , Kong D , Chen J. Target Threat Assessment Based on Improved RBF Neural Network［C］// Proceedings of the 2015 Chinese Intelligent Automation Conference. Springer Berlin Heidelberg, 2015.

［23］ K Fukushima. Neral network model for a mechanism of pattern recognition unaffected by shift in pastion Necognitron［J］. Trans. of the IECE, 1979, J62-A（10）: 658 – 665.

［24］徐姗姗，刘应安，徐昇. 基于卷积神经网络的木材缺陷识别［J］. 山东大学学报：工学版，2013，43（2）：23 – 28.

［25］赵志宏，杨绍普，马增强. 基于卷积神经网络 LeNet-5 的车牌字符识别研究［J］. 系统仿真学报，2010，22（3）：638 – 641.

［26］蔡娟，蔡坚勇，廖晓东，等. 基于卷积神经网络的手势识别初探［J］. 计算机系统应用，2015，24（4）：113 – 117.

［27］龚丁禧，曹长荣. 基于卷积神经网络的植物叶片分类［J］. 计算机与现代化，2014（4）：12 – 15.

［28］陆璐. 卷积神经网络的研究及其在车牌识别系统中的应用［D］. 合肥：合肥工业大学，2006.

［29］Hubel D H, Wiesel T N. Receptive fields, binocular interaction and functional architecture in the cat's visual cortex.［J］. Journal of Physiology, 1962, 160（1）: 106 – 154.

［30］Fukushima K, Miyake S. Neocognitron：A new algorithm for pattern recognition tolerant of deformations and shifts in position［J］. Pattern Recognition, 1982, 15（16）: 455 – 469.

［31］LeCun Y, Denker J S, Henderson D, et al. Handwritten digit recognition with a back-propagation network［C］// Advances in Neural Information Processing Systems. Colorado, USA：［s. n.］, 1990：396 – 404.

［32］LeCun Y, Cortes C. MNIST handwritten digit database［EB/OL］. http：//yann. lecun. com/ exdb/ mnist, 2010.

［33］刘万军，梁雪剑，曲海成. 不同池化模型的卷积神经网络学习性能研究［J］. 中国图象图形学报，2016，21（9）：1178 – 1190.

［34］Ieee A W M, Hanazawa T, Hinton G, et al. Phoneme Recognition Using Time-Delay Neural Networks［J］. Readings in Speech Recognition, 1990, 37（3）: 393 – 404.

［35］Hubel D H, Wiesel T N. Receptive fields, binocular interaction and functional architecture in the cat's visual cortex［J］. The Journal of Physiology, 1962, 160（1）: 106 – 154.

［36］李彦冬，郝宗波，雷航. 卷积神经网络研究综述［J］. 计算机应用，2016，36（9）：2508 – 2515，2565.

［37］段萌. 基于卷积神经网络的图像识别方法研究［D］. 郑州：郑州大学，2017.

［38］He K, Zhang X, Ren S, et al. Delving deep into rectifiers：Surpassing human-level performance on imagenet classification［C］// Proceedings of the IEEE international conference on computer vision. 2015：1026 – 1034.

［39］蒋帅. 基于卷积神经网络的图像识别［D］. 吉林：吉林大学，2017.

［40］LECUN Y, BOTTOU L, BENGIO Y, et al. Gradient-based learning applied to document recognition［J］. Proceedings of the IEEE, 1998, 86（11）: 2278 – 2324.

［41］KRIZHEVSKY A, SUTSKEVER I, HINTON G E. Image Net classi-fication with deep convolutional neural networks［C］// Proceedings of Advances in Neural Information Processing Systems. Cambridge, MA：MIT Press, 2012：1106 – 1114.

［42］SIMONYAN K, ZISSERMAN A. Very deep convolutional networks for large- scale image recognition［EB/OL］.［2015 – 11-04］. http：//www. robots. ox. ac. uk：5000/ ~ vgg / publications /2015 / Simonyan15 / simonyan15. pdf.

［43］Szegedy C, Liu W, Jia Y, et al. Going deeper with convolutions［C］// IEEE Conference on Computer Vision and Pattern Recognition. IEEE Computer Society, 2015：1 – 9.

［44］HE K, ZHANG X, REN S, et al. Deep residual learning for image recognition［EB /OL］.［2016-01-04］. https：// www. research-gate. net/ publication/286512696_ Deep_ Residual_ Learning_ for_ Image_

Recognition.

[45] Wasserman P D. Advanced methods in neural computing [M]. USA：John Wiley & Sons, Inc. , 1993.

[46] 朱大奇. 人工神经网络研究现状及其展望 [J]. 江南大学学报, 2004, 3 (1)：103 - 110.

[47] 毛健, 赵红东, 姚婧婧. 人工神经网络的发展及应用 [J]. 电子设计工程, 2011 (24)：62 - 65.

[48] Dreiseitl S, Ohno-Machado L. Logistic regression and artificial neural network classification models：a methodology review [J]. Journal of biomedical informatics, 2002, 35 (5 - 6)：352 - 359.

[49] Harik G R, Lobo F G, Goldberg D E. The compact genetic algorithm [J]. Evolutionary Computation IEEE Transactions on, 1999, 3 (4)：287 - 297.

[50] Chu P C, Beasley J E. A Genetic Algorithm for the Multidimensional Knapsack Problem [J]. Journal of Heuristics, 1998, 4 (1)：63 - 86.

[51] 郎茂祥, 胡思继. 用混合遗传算法求解物流配送路径优化问题的研究 [J]. 中国管理科学, 2002, V (5)：51 - 56.

[52] Mao-Jun L I, Luo A, Tong T S. Artificial immune algorithm and its applications [J]. Control Theory & Applications, 2004, 21 (2)：153 - 157.

[53] 韩旭明, 王丽敏. 人工免疫算法改进及其应用 [M]. 北京：电子工业出版社, 2013. 6.

[54] Bagheri A, Zandieh M, Mahdavi I, et al. An artificial immune algorithm for the flexible job-shop scheduling problem [J]. Future Generation Computer Systems, 2010, 26 (4)：533 - 541.

[55] 马佳, 石刚. 人工免疫算法理论及应用 [M]. 沈阳：东北大学出版社, 2014. 3.

[56] Kong D, Chang T, Wang Q, et al. A threat assessment method of group targets based on interval-valued intuitionistic fuzzy multi-attribute group decision-making [J]. Applied Soft Computing, 2018, 67：350 - 369.

[57] 李中华, 毛宗源, 邬依林, 等. 基于人工免疫算法的电梯交通动态分区计算 [J]. 华南理工大学学报 (自然科学版), 2004, 32 (4)：28 - 32.

[58] Das S, Suganthan P N. Differential Evolution：A Survey of the State-of-the-Art [J]. IEEE Transactions on Evolutionary Computation, 2011, 15 (1)：4 - 31.

[59] Qin A K, Huang V L, Suganthan P N. Differential evolution algorithm with strategy adaptation for global numerical optimization [J]. IEEE Transactions on Evolutionary Computation, 2009, 13 (2)：398 - 417.

[60] 吴亮红, 王耀南, 袁小芳, 等. 基于快速自适应差分进化算法的电力系统经济负荷分配 [J]. 控制与决策, 2013, 28 (4)：557 - 562.

[61] Sinha N, Chakrabarti R, Chattopadhyay P K. Evolutionary programming techniques for economic load dispatch [J]. International Journal of Emerging Electric Power Systems, 2003, 7 (6)：83 - 94.

[62] Onwubolu G, Davendra D. Scheduling flow shops using differential evolution algorithm [J]. European Journal of Operational Research, 2006, 171 (2)：674 - 692.

[63] Xin Y, Yong L, Lin G. Evolutionary programming made faster [J]. IEEE Trans. evol. comput, 1999, 3 (2)：82 - 102.

[64] 刘波, 王凌, 金以慧. 差分进化算法研究进展 [J]. 控制与决策, 2007, 22 (7)：721 - 729.

[65] 吉根林. 遗传算法研究综述 [J]. 计算机应用与软件, 2004, 21 (2)：69 - 73.

[66] 姚新, 陈国良, 徐惠敏, 等. 进化算法研究进展 [J]. 计算机学报, 1995, 18 (9)：694 - 706.

[67] 王勇, 蔡自兴, 周育人, 等. 约束优化进化算法 [J]. 软件学报, 2009, 20 (1)：11 - 29.

[68] 张敏. 约束优化和多目标优化的进化算法研究 [D]. 合肥：中国科学技术大学, 2008.

[69] 甘敏, 彭辉, 王勇. 多目标优化与自适应惩罚的混合约束优化进化算法 [J]. 控制与决策, 2010, 25 (3)：378 - 382.

［70］ Bonabeau E, Dorigo M, Theraulaz G. Swarm Intelligence：From Natural to Artificial Systems ［M］// Swarm intelligence：from natural to artificial systems. 1999.

［71］ 李士勇等. 智能优化算法原理与应用 ［M］. 哈尔滨：哈尔滨工业大学出版社, 2012.

［72］ 梁艳春, 吴春国, 时小虎, 等. 群智能优化算法理论与应用 ［M］. 北京：科学出版社, 2009.

［73］ 崔志华, 曾建潮. 微粒群优化算法 ［M］. 科学出版社, 2011.

［74］ 于泉, 孙顺远, 徐保国, 等. 基于改进粒子群算法的无线传感器网络节点定位 ［J］. 计算机应用, 2015, 35 （6）：1519 – 1522, 1545.

［75］ Shi Y, Eberhart R C. A modified particle swarm optimizer ［C］. Proceedings of IEEE International Conference on Evolutionary Computation, Anchorage, 1998：69 – 73.

［76］ Shiyuan Sun, Jianwei Li. A two-swarm cooperative particle swarms optimization ［J］. Swarm and Evolutionary Computation 15 （2014） 1 – 18.

［77］ 高尚, 孙玲芳, 侯志远, 等. 基于多样信息素的蚁群算法 ［J］. 计算机科学, 2006, 33 （10）：160 – 162.

［78］ Dorigo M, Birattari M, Blum C. Ant Colony Optimization and Swarm Intelligence ［J］. Lecture Notes in Computer Science, 2004, 49 （8）：767 – 771.

［79］ 孙晶, 白艳萍. 一种改进的混合型蚁群算法在 TSP 问题中的应用 ［J］. 数学的实践与认识, 2013, 43 （12）：174 – 181.

［80］ 孙晓雅, 林焰. 改进的人工蜂群算法求解任务指派问题 ［J］. 微电子学与计算机, 2012, 29 （1）：23 – 26.

［81］ Karaboga D, Basturk B. A powerful and efficient algorithm for numerical function optimization：artificial bee colony （ABC） algorithm ［J］. Journal of Global Optimization, 2007, 39 （3）：459 – 471.

［82］ Kong D, Chang T, Dai W, et al. An Improved Artificial Bee Colony Algorithm Based on Elite Group Guidance and Combined Breadth-Depth Search Strategy ［J］. Information Sciences, 2018 （442-443）：54 – 71.

［83］ 刘三阳, 张平, 朱明敏. 基于局部搜索的人工蜂群算法 ［J］. 控制与决策, 2014, 29 （1）：123 – 128.

［84］ Tianqing C, Depeng K, Na H, et al. Solving the Dynamic Weapon Target Assignment Problem by an Improved Artificial Bee Colony Algorithm with Heuristic Factor Initialization ［J］. Applied Soft Computing, 2018 （70）：845 – 863.

［85］ 王天召, 徐克虎, 陈金玉. 基于 K-means 聚类和 RANSAC 的图像配准算法研究 ［J］. 计算机工程与科学, 2014, 36 （9）：1765 – 1769.

［86］ 秦红磊, 李晓白. 一种基于帐篷映射的混沌搜索全局最优方法 ［J］. 电机与控制学报, 2004, 8 （1）：67 – 71.

［87］ Guopu Zhu, Sam Kwong. Gbest-guided artificial bee colony algorithm for numerical function optimization ［J］. Applied Mathematics and Computation, 2010, 217 （7）：3166 – 3173.

［88］ Dervis Karaboga, Beyza Gorkemli. A quick artificial bee colony （qABC） algorithm and its performance on optimization problems ［J］. Applied Soft Computing, 2014, 23：227 – 238.

［89］ W. F. Gao, S. Y. Liu, L. L. Huang. A novel artificial bee colony algorithm based on modified search equation and orthogonal learning ［J］. IEEE Trans Cybern, 2013, 43 （3）：1011 – 24.

［90］ Wei-feng Gao, San-yang Liu. A modified artificial bee colony algorithm ［J］. Computers & Operations Research, 2012, 39 （3）：687 – 697.

［91］ Laizhong Cui, Genghui Li, Qiuzhen Lin, et al. A novel artificial bee colony algorithm with depth-first search framework and elite-guided search equation ［J］. Information Sciences, 2016, 367 – 368：1012 – 1044.

［92］ Genghui Li, Laizhong Cui, Xianghua Fu, et al. Artificial bee colony algorithm with gene recombination for numerical function optimization [J]. Applied Soft Computing, 2017, 52: 146 – 159.

[93] Kennedy J. Swarm Intelligence [M]. Swarm intelligence. Morgan Kaufmann Publishers Inc. 2001.

[94] Rubio-Largo A, Vega-Rodriguez M A, Gomez-Pulido J A, et al. A comparative study on multiobjective swarm intelligence forthe routing and wavelength assignment problem [J]. IEEE Transactions on Systems, Man, and Cybernetics-Part C: Applicationsand Reviews, 2012, 42 (6): 1644 – 1655.

[95] 王水花, 张煜东, 吉根林. 群智能算法的理论及应用综述 [J]. 南京师范大学学报 (工程技术版), 2014 (4): 31 – 38.

[96] 林诗洁, 董晨, 陈明志, 等. 新型群智能优化算法综述 [J]. 计算机工程与应用, 2018, 54 (12): 1 – 8.